王小波　主编

中国海域海岛地名志

广东卷第二册

海洋出版社

2020 年·北京

图书在版编目（CIP）数据

中国海域海岛地名志 . 广东卷 . 第二册 / 王小波主编 . —北京：海洋
出版社，2020.1
ISBN 978-7-5210-0565-3

Ⅰ．①中…Ⅱ．①王…Ⅲ．①海域—地名—广东②岛—地名—广东
Ⅳ．① P717.2

中国版本图书馆 CIP 数据核字（2020）第 008927 号

主　　编：王小波（自然资源部第二海洋研究所）
责任编辑：常青青
责任印制：赵麟苏

海洋出版社 出版发行

http://www.oceanpress.com

北京市海淀区大慧寺 8 号　邮编：100081
廊坊一二〇六印刷厂印刷
2020 年 1 月第 1 版　2020 年 11 月河北第 1 次印刷
开本：889mm×1194mm　1/16　印张：19.25
字数：290 千字　定价：230.00 元
发行部：010-62100090　邮购部：010-62100072
总编室：010-62100034
海洋版图书印、装错误可随时退换

《中国海域海岛地名志》

总编纂委员会

总 主 编：王小波

副总主编：孙　丽　王德刚　田梓文

专 家 组（按姓氏笔画顺序）：

丰爱平　王其茂　王建富　朱运超　刘连安

齐连明　许　江　孙志林　吴桑云　佟再学

陈庆辉　林　宁　庞森权　曹　东　董　珂

编纂委员会成员（按姓氏笔画顺序）：

王　隽　厉冬玲　史爱琴　刘春秋　杜　军

杨义菊　吴　顿　谷东起　张华国　赵晓龙

赵锦霞　莫　微　谭勇华

《中国海域海岛地名志·广东卷》

编纂委员会

主　编：周巨锁

副主编：邓　松　杨　琴　闫文文

编写组：

自然资源部第一海洋研究所：朱正涛　田梓文

国家海洋局南海调查技术中心：陆　茸　朱鹏利　黄巧珍

梁　秋　邢玉清　刘　激

谢敬谦　张　平　江　林

前　言

　　我国海域辽阔，海域海岛地理实体众多，在历史的长河中产生了丰富多彩、类型各异的地名，是重要的基础地理信息。开展全国海域海岛地名普查工作，对于维护国家主权和领土完整，巩固国防建设，促进经济社会协调发展，方便社会交流交往、人民群众生产生活，提高政府管理水平和公共服务能力，都具有十分重要的意义。

　　20 世纪 80 年代，中国地名委员会组织开展了我国第一次地名普查，对海域地名也进行了普查（台湾省及香港、澳门地区的地名除外），并进行了地名标准化处理。经过近 30 年的发展，在海域海岛地理实体中，有实体无名、一实体多名、多实体重名的现象仍然不同程度存在；有些地理实体因人为开发、自然侵蚀等原因已经消失，但其名称依然存在。在海洋经济已经成为拉动我国国民经济发展有力引擎的新形势下，特别是党的十九大报告提出"坚持陆海统筹，加快建设海洋强国"，开展海域海岛地名普查及标准化工作刻不容缓。

　　根据《国务院办公厅关于开展第二次全国地名普查试点的通知》（国办发〔2009〕58 号）精神和《第二次全国地名普查试点实施方案》的要求，原国家海洋局于 2009 年组织开展了全国海域海岛地名普查工作，对海域、海岛及其他地理实体展开了全面的调查，空间上涵盖了中国所有海岛，获取了我国海域海岛地名的基本情况。全国海域海岛地名普查工作得到了沿海省、直辖市、自治区各级政府的大力支持，11 个沿海省（市、区）的各级海洋主管部门、37 家海洋技术单位、数百名调查人员投入了这项工作，至 2012 年基本完成。对大陆沿海数以万计的海岛进行了现场调查，并辅以遥感影像对比；对港澳台地区的海岛地理实体进行了遥感调查，并现场调查了西沙、南沙的部分岛礁，获取了大量实地调查资料和数据。这次普查基本摸清了全国海域、海岛和其他地理实体的数量与分布，了解了地理实体名称含义及历史沿革，掌握了地理实体的开发利用情况，并对地理实体名称进行了标准化处理。《中国海域海岛地名志》即是全国海域海岛地名普查工作成果之一。

地名志是综合反映地名的专著，也是标准化地名的工具书。1989 年，中国地名委员会以第一次海域地名普查成果为基础，编纂完成《中国海域地名志》，收录中国海域和海岛等地名 7 600 多条。根据第二次全国海域海岛地名普查工作总体要求，为了详细记录全国海域海岛地名普查成果，进一步加强海域海岛名称管理，传承海域海岛地名历史文化，维护国家海洋权益，原国家海洋局组织成立了《中国海域海岛地名志》总编纂委员会，经过沿海省（市、区）地名普查和编纂人员三年的共同努力，于 2014 年编纂完成了《中国海域海岛地名志》初稿。2018 年 6 月 8 日，国家海洋局、民政部公布了《我国部分海域海岛标准名称》。编委会依据公布的海域海岛标准名称，对初稿进行了认真的调整、核实、修改和完善，最终编纂完成了卷帙浩繁的《中国海域海岛地名志》。

《中国海域海岛地名志》由辽宁卷，山东卷，浙江卷，福建卷，广东卷，广西卷，海南卷和河北、天津、江苏、上海卷共 8 卷组成。其中河北、天津、江苏、上海合为一卷，浙江卷分为 3 册，福建卷分为 2 册，广东卷分为 2 册，全国共 12 册。共收录海域地理实体地名 1 194 条、海岛地理实体地名 8 923 条，内容涵盖了地名含义及沿革、位置面积资源等自然属性、开发利用现状等社会经济属性以及其他概况。所引用的数据主要为现场调查所得。

《中国海域海岛地名志》是全面系统记载我国海域海岛地名的大型基础工具书，是我国海洋地名工作一项有意义的文化工程。本书的出版，将为沿海城乡建设、行政管理、经济活动、文化教育、外事旅游、交通运输、邮电、公安户籍、地图测绘等事业，提供历史和现实的地名资料；同时为各企事业单位和广大读者提供地名查询服务，并为海洋科技工作者开展海洋调查提供基础支撑。

本书是《中国海域海岛地名志·广东卷》，共收录海域地理实体地名 294 条，海岛地理实体地名 1 805 条。本卷在搜集材料和编纂过程中，得到了原广东省海洋与海洋局、广东省各级海洋和地名有关部门以及国家海洋局南海工程勘查中心、自然资源部第一海洋研究所、自然资源部第二海洋研究所、自然资源部第三海洋研究所、国家卫星海洋应用中心、国家海洋信息中心、国家海洋技术中心等海洋技术单位的大力支持。在此我们谨向为编纂本书提供帮助和支持的所有领导、专家和技术人员致以最深切的谢意！

鉴于编者知识和水平所限，书中错漏和不足之处在所难免，尚祈读者不吝指正。

《中国海域海岛地名志》总编纂委员会

2019 年 12 月

凡 例

1. 本志主要依据国家海洋局《关于印发〈全国海域海岛地名普查实施方案〉的通知》（国海管字〔2010〕267号）、《国家海洋局海岛管理司关于做好中国海域海岛地名志编纂工作的通知》（海岛字〔2013〕3号）、《国家海洋局民政部关于公布我国部分海域海岛标准名称的公告》（2018年第1号）进行编纂。

2. 本志分前言、凡例、目录、地名分述和附录。

3. 地名分述分海域地理实体、海岛地理实体两部分。海域地理实体包括海、海湾、海峡、水道、滩、半岛、岬角、河口；海岛地理实体包括群岛列岛、海岛。

4. 按条目式编纂。

（1）海域地理实体的条目编排顺序，在同一省份内，按市级行政区划代码由小到大排列，在县级行政区域内按地理位置自北向南、自西向东排列。

（2）群岛列岛的条目编排顺序，原则上在省级行政区域内按地理位置自北向南、自西向东排列；有包含关系的群岛列岛，范围大的排前。

（3）海岛的条目编排顺序，在同一省份内，按市级行政区划代码由小到大排列，在县级行政区域内原则上按地理位置自北向南、自西向东排列。有主岛和附属岛的，主岛排前。

5. 入志范围。

（1）海域地理实体部分。

海：2018年国家海洋局、民政部公布的《我国部分海域海岛标准名称》（以下简称《标准名称》）中收录的海。

海湾：《标准名称》中面积大于5平方千米的海湾和小于5平方千米的典型海湾。

海峡：《标准名称》中收录的海峡。

水道：《标准名称》中最窄宽度大于1千米且最大水深大于5米的水道和已开发为航道的其他水道。

滩：《标准名称》中直接与陆地相连，且长度大于 1 千米的滩。

半岛：《标准名称》中面积大于 5 平方千米的半岛。

岬角：《标准名称》中已开发利用的岬角。

河口：《标准名称》中河口对应河流的流域面积大于 1 000 平方千米的河口和省级界河口。

（2）海岛地理实体部分。

群岛、列岛：《标准名称》中大陆沿海的所有群岛、列岛。

海岛：《标准名称》中收录的海岛。

6. 实事求是地记述我国海域地理实体、海岛地理实体的地名含义及历史沿革；全面真实地反映地理实体的自然属性和社会经济属性。对相关属性的描述侧重当前状态。上限力求追溯事物发端，下限至 2011 年年底，个别特殊事物和事件适当下延。

7. 录用的资料和数据来源。

地名的含义和历史沿革，取自正史、旧志、地名词典、档案、文件、实地调访以及其他地名资料。

群岛列岛地理位置为遥感调查。海岛地理位置为现场实测，并与遥感调查比对。

岸线长度、近岸距离、面积，为本次普查遥感测量数据。

最高点高程，取自正史、旧志、调查报告、现场实测等。

人口，取自现场调查、民政部门登记资料以及官方网站公布数据。

统计数据，取自统计公报、年鉴、期刊等公开资料。

8. 数据精确度按以下位数要求。如引用的数据精确度不足以下要求位数的，保留引用位数；如引用的数据精确度超过要求位数的，按四舍五入原则留舍。

地理位置经纬度精确到分位小数点后一位数。

湾口宽度、海峡和水道的最窄宽度、河口宽度，小于 1 千米的，单位用"米"，精确到整数位；大于或等于 1 千米的，单位用"千米"，精确到小数点后两位。

岸线长度、近陆距离大于 1 千米的，单位用"千米"，保留两位小数；小于 1 千米的，单位用"米"，保留整数。

面积大于 0.01 平方千米的，单位用"平方千米"，保留四位小数；小于 0.01 平方千米的，单位用"平方米"，保留整数。

高程和水深的单位用"米"，精确到小数点后一位数。

9. 地名的汉语拼音，按 1984 年 12 月 25 日中国地名委员会、中国文字改革委员会、国家测绘局颁布的《中国地名汉语拼音字母拼写规则（汉语地名部分）》拼写。

10. 采用规范的语体文、记述体。行文用字采用国家语言文字工作委员会最新公布的简化汉字。个别地名，如"磜""矿""沥"等方言字、土字因通行于一定区域，予以保留。

11. 标点符号按中华人民共和国国家标准《标点符号用法》（GB/T 15834 − 1995）执行。

12. 度量衡单位名称、符号使用，采用国务院 1984 年 3 月 4 日颁布的《中华人民共和国法定计量单位的有关规定》。

13. 地名索引以汉语拼音首字母排列。

14. 本志中各分卷收录的地理实体条目和各地理实体相对位置的表述，不作为确定行政归属的依据。

15. 本志中下列用语的含义：

海，是指海洋的边缘部分，是大洋的附属部分。

海湾，是指海或洋深入陆地形成的明显水曲，且水曲面积不小于以口门宽度为直径的半圆面积的海域。

海峡，是指陆地之间连接两个海或洋的狭窄水道或狭窄水面。

水道，是指陆地边缘、陆地与海岛、海岛与海岛之间的具有一定深度、可通航的狭窄水面。一般比海峡小或是海峡的次一级名称。

滩，是指高潮时被海水淹没、低潮时露出，并与陆地相连的滩地。根据物质组成和成因，可分为海滩、潮滩（粉砂淤泥质）和岩滩。

半岛，是指伸入海洋，一面同大陆相连，其余三面被水包围的陆地。

岬角，是指突入海中、具有较大高度和陡崖的尖形陆地。

河口，是指河流终端与海洋水体相结合的地段。

海岛，是指四面环海水并在高潮时高于水面的自然形成的陆地区域。

有居民海岛，是指属于居民户籍管理的住址登记地的海岛。

常住人口，是指户口在本地但外出不满半年或在境外工作学习的人口与户口不在本地但在本地居住半年以上的人口之和。

群岛，是指彼此相距较近的成群分布的岛群。

列岛，一般指线形或弧形排列分布的岛链。

目 录

海岛地理实体
海 岛

海岛地理实体
HAIDAO DILI SHITI

海 岛

金沙湾北岛 (Jīnshāwān Běidǎo)

北纬 21°16.5′，东经 110°23.5′。位于湛江市赤坎区五里山港航道西侧，距大陆最近点 40 米。因地处金沙湾岛北面，故名。岸线长 154 米，面积 1 513 平方米。沙泥岛。岛上长有乔木。

金沙湾岛 (Jīnshāwān Dǎo)

北纬 21°16.4′，东经 110°23.5′。位于湛江市赤坎区五里山港航道西侧，距大陆最近点 60 米。因处金沙湾内，故名。岸线长 99 米，面积 504 平方米。基岩岛。岛上建有房屋，已倒塌。长有草丛和乔木。

特呈岛 (Tèchéng Dǎo)

北纬 21°09.5′，东经 110°25.8′。位于湛江港中部，南三岛西 560 米处，距大陆最近点 1.22 千米。"特呈"是古越语，"特"即地方，"呈"是和谐吉祥的意思。关于特呈岛名字的来历有一个美丽的传说：仙人下凡看见海边人生活很苦，无地可种，海龙王又禁约下海捕鱼，为了解救海边人的生活痛苦，仙人利用夜间挑土填海造田，当土挑到半路时，已是鸡啼五更天快亮了，他便急忙放下这担土赶回天上，这担土就变成了两座小岛。人们为感念神仙的恩惠，就把其中一个岛叫特呈岛，即"神仙特意呈送的东西"。《中国海洋岛屿简况》（1980）、1984 年登记的《广东省湛江市海域海岛地名卡片》、《广东省海域地名志》（1989）、《广东省海岛、礁、沙洲名录表》（1993）、《广东省志·海洋与海岛志》（2000）、《全国海岛名称与代码》（2008）均记为特呈岛。岛体略呈五边形，东西走向。岸线长 7.57 千米，面积 3.205 平方千米，海拔 8.4 米。沙泥岛，由细沙和砂砾层构成，地势平坦有小起伏，表层为沙土。在岛东、南面特呈岛海洋生态自然保护区内长有红树林。东南近岸有暗沙和礁石。

有居民海岛，隶属湛江市。岛上有特呈岛村委会，辖 7 个自然村。2011 年有户籍人口 4 662 人，常住人口 4 862 人。有学校、卫生所、健身场所等公共服务设施。淡水取自地下水，建有水塔、自来水厂。电源通过架设电缆从大陆获得。种有水稻、花生、甘蔗、番薯。岛上建有供客运、货运、旅游、渔业等使用的特呈岛码头。修有环岛公路，交通便利。有避风港，可容纳 150 多只船。该岛被列为湛江市革命老区，里村革命旧址是市文物保护单位，已开发生态观赏园和旅游度假区，建有游艇码头。岛上庙宇有华光庙和 7 座洗太庙，洗太庙都重新修建。岛周围有网箱养殖，岛上建有鱼塘，养殖鱼、虾。

白头公 (Báitóugōng)

北纬 21°23.2′，东经 110°23.4′。位于湛江市坡头区五里山港内，距大陆最近点 380 米。白头公是当地群众惯称。岸线长 37 米，面积 102 平方米。基岩岛。岛开发为虾塘。

白头婆 (Báitóupó)

北纬 21°23.0′，东经 110°23.7′。位于湛江市坡头区五里山港内，距大陆最近点 320 米。白头婆是当地众惯称。面积约 41 平方米。基岩岛。

大狗石 (Dàgǒu Shí)

北纬 21°23.0′，东经 110°23.7′。位于湛江市坡头区五里山港内，距大陆最近点 250 米。岛形似一条大狗卧在水面上，故名。面积约 35 平方米。基岩岛。

白沙 (Bái Shā)

北纬 21°17.5′，东经 110°26.6′。位于湛江市坡头区五里山港内，距大陆最近点 300 米。岛由白色粗砂构成，故名。又名榕木仔。《中国海洋岛屿简况》（1980）记为榕木仔。《广东省海域地名志》（1989）、《广东省海岛、礁、沙洲名录表》（1993）、《全国海岛名称与代码》（2008）均记为白沙。岸线长 305 米，面积 5 963 平方米。该岛原是沙洲，现为连岸沙嘴。岛上建有房屋，为附近渔民临时储存养殖用具。建有 1 座庙宇。除东北面外，周围都已开挖鱼塘，有 3 条路通往该岛。

高沙 (Gāo Shā)

北纬 21°16.3′，东经 110°38.2′。位于湛江市坡头区黄坡镇鉴江水道内，距大陆最近点 690 米。因该岛相对周围的沙螺沙、西台沙、江口沙地势较高，故名。1984 年登记的《广东省湛江市海域海岛地名卡片》、《广东省海域地名志》（1989）、《广东省海岛、礁、沙洲名录表》（1993）、《全国海岛名称与代码》（2008）均记为高沙。岸线长 1.46 千米，面积 0.108 7 平方千米。沙泥岛。岛上长有草丛。

下利剑沙 (Xiàlìjiàn Shā)

北纬 21°12.9′，东经 110°38.1′。位于湛江市坡头区南山水道东部海域，距南三岛 1.2 千米，距大陆最近点 1.09 千米。鉴江口两侧各有一处泥沙，对过往船只构成威胁，被喻为利剑，此沙在西南，故名。1984 年登记的《广东省湛江市海域海岛地名卡片》、《广东省海域地名志》（1989）、《广东省海岛、礁、沙洲名录表》（1993）、《全国海岛名称与代码》（2008）均记为下利剑沙。岸线长 2.09 千米，面积 0.114 9 平方千米。沙泥岛。岛上安装许多蚝桩。

追洲堆 (Zhuīzhōu Duī)

北纬 21°12.6′，东经 110°29.0′。位于湛江市坡头区南三岛西北部南三水道内，距南三岛 250 米，距大陆最近点 580 米。追洲堆是当地群众惯称。岸线长 1.2 千米，面积 0.044 1 平方千米。沙泥岛。岛上长有灌木。

端洲墩 (Duānzhōu Dūn)

北纬 21°12.5′，东经 110°30.6′。位于湛江市坡头区南三岛北部南三水道内，距南三岛 280 米，距大陆最近点 610 米。端洲墩为当地群众惯称。1984 年登记的《广东省湛江市海域海岛地名卡片》、《广东省海域地名志》（1989）、《广东省海岛、礁、沙洲名录表》（1993）均记为端洲墩。岸线长 3.18 千米，面积 0.362 1 平方千米。岛上长有草丛。建有房屋，用于岛上渔民临时住宿、存放渔具。岛体大部分被挖成鱼塘，用于养殖鱼虾。

南三岛 (Nánsān Dǎo)

北纬 21°09.9′，东经 110°32.4′。位于湛江市坡头区湛江港北部海域，距大陆最近点 380 米。曾名鹭洲岛。这里自古以来便是水土肥美，让候鸟眷恋的一方净土，古称鹭洲岛。南三岛为当地群众惯称。明、清时属吴川县南三都，意为位于南方的第三都，自明代以来一直惯称南三岛。《中国海洋岛屿简况》（1980）、1984 年登记的《广东省湛江市海域海岛地名卡片》、《广东省海域地名志》（1989）、《广东省海岛、礁、沙洲名录表》（1993）、《广东省志·海洋与海岛志》（2000）、《全国海岛名称与代码》均记为南三岛。沙泥岛。岸线长 88.39 千米，面积 119.232 4 平方千米，高约 30.3 米。该岛基底为花岗岩，地势较平坦。表层为黄沙，防护林带长 20 千米，宽 2～3 千米。岛岸曲折多湾。岛周围水深 2～5 米，产黄花鱼、膏蟹和海蜇等。

有居民海岛，岛上白沙圩为南三镇人民政府驻地，有 163 个自然村。2011 年有户籍人口 89 691 人，是湛江市蔬菜基地之一。北侧已建南三大桥与大陆相通，公路贯通全岛，轮渡通霞山。南三水道为湛江港重要的交通要道。

狗睡地岛 （Gǒushuìdì Dǎo）

北纬 21°08.3′，东经 110°30.2′。位于湛江市坡头区南三岛西南 1.35 千米处，距大陆最近点 7.92 千米。该岛形似狗睡在地上，故名。又名狗睡地。1984 年登记的《广东省湛江市海域海岛地名卡片》、《广东省海域地名志》（1989）、《广东省海岛、礁、沙洲名录表》（1993）均记为狗睡地。《全国海岛名称与代码》（2008）称为狗睡地岛。岸线长 483 米，面积 0.014 2 平方千米。沙泥岛。岛上长有灌木。

马骝坪南岛 （Mǎliúpíng Nándǎo）

北纬 21°07.5′，东经 110°30.9′。位于湛江市坡头区南三岛西南 460 米处，距大陆最近点 9.38 千米，岸线长 108 米，面积 735 平方米。沙泥岛。岛上长有草丛。

和平垉岛 （Hépíngpáo Dǎo）

北纬 21°06.8′，东经 110°31.4′。位于湛江市坡头区南三岛西南 400 米处，距大陆最近点 10.17 千米。又名和平垉。该岛原为白沙村与田头村有争议海岛，后香港人许爱周曾购此滩围垦，遂定名为和平垉岛，寓意为争议双方从此和平相处。1984 年登记的《广东省湛江市海域海岛地名卡片》记为和平垉。《广东省海域地名志》（1989）、《广东省海岛、礁、沙洲名录表》（1993）、《广东省志·海洋与海岛志》（2000）均记为和平垉岛。岸线长 1.04 千米，面积

0.030 7 平方千米，海拔 2.7 米。沙泥岛。岛上长有灌木。该岛原深入陆地，中华人民共和国成立后围垦部分内滩。现有堤与南三岛连接。

东头山岛 (Dōngtóushān Dǎo)

北纬 21°06.4′，东经 110°24.6′。位于湛江市麻章区东海岛北 800 米处，距大陆最近点 2.79 千米。当地称北端为头，南端为尾，该岛在东海岛北端外侧，故名。《中国海洋岛屿简况》（1980）、1984 年登记的《广东省湛江市海域海岛地名卡片》、《广东省海域地名志》（1989）、《广东省海岛、礁、沙洲名录表》（1993）、《广东省志·海洋与海岛志》（2000）、《全国海岛名称与代码》（2008）均记为东头山岛。东部呈圆弧形，逐渐向西收缩为尖锥形，略呈水滴状，东西走向。岸线长 9.8 千米，面积 2.908 8 平方千米，高约 10.3 米。沙泥岛，由细砂层构成。东部有一小丘，西部为平坦沙地，向西南突入海。岛表层为沙土，长有稀疏乔木、灌木和杂草。南、北、东三面有防护林带，四周为干出泥滩，西端有盐田。

有居民海岛，隶属湛江市麻章区。岛上有一自然村，2011 年有户籍人口 2 730 人，常住人口 2 730 人。居民以农业为主，兼营浅海捕捞。种有水稻、花生、番薯。有农场，种植水果、药材等农产品，种植面积共 60 多公顷。有鱼塘，主要养殖鱼、虾。有学校、卫生所等公共服务设施，有环岛公路、运输码头，供客运、货运、旅游、渔业使用。淡水来自地下水，建有水塔。电能来自大陆，通过架设电缆获得，用于岛上居民生活照明。有 1 座始建于明代（1449 年）的李子悦、李子仁古墓，是湛江市重点文物保护对象。1986 年重修古庙天后宫。

东海岛 (Dōnghǎi Dǎo)

北纬 21°01.9′，东经 110°24.9′。位于湛江市麻章区湛江港南部海域，距大陆最近点 2.69 千米。古称蔚崒岭、湛川岛，清椹川巡检司曾移驻此，1732 年改为椹川岛。又名东海洲、西湾岛。中华人民共和国成立后改为东海岛。因处遂溪县东南面，故名。《中国海洋岛屿简况》（1980）记为西湾岛。1984 年登记的《广东省湛江市海域海岛地名卡片》、《广东省海域地名志》（1989）、《广东省海岛、礁、沙洲名录表》（1993）、《全国海岛名称与代码》（2008）均记为东海岛。岸线长 139.66 千米，面积 248.852 9 平方千米，高约 110.8 米。沙泥岛。

东海岛在地质构造上位于雷琼凹陷东北部的湛江断陷内，属第四系下更新统的湛江组以及上第三系上新统的下洋组。东海岛地势东高西低，东部为玄武岩台地，西部为海积平原，大多起伏于 10～50 米之间。东端距海滩 2 千米，有海拔 111 米高的龙水岭火山锥，是东海岛的最高峰，为火山碎屑岩及少量玄武岩构成，是天然航海陆标。东海岛主要土壤类型为砖红壤、园土和水稻土，浅海沉积交界处为沙壤土。东海岛主要植被类型有农田植被、草丛植被、灌木丛、乔灌混交林、乔木林，主要分布在农耕区、海滩涂防护林、沿海防护林。

有居民海岛，隶属湛江市麻章区。该岛为民安镇、东山镇、东简镇人民政府驻地，2011 年有户籍人口 179 047 人。东海岛与赤坎—霞山片区隔海相望，通过长约 6.8 千米的东北大堤与霞山相连。岛内无较大河流，多为小河溪流，分布有红星水库、淡水塘、富节、五一水库等。电力由大陆供电。海岛传统产业以渔业捕捞和农业为生，海岛及周边海域分布有龙虾、鲍鱼、对虾等养殖场。该岛东岸龙海天沙滩为湛江旅游胜地，东海岛已规划为石化、钢铁工业基地。

庄屋婆礁 (Zhuāngwūpó Jiāo)

北纬 20°57.1′，东经 110°35.7′。位于湛江市麻章区硇洲岛北 280 米处，距大陆最近点 26.28 千米。曾名三漫墩。礁上原有庙宇，传说古时邓家船捕鱼归来在礁上筛网时发现了 1 个香炉，从此每次捕鱼归来都要在此香炉拜神。人们认为生产中从未发生事故，是因为得到此神的保护，便自发在礁上建神庙、刻神像，称该神为庄屋婆，此礁便惯称为庄屋婆礁。1984 年登记的《广东省湛江市海域海岛地名卡片》、《广东省海域地名志》（1989）、《广东省海岛、礁、沙洲名录表》（1993）均记为庄屋婆礁。岸线长 328 米，面积 4 086 平方米，海拔约 5 米。基岩岛。岛上长有草丛。

蓬近礁 (Péngjìn Jiāo)

北纬 20°57.1′，东经 110°36.2′。位于湛江市麻章区硇洲岛北 480 米处，距大陆最近点 26.91 千米。蓬近礁为当地群众惯称。1984 年登记的《广东省湛江市海域海岛地名卡片》、《广东省海域地名志》（1989）、《广东省海岛、礁、沙洲名录表》（1993）均记为蓬近礁。岸线长 834 米，面积 0.025 4 平方千米。基岩岛。

岭头沙 (Lǐngtóu Shā)

北纬 20°56.4′，东经 110°28.4′。位于湛江市麻章区东海岛东南 2.64 千米处，距大陆最近点 16.18 千米。该岛早期因地势较高，远观似岭，故名。1984 年登记的《广东省湛江市海域海岛地名卡片》、《广东省海域地名志》（1989）、《广东省海岛、礁、沙洲名录表》（1993）、《全国海岛名称与代码》（2008）均记为岭头沙。因海水作用，现已与新埠沙相连，该岛较大，故统称为岭头沙。岸线长 272 米，面积 5 087 平方米。沙泥岛。岛上有少量木麻黄。

鲎沙 (Hòu Shā)

北纬 20°55.0′，东经 110°30.0′。位于湛江市麻章区东海岛东南 1.06 千米处，距大陆最近点 15.01 千米。岛形似鲎，故名。又名青草沙。《中国海洋岛屿简况》（1980）、1984 年登记的《广东省湛江市海域海岛地名卡片》、《全国海岛名称与代码》（2008）均记为鲎沙。沙泥岛。岸线长 16.35 千米，面积 1.396 4 平方千米。有养殖鱼塘。

硇洲岛 (Náozhōu Dǎo)

北纬 20°54.5′，东经 110°35.6′。位于湛江市麻章区东海岛东南 3.44 千米处，距大陆最近点 18.9 千米。曾名碙洲、碉洲。硇洲岛为当地人惯称。据《中国通史》和《中国古今地名大辞典》记述，此岛旧称硇洲。硇洲古称碙洲，宋末皇帝赵昺在岛上登基，升格为翔龙县后，始改硇洲。高雷地区现存最早的明万历年间编纂的《高州府志》（记事）中仍用碙洲地名。据说，直到清道光皇帝品尝硇洲鲍鱼后才钦定碙洲为硇洲。据《太平寰宇》载，北宋于此设碉洲镇，亦名碉洲寨。碉洲乃硇洲之误称。《中国海洋岛屿简况》（1980）、《广东省海域地名志》（1989）、《广东省海岛、礁、沙洲名录表》（1993）、《广东省志·海洋与海岛志》（2000）、《全国海岛名称与代码》（2008）均记为硇洲岛。

岛略呈长方形，近东北—西南走向。岸线长 44.11 千米，面积 49.770 7 平方千米，高约 81.6 米。广东省唯一的火山岛，由玄武岩夹凝灰岩构成，多黑岩出露。地形缓起缓伏，表层为红壤土，东南沿岸有防护林。岛上有 10 个小型水库和一些水井，无河流，水资源不足。岛岸曲折，多岩石滩。近岸水深 0.1～10米，多礁，盛产鲍鱼、龙虾等。有居民海岛，为硇洲镇人民政府驻地，2011 年有户籍人口 46 368 人。居民以农业为主，兼营浅海捕捞业。农产品有香蕉、甘蔗、花生、番薯等。古迹有宋皇村、宋皇井、翔龙书院和三忠祠等。岛上建有灯塔、灯桩共 8 座，其中山顶灯塔高 23 米，为世界著名的大型水晶灯塔。岛上有车渡及班船往来，交通方便。

南坪岛 (Nánpíng Dǎo)

北纬 21°25.4′，东经 109°55.5′。位于湛江市遂溪县安铺港，距大陆最近点 340 米。因处南坪村附近而得名。岸线长 328 米，面积 5 272 平方米。沙泥岛。岛上长有灌木。

白沙外岛 (Báishā Wàidǎo)

北纬 21°22.7′，东经 110°23.5′。位于湛江市遂溪县五里山港内，距大陆最近点 220 米。该岛处在白沙村附近河道中，附近还有一岛，因该岛离岸较远，故名。岸线长 27 米，面积 48 平方米。基岩岛。

白沙内岛 (Báishā Nèidǎo)

北纬 21°22.7′，东经 110°23.5′。位于湛江市遂溪县五里山港内，距大陆最近点 100 米。该岛处在白沙村附近河道中，附近还有一岛，因该岛离岸较近，故名。基岩岛。岸线长 24 米，面积 36 平方米。

五里山港岛 (Wǔlǐshān'gǎng Dǎo)

北纬 21°22.6′，东经 110°23.5′。位于湛江市遂溪县五里山港内，距大陆最近点 170 米。该岛在五里山港内，故名。岸线长 43 米，面积 128 平方米。基岩岛。

大石 (Dà Shí)

北纬 21°12.5′，东经 109°45.3′。位于湛江市遂溪县港门镇西部海域，距大陆最近点 650 米。因这一带有 4 个礁体，自南向北依次排列，该岛较大，故名。1984 年登记的《广东省遂溪县海域海岛地名卡片》、《广东省海域地名志》（1989）、《广东省海岛、礁、沙洲名录表》（1993）、《全国海岛名称与代码》（2008）均记为大石。岸线长 91 米，面积 612 平方米。基岩岛。最高处建有灯塔。

海山沙 (Hǎishān Shā)

北纬 21°10.9′，东经 109°43.3′。位于湛江市遂溪县乐民镇西北部海域，距大陆最近点 240 米。岸线长 432 米，面积 0.012 平方千米。因处海山村前，且为沙泥岛而得名。

圈龙沙 (Quānlóng Shā)

北纬 21°10.4′，东经 109°42.4′。位于湛江市遂溪县乐民镇西北部海域，距大陆最近点 410 米。该沙周围被海水所围，形似龙，高潮时发出呼呼响声，故名。又名荷包沙。1984 年登记的《广东省遂溪县海域海岛地名卡片》、《广东省海域地名志》（1989）、《广东省海岛、礁、沙洲名录表》（1993）、《全国海岛名称与代码》（2008）均记为圈龙沙。岸线长 721 米，面积 0.010 1 平方千米。沙泥岛。

铗船礁 (Jiáchuán Jiāo)

北纬 21°01.1′，东经 109°40.8′。位于湛江市遂溪县江洪镇西部海域，距大陆最近点 1.21 千米。因处江港渔外围，地势特殊，渔船出入很不方便，容易被铗住、碰烂，故名。1984 年登记的《广东省遂溪县海域海岛地名卡片》、《广东省海域地名志》（1989）、《广东省海岛、礁、沙洲名录表》（1993）均记为铗船礁。岸线长 56 米，面积 214 平方米，海拔 3 米。基岩岛。顶部有灯桩。

北莉岛 (Běilì Dǎo)

北纬 20°41.5′，东经 110°24.7′。位于湛江市徐闻县新寮岛北 1.42 千米处，距大陆最近点 1.29 千米。曾名北勒岛。因岛上藜草丛生，又名北藜岛。人们为了书写简便，把藜写成莉，故名北莉岛。该岛以前为两个岛（北莉岛、后海岛），1974 年筑成两堤将后海岛和北莉岛相接。因北莉岛为有居民海岛，合称为北莉岛。1984 年登记的《广东省徐闻县海域海岛地名卡片》、《广东省海域地名志》

（1989）记为北莉岛。沙泥岛，表层为中细砂土，有大片木麻黄和牧草地。岸线长 19.85 千米，面积 8.993 7 平方千米，海拔 16.5 米。岛南面长有大片红树林。岛周围有大片干出泥滩。近岸海域产鱿鱼、对虾、沙虫、螃蟹、泥蚶等。

有居民海岛，岛上有 1 个村委会，辖 9 个自然村。2011 年有户籍人口 3 997 人，常住人口 4 100 人。居民主要经济来源是鱼虾养殖。农田主要种植花生、番薯等。岛上学校、卫生所、球场、市场等公共设施齐全，建有关帝庙、境主庙。有环岛公路通往各居民点。淡水取自地下水，建有水塔。电能来自大陆，通过架设电缆获得，主要用于岛上居民生活照明。建有渡船码头，供客运、货运使用。

冬松岛 (Dōngsōng Dǎo)

北纬 20°40.6′，东经 110°21.6′。位于湛江市徐闻县新寮岛西北 4.12 千米处，距大陆最近点 860 米。又名单松岛。据说，在很久以前，该岛东塘村南边长着一棵又高又大、四季常青的松树。渔民在海上驶船或捕鱼，都要找这棵枝叶繁茂的大松树做目标，久而久之此岛就被人称为"单松岛"。1925 年后改为冬松岛，为当地群众惯称。《中国海洋岛屿简况》（1980）、1984 年登记的《广东省徐闻县海域海岛地名卡片》、《广东省海域地名志》（1989）、《广东省海岛、礁、沙洲名录表》（1993）、《广东省志·海洋与海岛志》（2000）、《全国海岛名称与代码》（2008）均记为冬松岛。岛近椭圆形，西北—东南走向。岸线长 10.43 千米，面积 2.466 1 平方千米，高约 10.2 米。沙泥岛。由中细砂构成，东南高西北低。表层为砂质土，耕地多种花生、玉米和番薯。近岸滩涂广阔，产虾、蟹、贝、鳝和鳟鱼等。

有居民海岛，岛上有 1 个村委会，辖 10 个自然村。2011 年有户籍人口 6 500 人，常住人口 6 000 人。居民以海洋捕捞和鱼塘养殖为主要经济来源。岛上公共设施齐全，建有学校、卫生所、球场、文化大楼、市场，以及天后宫、王宫忠、雷祖庙。淡水来自地下水，建有水塔。电来自大陆，通过架设电缆获得，主要用于岛上居民生活照明。岛南面建有灯塔 1 座。岛上建有渡船码头，供客运、货运、渔业使用。

榄树滩 (Lǎnshù Tān)

北纬 20°40.2′，东经 110°24.5′。位于湛江市徐闻县新寮岛北 820 米处，距大陆最近点 710 米。因岛滩上长满榄树而得名。《广东省海域地名志》（1989）记为榄树滩，又名柑椗树，曾名柑椗滩。岸线长 3.42 千米，面积 0.638 9 平方千米。沙泥岛。岛中心已挖开成为鱼塘。岛上长有草丛和灌木。

公港岛 (Gōnggǎng Dǎo)

北纬 20°39.7′，东经 110°20.8′。位于湛江市徐闻县新寮岛西北 5.77 千米处，距大陆最近点 540 米。又名赤坎岛。其南端有一较大赤红色陡坎，故称赤坎岛。1934 年改为公港岛。因岛上有公港村，故名。《中国海洋岛屿简况》（1980）、1984 年登记的《广东省徐闻县海域海岛地名卡片》、《广东省海域地名志》（1989）、《广东省海岛、礁、沙洲名录表》（1993）、《全国海岛名称与代码》（2008）均记为公港岛。1971—1980 年筑堤，西北与海康县、东南与徐闻县陆地相连，使松树港形成 867 公顷的滩涂养殖基地。岸线长 5.71 千米，面积 1.097 1 平方千米，海拔 6 米。沙泥岛。西北水道水深 2 米，其余沿岸为干出泥沙滩和红树林滩，盛产对虾、蟹等。有居民海岛，有公港村、赤坎村等村，2011 年有户籍人口 3 943 人，常住人口 3 200 人。岛上有学校等公共设施。有公路通往大陆。

水头北岛 (Shuǐtóu Běidǎo)

北纬 20°39.6′，东经 110°22.0′。位于湛江市徐闻县新寮岛西北 4.29 千米处，距大陆最近点 510 米。因处水头岛北面而得名。岸线长 643 米，面积 0.017 3 平方千米。沙泥岛。岛上长有草丛和乔木。

土港岛 (Tǔgǎng Dǎo)

北纬 20°39.5′，东经 110°23.3′。位于湛江市徐闻县新寮岛西北 1.4 千米处，距大陆最近点 670 米。土港是土港村的港名，先有港，后有村，故名土港村。该村是全岛的鼻祖，所以惯称该岛为土港岛。又名佳平岛，因岛中有佳平村而得名。1984 年登记的《广东省徐闻县海域海岛地名卡片》、《广东省海域地名志》（1989）、《广东省海岛、礁、沙洲名录表》（1993）、《全国海岛名称与代码》（2008）均记为土港岛。岛呈椭圆形，南北走向，中间高四周低。岸线长 6.38 千米，面积 1.804 3 平方千米，海拔 18.2 米。沙泥岛。由中细砂构成，表层为白沙土。1958 年筑成 2 堤，西连金鸡岛、南接大陆。养虾为岛上居民的主要经济来源。种有花生、番薯等。岛东面、北面生长大片红树林。有居民海岛，现有 1 个村委会，辖 6 个自然村。2011 年有户籍人口 2 889 人，常住人口 3 100 人。岛上有学校、卫生所及环岛公路。淡水来自地下水，建有水塔。电能来自大陆，通过架设电缆获得，主要用于居民生活照明。建有 2 座庙，名为朝庙忠、境庙主。

金鸡岛 (Jīnjī Dǎo)

北纬 20°39.1′，东经 110°22.6′。位于湛江市徐闻县新寮岛西北 2.76 千米处，距大陆最近点 450 米。传说该岛上有金鸡，故名。《中国海洋岛屿简况》（1980）、1984 年登记的《广东省徐闻县海域海岛地名卡片》、《广东省海域地名志》（1989）、《广东省海岛、礁、沙洲名录表》（1993）、《全国海岛名称与代码》（2008）均记为金鸡岛。原岛形近似椭圆，后来东部围垦后，近似长方形。岸线长 5.5 千米，面积 1.456 6 平方千米，海拔 6.4 米。沙泥岛，由中细砂构成，表层为白沙土。南北走向，地势平坦。1958 年筑成 2 堤，东连土港岛，南接大陆。有居民海岛，岛上有 1 个自然村，2011 年有户籍人口 1 152 人，常住人口 1 000 人。养虾为岛上居民的主要经济来源，种有花生、番薯。岛上有学校、卫生所，正在建设文化戏台。建有公路，通往各村庄。淡水来自地下水，建有水塔。电能来自大陆，通过架设电缆获得，主要用于居民生活照明。

雷打沙 (Léidǎ Shā)

北纬 20°39.0′，东经 110°28.4′。位于湛江市徐闻县新寮岛东 150 米处，距大陆最近点 7.9 千米。以前有渔民在此遭雷击，故名。1984 年登记的《广东省徐闻县海域海岛地名卡片》、《广东省海域地名志》（1989）、《广东省海岛、礁、沙洲名录表》（1993）、《广东省志·海洋与海岛志》（2000）、《全国海岛名称与代码》（2008）均记为雷打沙。岸线长 12.43 千米，面积 2.810 9 平方千米，海拔 3.2 米。沙泥岛。已建鱼塘，养殖鱼虾。落潮时两侧干出沙滩连新寮岛，岛上长有草丛。

水头岛 (Shuǐtóu Dǎo)

北纬 20°39.0′，东经 110°22.0′。位于湛江市徐闻县新寮岛西北 4.26 千米处，距大陆最近点 120 米。因处水头村北部而得名。又名水头角。1984 年登记的《广东省徐闻县海域海岛地名卡片》、《广东省海岛、礁、沙洲名录表》（1993）、《广东省志·海洋与海岛志》（2000）、《全国海岛名称与代码》（2008）均记为水头角。《广东省海域地名志》（1989）记为水头岛和水头角。沙泥岛。岸线长 227 米，面积 3 862 平方米。建有房屋 1 座，供养殖人员看护鱼塘。岛上养殖家禽。

新寮岛 (Xīnliáo Dǎo)

北纬 20°37.4′，东经 110°27.6′。位于湛江市徐闻县外罗港，距大陆最近点 410 米。传说初期渔民来岛定居时，为避风雨而搭起帐篷与茅寮，故名。《中国海洋岛屿简况》（1980）、1984 年登记的《广东省徐闻县海域海岛地名卡片》、《广东省海域地名志》（1989）、《广东省海岛、礁、沙洲名录表》（1993）、《广东省志·海洋与海岛志》（2000）、《全国海岛名称与代码》（2008）均记为新寮岛。岸线长 34.15 千米，面积 33.175 9 平方千米，海拔 17.1 米。岛呈西北—东南走向，东南稍高，西北略低。沙泥岛，由中细砂层构成。地表为沙土，多木麻黄树，林木覆盖率 40%。

有居民海岛，岛上有 81 个自然村，2011 年有户籍人口 30 731 人。以农业为主，兼浅海捕捞业。岛上无河流，饮用、灌溉靠井水。有渡船和运输船来往大陆。岛西有双堤连接大陆，公路可直达全岛。

长坡岛 (Chángpō Dǎo)

北纬 20°36.7′，东经 110°25.9′。位于湛江市徐闻县新寮岛西 1.11 千米处，距大陆最近点 770 米。该岛是长方形山坡，故名。因雷州方言"墩"与"岛"同义，又名长坡墩。1984 年登记的《广东省徐闻县海域海岛地名卡片》记为长坡墩。《广东省海域地名志》（1989）、《广东省海岛、礁、沙洲名录表》（1993）、《广东省志·海洋与海岛志》（2000）、《全国海岛名称与代码》（2008）均记为长坡岛。岸线长 220 米，面积 1 531 平方米，海拔 3.1 米。岛近椭圆形，东西走向。沙泥岛，岛周为干出泥沙滩。岛上绿草如茵，有少量木麻黄树。最高处建有房子1座，已废弃。新寮至锦和轮渡线从东南侧通过。位于徐闻外罗湾鲎自然保护区内。

六极岛 (Liùjí Dǎo)

北纬 20°36.2′，东经 110°25.0′。位于湛江市徐闻县新寮岛西 2.33 千米处，距大陆最近点 570 米。岛周围有五岛（新寮、北莉、冬松、金鸡和公港岛），而该岛在五岛末端，故名。又名乐极岛。清末，锦和区龙群村有蔡、陈两户人家，为避强贼，乘小船逃往锦和北面的岛上，终于脱险。他们认为那里乐极了，就定居下来，把该岛起名为乐极岛。雷州方言"乐"与"六"同音，故名六极岛。《中国海洋岛屿简况》（1980）、1984 年登记的《广东省徐闻县海域海岛地名卡片》、《广东省海域地名志》（1989）、《广东省海岛、礁、沙洲名录表》（1993）、《广东省志·海洋与海岛志》（2000）、《全国海岛名称与代码》（2008）均记为六极岛。岸线长 6.52 千米，面积 1.951 1 平方千米，海拔 14 米。沙泥岛，由中细砂层构成，东北高西南低。表层为沙土，西部多椰子树，其余为木麻黄防护林。岛周为干出泥沙滩和红树林滩，盛产沙虫和虾、蟹，西部近岸海滩已围垦。

有居民海岛，现有 1 个村委会，辖 5 个自然村。2011 年有户籍人口 2 049 人，常住人口 2 049 人。岛上居民以渔业和运输业为主，农业为副。种有水稻、花生、番薯，养虾为岛上居民主要经济来源。岛上有公路、学校、卫生所、市场。建有庙宇。淡水源丰富，多水井，建有水塔。电能来自大陆，通过架设电缆获得，主要用于岛上居民生活照明。西南面建有渡船码头，供客运、货运、渔业使用。西南面有灯塔 1 座。位于徐闻外罗湾鲎自然保护区内。

白母沙 (Báimǔ Shā)

北纬 20°35.7′，东经 110°29.1′。位于湛江市徐闻县新寮岛东 650 米处，距大陆最近点 560 米。该岛形似白发苍苍的老母亲，故名。1984 年登记的《广东省徐闻县海域海岛地名卡片》、《广东省海域地名志》（1989）、《广东省海岛、礁、沙洲名录表》（1993）、《广东省志·海洋与海岛志》（2000）、《全国海岛名称与代码》（2008）均记为白母沙。岸线长 2.52 千米，面积 0.131 平方千米，海拔 2.5 米。沙泥岛。岛上长有草丛。建有鱼塘。

三高石 (Sān'gāo Shí)

北纬 20°34.2′，东经 110°28.8′。位于湛江市徐闻县新寮岛东南 1.94 千米处，距大陆最近点 110 米。涨潮时有三块巨石露出水面，故名。1984 年登记的《广东省徐闻县海域海岛地名卡片》、《广东省海域地名志》（1989）、《广东省海岛、礁、沙洲名录表》（1993）均记为三高石。目前只剩 2 块，因名称沿用已久，仍称三高石。岸线长 186 米，面积 801 平方米，高 7 米。基岩岛。有炸岛痕迹。

拦船沙 (Lánchuán Shā)

北纬 20°32.5′，东经 110°33.1′。位于湛江市徐闻县下洋镇外罗水道内，距大陆最近点 4.53 千米。岛周围经常出现船只搁浅现象，对于航行来说恰似拦路之虎，故名。1984 年登记的《广东省徐闻县海域海岛地名卡片》、《广东省海域地名志》（1989）、《广东省海岛、礁、沙洲名录表》（1993）、《全国海岛名称与代码》（2008）均记为拦船沙。岸线长 3.52 千米，面积 0.171 2 平方千米。沙泥岛。最高处建有信号天线，供东寮岛上风力发电公司传送天气信号。

双鼓石 (Shuānggǔ Shí)

北纬 20°30.1′，东经 110°32.0′。位于湛江市徐闻县下洋镇外罗水道西部海域，距大陆最近点 1.3 千米。该岛由互相交错的岩石组成，表层褐黑，其中有两块高大又平坦的大石相对而立，形似大战鼓，故名。又名案台石。1984 年登记的《广东省徐闻县海域海岛地名卡片》、《广东省海域地名志》（1989）、《广东省海岛、礁、沙洲名录表》（1993）、《全国海岛名称与代码》（2008）均记为双鼓石。岸线长 15 米，面积 16 平方米，海拔 2 米。基岩岛。

双鼓石西岛 (Shuānggǔshí Xīdǎo)

北纬 20°30.1′，东经 110°32.0′。位于湛江市徐闻县下洋镇外罗水道西部海域，距大陆最近点 1.3 千米。因处双鼓石西面，第二次全国海域地名普查时命今名。面积约 2 平方米。基岩岛。

大排北岛 (Dàpái Běidǎo)

北纬 20°29.6′，东经 110°32.5′。位于湛江市徐闻县下洋镇外罗水道内，距大陆最近点 1.64 千米。《中国海洋岛屿简况》（1980）记为 ZJ9。因处大排西北面，第二次全国海域地名普查时更为今名。岸线长 98 米，面积 543 平方米。基岩岛。

牛母石 (Niúmǔ Shí)

北纬 20°27.0′，东经 110°31.4′。位于湛江市徐闻县下洋镇外罗水道西南部海域，距大陆最近点 130 米。该岛形似一头母牛，当地称母牛为牛母，故名。又名港仔石。该岛靠近邓宅村渔船停泊锚地——港仔，当地群众也称该岛为港仔石。1984 年登记的《广东省徐闻县海域海岛地名卡片》、《广东省海域地名志》（1989）、《广东省海岛、礁、沙洲名录表》（1993）、《全国海岛名称与代码》（2008）均记为牛母石。岸线长 41 米，面积 114 平方米。基岩岛。

红眉沙 (Hóngméi Shā)

北纬 20°25.8′，东经 110°36.3′。位于湛江市徐闻县下洋镇外罗水道东部海域，距大陆最近点 8.85 千米。原岛形似眉状，由赤红色细沙构成，远望好似一条红色的眉，故名。1984 年登记的《广东省徐闻县海域海岛地名卡片》、《广东省海域地名志》（1989）、《广东省海岛、礁、沙洲名录表》（1993）、《全国海岛名称与代码》（2008）均记为红眉沙。岸线长 608 米，面积 0.01 平方千米。沙泥岛。因沙泥岛变化大，现形状已大不相同。

单石 (Dān Shí)

北纬 20°25.6′，东经 110°30.9′。位于湛江市徐闻县下洋镇外罗水道西南部海域，距大陆最近点 60 米。该岛在山狗吼角海面上，与寒门石相近，礁石较大且独立，故名。面积约 5 平方米。基岩岛。

东跟沙 (Dōnggēn Shā)

北纬 20°22.0′，东经 110°35.6′。位于湛江市徐闻县前山镇罗斗沙东 430 米处，距大陆最近点 10.3 千米。因其与罗斗沙相距很近，故名。1984 年登记的《广东省徐闻县海域海岛地名卡片》、《广东省海域地名志》（1989）、《广东省海岛、礁、沙洲名录表》（1993）、《全国海岛名称与代码》（2008）均记为东跟沙。岸线长 487 米，面积 9 526 平方米，高 1.2 米。沙泥岛。

浮墩 (Fú Dūn)

北纬 20°21.8′，东经 109°52.8′。位于湛江市徐闻县西连镇东场港北部海域，距大陆最近点 410 米。该岛远望形似葫芦浮在海面，故名。又名浮墩岛。因墩上过去建过庙供奉三婆，也称婆墩。1984 年登记的《广东省徐闻县海域海岛地名卡片》、《广东省海域地名志》（1989）记为浮墩。《广东省海岛、礁、沙洲名录表》（1993）、《广东省志·海洋与海岛志》（2000）、《全国海岛名称与代码》（2008）记为浮墩岛。岸线长 359 米，面积 8 140 平方米。基岩岛。岛上建有王娘庙。在广东徐闻珊瑚礁自然保护区内。

罗斗沙 (Luódǒu Shā)

北纬 20°21.6′，东经 110°34.8′。位于湛江市徐闻县前山镇外罗水道南部海域，距大陆最近点 9.2 千米。又名新沙。该沙岛在 300 年前尚末形成时，已有一沙岛出现。300 年后，因地壳变更，原出现的沙岛逐渐下沉，并被海水淹没。在原沙岛以西 1 000 米处海面又出现 1 个沙岛，且日益增长、增高、增宽。由于原沙岛的下沉、新沙岛的出现，故当地群众便将后出现的称为新沙，前出现的称老沙。又因其形状如罗斗，定名为罗斗沙。《中国海洋岛屿简况》（1980）、1984 年登记的《广东省徐闻县海域海岛地名卡片》、《广东省海域地名志》（1989）、《广东省海岛、礁、沙洲名录表》（1993）、《广东省志·海洋与海岛志》（2000）、《全国海岛名称与代码》（2008）均记为罗斗沙。岸线长 10.9 千米，面积 1.787 4 平方千米，海拔 3.6 米。原为形状多变的干出沙洲，1974 年后徐闻县植树固沙，终成沙岛。西部原有两小海湾，名新洞、老洞，今为流沙淤积。东北部宽大而略高，西南部窄长而稍低。表面平坦，由细砂组成。有木麻黄树 667 余平方米，5—6 月许多海鸟栖息产卵。岛西北面建有 1 座灯塔。离灯塔不远处建有信号天线。附近海域水深 2～5 米。西北 2.5 千米为网门作业区，盛产虾、蟹和海蜇等。岛西约 5 千米即外罗水道。岛北 3 千米处海流复杂，多暗沙。

阉鸡岛 (Yānjī Dǎo)

北纬 20°20.8′，东经 109°59.1′。位于湛江市徐闻县迈陈镇北部海域，距大陆最近点 20 米。据传早期岛上所养的阉鸡又肥又大，故名。又名阉鸡墩。1984
年登记的《广东省徐闻县海域海岛地名卡片》记为阉鸡墩。《广东省海域地名志》
（1989）、《广东省海岛、礁、沙洲名录表》（1993）、《全国海岛名称与代码》
（2008）均记为阉鸡岛。岸线长 888 米，面积 0.034 2 平方千米，海拔 8.5 米。
基岩岛。岛四周修建了鱼塘。东面建有房屋 1 间，主要供岛周渔民临时休息用。
修有一条贯穿海岛的公路，有堤连岛。

沙墩岛 (Shādūn Dǎo)

北纬 20°17.0′，东经 109°58.7′。位于湛江市徐闻县迈陈镇南部角尾湾内，
距大陆最近点 90 米。由于海水作用和泥沙沉积，岛形似土墩，故名。又名流
墩。1984 年登记的《广东省徐闻县海域海岛地名卡片》、《广东省海域地名
志》（1989）、《广东省海岛、礁、沙洲名录表》（1993）、《全国海岛名称
与代码》（2008）均记为沙墩岛。岸线长 591 米，面积 0.016 6 平方千米，海拔
约 0.5 米。沙泥岛。岛上长有草丛和乔木。

拾螺墩 (Shíluó Dūn)

北纬 20°16.7′，东经 109°58.8′。位于湛江市徐闻县迈陈镇南部角尾湾内，
距大陆最近点 510 米。该墩盛产螺、蟹、贝，人们常在此拾螺，故名。又名拾螺礁。
1984 年登记的《广东省徐闻县海域海岛地名卡片》记为拾螺墩和拾螺礁。《广
东省海域地名志》（1989）、《广东省海岛、礁、沙洲名录表》（1993）均记
为拾螺礁。岸线长 27 米，面积 50 平方米。基岩岛。

月儿岛 (Yuèr Dǎo)

北纬 20°15.9′，东经 110°11.8′。位于湛江市徐闻县海安湾内，距大陆最近
点 280 米。岛形似月，故名。又名墩仔、月墩、牛仔墩。月墩 B 近称，原称为
牛仔墩。传说很久以前有一位风水先生行在杏磊时，认为该地是"黄牛之地"，
便将祖坟迁葬于此地，但却错葬于"黄牛尾巴"上，引起"土牛"发怒。其大
吼一声，天昏地暗，一阵龙风卷起滚尘土，在杏磊港外海面上磊起 1 个半月形
的小土墩，人称牛仔墩。《中国海洋岛屿简况》（1980）记为墩仔。1984 年登
记的《广东省徐闻县海域海岛地名卡片》记为月墩和牛仔墩。《广东省海域地

名志》（1989）、《广东省海岛、礁、沙洲名录表》（1993）、《广东省志·海洋与海岛志》（2000）、《全国海岛名称与代码》（2008）均记为月儿岛。岸线长 182 米，面积 1 321 平方米，海拔 8.1 米。基岩岛。岛西面、西北面有鱼塘。西北面修有大堤与岛相连，东面公路在建。

墩顶石 (Dūndǐng Shí)

北纬 20°14.4′，东经 110°11.0′。位于湛江市徐闻县海安湾西部海域，距大陆最近点 230 米。该岛由一堆大块岩石组成石墩，上面有九块大岩石形成尖状，故名。又名墩顶、墩顶礁、尖顶礁。1984 年登记的《广东省徐闻县海域海岛地名卡片》记为墩顶、墩顶石、墩顶礁和尖顶礁。《广东省海域地名志》（1989）记为墩顶石。岸线长 36 米，面积 96 平方米。基岩岛。

橹时墩 (Lǔshí Dūn)

北纬 20°14.4′，东经 110°06.7′。位于湛江市徐闻县角尾湾东南部海域，距大陆最近点 440 米。该岛随着水位变化，时高时低，形似船橹出水，故名。又名橹时岛。因雷州话"橹"与"偻"读音相同，又写成偻时墩。1984 年登记的《广东省徐闻县海域海岛地名卡片》记为橹时墩和偻时墩。《广东省海域地名志》（1989）、《广东省海岛、礁、沙洲名录表》（1993）、《广东省志·海洋与海岛志》（2000）、《全国海岛名称与代码》（2008）均记为橹时岛。岸线长 249 米，面积 3 258 平方米，海拔 5.4 米。基岩岛。由玄武岩构成，表层为白沙土。岛上长有稀疏灌木丛、草丛和乔木。

马仔礁 (Mǎzǎi Jiāo)

北纬 20°14.4′，东经 110°10.0′。位于湛江市徐闻县海安湾西南部海域，距大陆最近点 50 米。该岛由一堆岩石组成，在低潮时，看见有一堆岩石，其形状似小马，故名。又名马仔墩。1984 年登记的《广东省徐闻县海域海岛地名卡片》、《广东省海域地名志》（1989）记为马仔礁和马仔墩。《广东省海岛、礁、沙洲名录表》（1993）记为马仔礁。岸线长 21 米，面积 30 平方米。基岩岛。

白头墩 (Báitóu Dūn)

北纬 20°14.1′，东经 110°08.8′。位于湛江市徐闻县海安湾西南部海域，距大陆最近点 420 米。在退潮后周围露出白色沙仔，形似白头，故名。岸线长 633 米，面积 0.024 2 平方千米。基岩岛。岛上长有灌木。岛北面在大潮期退潮后可与陆地相连。

一墩 (Yī Dūn)

北纬 20°14.1′，东经 110°07.0′。位于湛江市徐闻县角尾湾东南部海域，距大陆最近点 400 米。附近有东西排列三岛，统称三墩岛。该岛居东，面积最大，排行第一，故名。又名头墩。《中国海洋岛屿简况》（1980）记为头墩。1984 年登记的《广东省徐闻县海域海岛地名卡片》、《广东省海域地名志》（1989）、《广东省海岛、礁、沙洲名录表》（1993）、《广东省志·海洋与海岛志》（2000）、《全国海岛名称与代码》（2008）均记为一墩。岸线长 1.29 千米，面积 0.081 1 平方千米，高 5.6 米。基岩岛，由玄武岩构成，南端凸起呈锥状。表层为红土，长有木麻黄树。沿岸为砂砾滩。岛上修有一条村路。

二墩 (Èr Dūn)

北纬 20°13.9′，东经 110°06.8′。位于湛江市徐闻县角尾湾东南部海域，距大陆最近点 440 米。附近有东西排列三岛，统称三墩岛。该岛居中，排行第二，故名。《中国海洋岛屿简况》（1980）、1984 年登记的《广东省徐闻县海域海岛地名卡片》、《广东省海域地名志》（1989）、《广东省海岛、礁、沙洲名录表》（1993）、《广东省志·海洋与海岛志》（2000）、《全国海岛名称与代码》（2008）均记为二墩。岸线长 879 米，面积 29 820 平方米，海拔 5.1 米。基岩岛，由玄武岩构成。表层为红土，长有木麻黄树。沿岸为砂砾滩。岛上有徐闻采访创作基地标志牌。

三墩 (Sān Dūn)

北纬 20°14.2′，东经 110°06.3′。位于湛江市徐闻县角尾湾东南部海域，距大陆最近点 1.12 千米。附近有东西排列三岛，统称三墩岛。该岛在西，排位第三，故名。《中国海洋岛屿简况》（1980）、1984 年登记的《广东省徐闻县海域海岛地名卡片》、《广东省海域地名志》（1989）、《广东省海岛、礁、沙洲名录表》（1993）、《广东省志·海洋与海岛志》（2000）、《全国海岛名称与代码》（2008）均记为三墩。基岩岛。岸线长 761 米，面积 0.038 平方千米，高 4.2 米。南面建有灯塔。东面建有国家大地测绘控制点。

鸡笼山 (Jīlóng Shān)

北纬 21°25.9′，东经 110°22.2′。位于湛江市廉江市五里山港内，距大陆最近点 160 米。该岛形似竹子编成的鸡笼，故名。《广东省海岛、礁、沙洲名录表》（1993）、《全国海岛名称与代码》（2008）均记为鸡笼山。岸线长 712 米，面积 0.033 8 平方千米。基岩岛。岛北面海域长有茂密的红树林。岛东面建有小码头。

石头墩 (Shítou Dūn)

北纬 20°51.1′，东经 110°19.5′。位于湛江市雷州市东里镇北部海域，距大陆最近点 220 米。石头墩为当地群众惯称。岸线长 663 米，面积 0.013 6 平方千米。基岩岛。岛上长有草丛和乔木。

娘子墩 (Niángzǐ Dūn)

北纬 20°47.3′，东经 109°44.6′。位于湛江市雷州市企水港，距大陆最近点 1.48 千米。娘子墩为当地群众惯称。又名嬉仔墩。《中国海洋岛屿简况》（1980）记为嬉仔墩。1984 年登记的《广东省海康县海域海岛地名卡片》、《广东省海域地名志》（1989）、《广东省海岛、礁、沙洲名录表》（1993）、《广东省志·海洋与海岛志》（2000）、《全国海岛名称与代码》（2008）均记为娘子墩。岸线长 899 米，面积 0.046 3 平方千米，海拔 7.1 米。沙泥岛。岛上长有草丛和乔木。岛周围已开挖鱼塘，且有堤与岛相连。

赤豆寮岛 (Chìdòuliáo Dǎo)

北纬 20°46.9′，东经 109°44.2′。位于湛江市雷州市企水港，距大陆最近点 320 米。岛上有草寮，故名。《中国海洋岛屿简况》（1980）、1984 年登记的《广东省海康县海域海岛地名卡片》、《广东省海域地名志》（1989）、《广东省海岛、礁、沙洲名录表》（1993）、《广东省志·海洋与海岛志》（2000）、《全国海岛名称与代码》（2008）均记为赤豆寮岛。岸线长 10.37 千米，面积 1.398 5 平方千米，海拔 7.3 米。沙泥岛。建有鱼塘、小码头、水井和雷首庙。

马头凸 (Mǎtóutū)

北纬 21°25.3′，东经 110°58.0′。位于湛江市吴川市王村港东部海域，距大陆最近点 100 米。该岛凸起，形似当地老百姓用来拴马的"凸"（钉在地上，类似桩）一样，故名。1984 年登记的《广东省吴川县海域海岛地名卡片》、《广东省海域地名志》（1989）、《广东省海岛、礁、沙洲名录表》（1993）均记为马头凸。岸线长 42 米，面积 108 平方米。基岩岛。

廊尾石 (Lángwěi Shí)

北纬 21°24.9′，东经 110°56.9′。位于湛江市吴川市王村港东部海域，距大陆最近点 20 米。该岛有一排石，从头至尾形状似走廊，故名。1984 年登记的《广东省吴川县海域海岛地名卡片》、《广东省海域地名志》（1989）、《广东省海岛、礁、沙洲名录表》（1993）均记为廊尾石。岸线长 106 米，面积 444 平方米，海拔 5.9 米。基岩岛。

神前石 (Shénqián Shí)

北纬 21°24.8′，东经 110°56.6′。位于湛江市吴川市王村港北部海域，距大陆最近点 30 米。该岛对面海岸有一个埠头，渔民出海捕鱼前习惯在埠头拜神，埠头前的这块石头就叫神前石。1984 年登记的《广东省吴川县海域海岛地名卡片》、《广东省海域地名志》（1989）、《广东省海岛、礁、沙洲名录表》（1993）均记为神前石。岸线长 201 米，面积 2 840 平方米，海拔 3.9 米。基岩岛。

割流石 (Gēliú Shí)

北纬 21°24.8′，东经 110°56.8′。位于湛江市吴川市王村港东部海域，距大陆最近点 100 米。该岛与南部裂石之间常有一股万剑般的急流，故名。1984 年登记的《广东省吴川县海域海岛地名卡片》、《广东省海域地名志》（1989）、《广东省海岛、礁、沙洲名录表》（1993）均记为割流石。岸线长 37 米，面积 95 平方米，海拔 5.3 米。基岩岛。

三脚石 (Sānjiǎo Shí)

北纬 21°24.7′，东经 110°55.3′。位于湛江市吴川市王村港西部海域，距大陆最近点 220 米。该岛由三块礁石构成三角形，故名。1984 年登记的《广东省吴川县海域海岛地名卡片》、《广东省海域地名志》（1989）、《广东省海岛、礁、沙洲名录表》（1993）均记为三脚石。岸线长 16 米，面积 18 平方米，海拔 1.7 米。基岩岛。

细尖母 (Xìjiānmǔ)

北纬 21°24.5′，东经 110°55.6′。位于湛江市吴川市王村港西南海域，距大陆最近点 970 米。此礁由很多大小不一的花岗岩组成，其中最大者顶部尖突，故名。又名岭脯石、桥仔村。岸上远处有一牛牯岭，在此礁位置上正好看到牛牯岭的"牛脯"，得名岭脯石。从此礁向另一方向朝岸上看，刚好对着桥仔村，故又名桥仔村。1984 年登记的《广东省吴川县海域海岛地名卡片》、《广东省海域地名志》（1989）、《广东省海岛、礁、沙洲名录表》（1993）均记为细尖母。岸线长 64 米，面积 188 平方米。基岩岛。

灯火排 (Dēnghuǒ Pái)

北纬 21°24.4′，东经 110°56.7′。位于湛江市吴川市王村港南部海域，距大陆最近点 530 米。岛上有灯火航标，故名。又名三波。因此礁由三块花岗岩组成，风浪打来，三处起波，故名"三波"。1984 年登记的《广东省吴川县海域海岛地名卡片》、《广东省海域地名志》（1989）、《广东省海岛、礁、沙洲名录表》（1993）均记为灯火排。岸线长 682 米，面积 8 255 平方米，海拔约 4 米。基岩岛。有灯火航标 1 座。

红石 (Hóng Shí)

北纬 21°24.0′，东经 110°47.3′。位于湛江市吴川市博茂港，距大陆最近点 20 米。该岛表面呈红色，故名。1984 年登记的《广东省吴川县海域海岛地名卡片》、《广东省海域地名志》（1989）、《广东省海岛、礁、沙洲名录表》（1993）均记为红石。岸线长 20 米，面积 28 平方米。基岩岛。

猪艃石 (Zhū'nǎ Shí)

北纬 21°23.4′，东经 110°53.5′。位于湛江市吴川市覃巴镇东南海域，距大陆最近点 100 米。刮风时，此礁发出像母猪的叫声，故名。1984 年登记的《广东省吴川县海域海岛地名卡片》、《广东省海域地名志》（1989）、《广东省海岛、礁、沙洲名录表》（1993）均记为猪姆石。岸线长 55 米，面积 144 平方米，海拔约 4 米。基岩岛。

旱石 (Hàn Shí)

北纬 21°23.3′，东经 110°50.2′。位于湛江市吴川市覃巴镇西南海域，距大陆最近点 90 米。该岛因地势较高，一般潮水浸不到，故名。1984 年登记的《广东省吴川县海域海岛地名卡片》、《广东省海域地名志》（1989）、《广东省海岛、礁、沙洲名录表》（1993）均记为旱石。岸线长 61 米，面积 252 平方米。基岩岛。

镇海湾岛 (Zhènhǎiwān Dǎo)

北纬 21°23.1′，东经 110°51.5′。位于湛江市吴川市覃巴镇南部海域，距大陆最近点 40 米。因地处镇海湾内而得名。岸线长 178 米，面积 1 837 平方米。基岩岛。

菜头石 (Càitóu Shí)

北纬 21°23.1′，东经 110°51.6′。位于湛江市吴川市覃巴镇南部海域，距大陆最近点 80 米。当地人常在这块石头边上洗菜头，故名。1984 年登记的《广东省吴川县海域海岛地名卡片》、《广东省海域地名志》（1989）、《广东省海岛、礁、沙洲名录表》（1993）、《全国海岛名称与代码》（2008）均记为菜头石。岸线长 155 米，面积 1 622 平方米，海拔约 6 米。基岩岛。

船篷石 (Chuánpéng Shí)

北纬 21°23.1′，东经 110°53.2′。位于湛江市吴川市覃巴镇东南海域，距大陆最近点 150 米。该岛形似风帆，故名。1984 年登记的《广东省吴川县海域海岛地名卡片》、《广东省海域地名志》（1989）、《广东省海岛、礁、沙洲名录表》（1993）均记为船篷石。面积约 75 平方米。基岩岛。

担叉石 (Dànchā Shí)

北纬 21°23.1′，东经 110°53.2′。位于湛江市吴川市覃巴镇东南海域，距大陆最近点 140 米。该岛有两石叉开，故名。1984 年登记的《广东省吴川县海域海岛地名卡片》、《广东省海域地名志》（1989）、《广东省海岛、礁、沙洲名录表》（1993）均记为担叉石。岸线长 109 米，面积 320 平方米。基岩岛。

蟑螂石 (Zhānglángng Shí)

北纬 21°23.0′，东经 110°50.0′。位于湛江市吴川市覃巴镇西南海域，距大陆最近点 690 米。该岛形似蟑螂，故名。1984 年登记的《广东省吴川县海域海岛地名卡片》、《广东省海域地名志》（1989）、《广东省海岛、礁、沙洲名录表》（1993）均记为蟑螂石。岸线长 33 米，面积 67 平方米。基岩岛。

妹马石 (Mèimǎ Shí)

北纬 21°23.0′，东经 110°52.6′。位于湛江市吴川市覃巴镇南部海域，距大陆最近点 160 米。该岛正对岸上的妹马岭，当地群众以它为标志，故名。1984 年登记的《广东省吴川县海域海岛地名卡片》、《广东省海域地名志》（1989）、《广东省海岛、礁、沙洲名录表》（1993）均记为妹马石。岸线长 62 米，面积 251 平方米，海拔 4.5 米。基岩岛。

高沙涌岛 (Gāoshāyǒng Dǎo)

北纬 21°19.7′，东经 110°37.4′。位于湛江市吴川市黄坡镇鉴江水道内，距大陆最近点 140 米。又名高沙涌。该岛处原是航道，后几经变更，冲积成涌，面积逐渐扩大增高，退潮时因此涌出水面，故名。现已演变为海岛，仍用其原名。1984 年登记的《广东省湛江市海域海岛地名卡片》、《广东省海域地名志》（1989）、《广东省海岛、礁、沙洲名录表》（1993）称为高沙涌。《全国海岛名称与代码》（2008）称为高沙涌岛。岸线长 6.02 千米，面积 1.416 3 平方千米。沙泥岛。岛上长有草丛。北面建灯塔 1 座。岛周围开挖鱼塘，建有围堤。岛上淡水、电都来自陆地。

西耳环沙 (Xī'ěrhuán Shā)

北纬 21°18.8′，东经 110°37.3′。位于湛江市吴川市黄坡镇鉴江水道内，距大陆最近点 200 米。西耳环沙是当地群众惯称。岸线长 3.6 千米，面积 0.555 4 平方千米。沙泥岛。岛上长有草丛。建有房屋、养虾塘。

东耳环沙 (Dōng'ěrhuán Shā)

北纬 21°18.5′，东经 110°37.5′。位于湛江市吴川市黄坡镇鉴江水道内，距大陆最近点 300 米。东耳环沙是当地群众惯称。岸线长 1.01 千米，面积 0.047

平方千米。沙泥岛。岛上长有草丛。建有鱼塘和房屋。

公门涌 (Gōngményǒng)

北纬 21°17.8′，东经 110°38.2′。位于湛江市吴川市黄坡镇鉴江水道内，距大陆最近点 50 米。公门涌是当地群众惯称。沙泥岛。岸线长 9.2 千米，面积 1.632 5 平方千米。岛上长有草丛。建有鱼塘及渔民居住的房屋。岛东面建有航标灯。

禾枪沙 (Héqiāng Shā)

北纬 21°17.7′，东经 110°37.7′。位于湛江市吴川市黄坡镇鉴江水道内，距大陆最近点 270 米。该岛两头尖、中间大，外形似禾枪样，故名。1984 年登记的《广东省湛江市海域海岛地名卡片》、《广东省海域地名志》（1989）、《广东省海岛、礁、沙洲名录表》（1993）、《全国海岛名称与代码》（2008）均记为禾枪沙。岸线长 5.93 千米，面积 0.893 1 平方千米。沙泥岛。岛上长有草丛。该岛由禾枪沙、沙螺沙相连而成，以前都为干出沙，后来因当地群众养殖，修建围堤，在中间挖建鱼塘，后成为海岛。有虾塘，当地称为乌坭合流屋虾场。有房屋，主要提供岛上渔民照看鱼塘住宿所用。岛中部有桥 1 座，建有渔港。

上利剑沙 (Shànglìjiàn Shā)

北纬 21°13.8′，东经 110°38.7′。位于湛江市吴川市南三水道东部海域，距大陆最近点 0.79 千米，距南三岛 3.22 千米。鉴江口两侧各有沙滩，对过往船只有影响，被喻为利剑，此沙处东北，故名。又名钩镰沙。1984 年登记的《广东省吴川县海域海岛地名卡片》、《广东省海域地名志》（1989）、《广东省海岛、礁、沙洲名录表》（1993）、《全国海岛名称与代码》（2008）均记为上利剑沙。岸线长 1.29 千米，面积 0.064 9 平方千米。沙泥岛。岛上长有草丛。附近海域有养殖蚝桩。

东边石 (Dōngbiān Shí)

北纬 21°26.9′，东经 111°05.4′。位于茂名市水东港区内，西北距茂名市茂港区 1.7 千米。因早上东边海面发白的时候，该岛雄姿就显现于渔民们眼中，故名。1984 年登记的《广东省电白县海域海岛地名卡片》、《广东省海域地名志》（1989）、《广东省海岛、礁、沙洲名录》（1993）均记为东边石。岸线长 148 米，面积 753 平方米，海拔 3.7 米。基岩岛。

连对礁 (Liánduì Jiāo)

北纬 21°24.5′，东经 110°59.4′。位于茂名市水东港区内，东北距茂港区 1.64 千米。因该岛由三块礁石连在一起，南北相对，故名。1984 年登记的《广东省电白县海域海岛地名卡片》记为连对礁，沿用至今。岸线长 222 米，面积 2 785 平方米。基岩岛。

横洲头 (Héngzhōutóu)

北纬 21°30.4′，东经 111°26.4′。位于茂名市电白县，北距电白县岭门镇 2.34 千米。横洲头为当地群众惯称。因处在横洲岛的前面，故名。岸线长 66 米，面积 330 平方米。基岩岛。

担母 (Dànmǔ)

北纬 21°29.6′，东经 111°21.9′。位于茂名市电白县，北距电白县电城镇 90 米。担母为当地群众惯称。岸线长 67 米，面积 313 平方米。基岩岛。

大母石 (Dàmǔ Shí)

北纬 21°29.5′，东经 111°21.8′。位于茂名市电白县，北距电白县电城镇 190 米。因该岛形似大拇指，取"拇"的谐音"母"而得名。1984 年登记的《广东省电白县海域海岛地名卡片》、《广东省海域地名志》（1989）、《广东省海岛、礁、沙洲名录表》（1993）均记为大母石。岸线长 108 米，面积 812 平方米，海拔 2.3 米。基岩岛。

马槛担 (Mǎkǎndàn)

北纬 21°27.8′，东经 111°20.0′。位于茂名市电白县，北距电白县电城镇 140 米。因处马槛村南面海中，形似扁担形，故名。1984 年登记的《广东省电白县海域海岛地名卡片》、《广东省海域地名志》（1989）、《广东省海岛、礁、沙洲名录表》（1993）均记为马槛担。岸线长 85 米，面积 473 平方米，海拔 2.3 米。基岩岛。

相冠石 (Xiàngguān Shí)

北纬 21°27.7′，东经 111°08.1′。位于茂名市电白县水东港以东，北距电白县博贺镇 90 米。岛北端形状似鸡冠高起，南端俯伏于海中，底部相连，故名。1984 年登记的《广东省电白县海域海岛地名卡片》、《广东省海域地名志》（1989）、《广东省海岛、礁、沙洲名录表》（1993）均记为相冠石。岸线长 195 米，面积 2 082 平方米，海拔 3.4 米。基岩岛。岛上有一条未建成的栈桥。

船门礁 (Chuánmén Jiāo)

北纬 21°27.7′，东经 111°08.1′。位于茂名市电白县水东港以东，北距电白县博贺镇 180 米。因其位于尖岗小海渔船进出处，与双冠礁把守着尖岗小渔船出入，故当地群众称之为船门礁。1984 年登记的《广东省电白县海域海岛地名卡片》、《广东省海域地名志》（1989）、《广东省海岛、礁、沙洲名录表》（1993）均记为船门礁。岸线长 138 米，面积 1 305 平方米，海拔 7.5 米。基岩岛。

峙仔 (Shìzǎi)

北纬 21°27.1′，东经 111°22.8′。位于茂名市电白县，北距电白县电城镇 4.26 千米，西南距大竹洲 863 千米。曾名白磅。因位于南峙旁边，面积比南峙小，故名。《中国海洋岛屿简况》（1980）、1984 年登记的《广东省电白县海域海岛地名卡片》、《广东省海域地名志》（1989）、《广东省海岛、礁、沙洲名录表》（1993）、《广东省志·海洋与海岛志》（2000）、《全国海岛名称与代码》（2008）均记为峙仔。岸线长 507 米，面积 0.014 3 平方千米，高 19.5 米。基岩岛。岛上长有草丛和灌木。建有信号塔 1 座。

白排 (Bái Pái)

北纬 21°26.7′，东经 111°12.4′。位于茂名市电白县博贺港西南，北距电白县博贺镇 3.97 千米。因该岛石质均为白色，故名。1984 年登记的《广东省电白县海域海岛地名卡片》、《广东省海岛、礁、沙洲名录表》（1993）、《广东省志·海洋与海岛志》（2000）、《全国海岛名称与代码》（2008）均记为白排。岸线长 282 米，面积 3 016 平方米，高 9.6 米。基岩岛。

电白黑石 (Diànbái Hēishí)

北纬 21°26.6′，东经 111°08.5′。位于茂名市电白县，北距电白县博贺镇 2.34 千米。因岛色黑，故名黑石。因省内重名，以其位于电白县，第二次全国海域地名普查时更为今名。1984 年登记的《广东省电白县海域海岛地名卡片》、《广东省海域地名志》（1989）、《广东省海岛、礁、沙洲名录表》（1993）均记为黑石。岸线长 69 米，面积 338 平方米，海拔 4.5 米。基岩岛。

大竹洲 (Dàzhú Zhōu)

北纬 21°26.4′，东经 111°22.5′。位于茂名市电白县，北距电白县电城镇 4.73 千米。岛上天然生长很多青竹，故名。因当地群众习惯把"洲"称为"峙"，且位于南面，故又名南峙。《中国海洋岛屿简况》（1980）、1984 年登记的《广东省电白县海域海岛地名卡片》、《广东省海域地名志》（1989）、《广东省海岛、礁、沙洲名录表》（1993）、《广东省志·海洋与海岛志》（2000）、《全国海岛名称与代码》（2008）均记为大竹洲。岸线长 3.37 千米，面积 0.299 平方千米，高 84.4 米。基岩岛。岛上有大片竹林，建有灯塔 1 座。

竹洲仔 (Zhú Zhōuzǎi)

北纬 21°27.4′，东经 111°23.1′。位于茂名市电白县，北距电白县电城镇 4.3 千米，西南距大竹洲 1.69 千米。位于大竹洲之东，且面积比大竹洲小，故名。别名白担、三峙仔。1984 年登记的《广东省电白县海域海岛地名卡片》、《广东省海域地名志》（1989）、《广东省海岛、礁、沙洲名录表》（1993）、《广东省志·海洋与海岛志》（2000）均记为竹洲仔。岸线长 337 米，面积 5 428 平方米，高 5.8 米。基岩岛。

白担石 (Báidàn Shí)

北纬 21°24.5′，东经 111°14.9′。位于茂名市电白县电白港以东，北距电白县大岭 1.1 千米。因岛为长条形，呈一条石线高出海面，风来浪起，海花四溅，白成一片，故名。1984 年登记的《广东省电白县海域海岛地名卡片》、《广东省海域地名志》（1989）、《广东省海岛、礁、沙洲名录表》（1993）、《广东省志·海洋与海岛志》（2000）、《全国海岛名称与代码》（2008）均记为白担石。岸线长 315 米，面积 4 561 平方米，海拔 1.9 米。基岩岛。岛上有信号塔 1 座。

放鸡仔西岛 (Fàngjīzǎi Xīdǎo)

北纬 21°24.5′，东经 111°12.9′。位于茂名市电白县电白港，东北距电白县大岭 4.27 千米。第二次全国海域地名普查时命今名。岸线长 40 米，面积 120 平方米。基岩岛。

虎洲 (Hǔ Zhōu)

北纬 22°46.4′，东经 114°40.2′。位于惠州市惠阳区霞涌街道以南，大亚湾水产资源自然保护区内，距惠阳区霞涌街道办事处最近点 130 米。该岛形似老虎，故名。1984 年登记的《广东省惠阳县海域海岛地名卡片》、《广东省海域地名志》（1989）、《广东省志·海洋与海岛志》（2000）、《全国海岛名称与代码》（2008）均记为虎洲。岸线长 606 米，面积 0.021 5 平方千米，海拔 40 米。岛呈长形，东北—西南走向，东高西低。基岩岛，表层为沙土。岛北面有沙滩，并建有小商店，专为旅客供应旅游所需用品。

三角排 (Sānjiǎo Pái)

北纬 22°46.3′，东经 114°39.5′。位于惠州市惠阳区霞涌街道以南，宝塔洲以北，大亚湾水产资源自然保护区内，距惠阳区霞涌街道办事处最近点 10 米。因该岛有两条礁带呈三角形，故名。1984 年登记的《广东省惠阳县海域海岛地名卡片》、《广东省海域地名志》（1989）、《广东省海岛、礁、沙洲名录表》（1993）、《全国海岛名称与代码》（2008）均记为三角排。面积约 7 平方米，海拔约 4 米。基岩岛。

独洲仔 (Dúzhōuzǎi)

北纬 22°45.9′，东经 114°39.5′。位于惠州市惠阳区霞涌街道以南，宝塔洲东侧 38 米，大亚湾水产资源自然保护区内，距惠阳区霞涌街道办事处最近点 510 米。因该岛与附近岛礁不相连，故名。又称洲仔。《中国海洋岛屿简况》（1980）记为 4986。1984 年登记的《广东省惠阳县海域海岛地名卡片》、《广东省海域地名志》（1989）、《广东省海岛、礁、沙洲名录表》（1993）、《广东省志·海洋与海岛志》（2000）、《全国海岛名称与代码》（2008）均记为独洲仔。岸线长 302 米，面积 4 542 平方米，海拔 5.9 米。基岩岛。岛呈西北—东南走向，岩石裸露，西端有椭圆形凸岩，沿岸为岩石滩。岛上长有草丛和灌木。

宝塔洲 (Bǎotǎ Zhōu)

北纬 22°45.9′，东经 114°39.4′。位于惠州市惠阳区霞涌街道以南，大亚湾水产资源自然保护区内，距惠阳区霞涌街道办事处最近点 360 米。亦名羊洲、蟹洲、宝塔。因经常有人把羊放牧在岛上，故曰羊洲。150 多年前，岛上有一墓地，葬在形似螃蟹的山窝上，墓地称为蟹地，本岛也因此取名为蟹洲。随后，霞涌八约（现为四个乡）群众集资在岛正中建成一座 30 多米高的宝塔。由此改名为宝塔洲，并沿用至今。《中国海洋岛屿简况》（1980）称为宝塔。1984 年登记的《广东省惠阳县海域海岛地名卡片》、《广东省海域地名志》（1989）、《广东省海岛、礁、沙洲名录表》(1993)、《广东省志·海洋与海岛志》（2000）、《全国海岛名称与代码》（2008）均记为宝塔洲。岸线长 1.09 千米，面积 0.057 1 平方千米，海拔 26.1 米。基岩岛。岛呈西北—东南走向，表层为沙土。石质岸，较规则，岸外多岩滩。山顶建有石塔 1 座，塔北面建有旅游商店。

横排 (Héng Pái)

北纬 22°45.8′，东经 114°39.3′。位于惠州市惠阳区霞涌街道以南，宝塔洲西侧 184 米，大亚湾水产资源自然保护区内，距惠阳区霞涌街道办事处最近点 620 米。因该岛横卧在三姊妹和宝塔洲之间，故名。《中国海洋岛屿简况》（1980）、1984 年登记的《广东省惠阳县海域海岛地名卡片》（1984）、《广东省海域地名志》（1989）、《广东省海岛、礁、沙洲名录表》（1993）、《全国海岛名称与代码》（2008）均记为横排。岸线长 88 米，面积 493 平方米，海拔 3.6 米。基岩岛。

小鹅洲 (Xiǎo'é Zhōu)

北纬 22°43.1′，东经 114°37.8′。位于惠州市惠阳区，大亚湾水产资源自然保护区内，距惠阳区澳头街道办事处最近点 3.13 千米。该岛形似一只小鹅，故名。1984 年登记的《广东省惠阳县海域海岛地名卡片》（1984）、《广东省海域地名志》（1989）、《广东省海岛、礁、沙洲名录表》（1993）、《全国海岛名称与代码》（2008）均记为小鹅洲。岸线长 991 米，面积 0.038 4 平方千米，海拔 20.9 米。基岩岛。呈东北—西南走向，西部高而宽，东部低且窄。表层为沙土，沿岸为岩石滩，西南与鹅洲相连。岛上长有草丛和灌木。有历史文化遗迹，岛西北面有旅游建筑物及庙宇。

瓮头排 (Wèngtóu Pái)

北纬 22°43.0′，东经 114°38.2′。位于惠州市惠阳区，鹅洲以东，大亚湾水产资源自然保护区内，距惠阳区澳头街道办事处最近点 3.76 千米。该岛形似酒瓮，故名。因该岛有 3 个礁石连成一体，形似牛绳，又名牛绳排。《中国海洋岛屿简况》（1980）记为 4991。1984 年登记的《广东省惠阳县海域海岛地名卡片》、《广东省海域地名志》（1989）、《广东省海岛、礁、沙洲名录表》（1993）、《全国海岛名称与代码》（2008）均记为瓮头排。岸线长 148 米，面积 1 580 平方米。基岩岛。岛上建有灯塔 1 座。

鹅洲 (É Zhōu)

北纬 22°43.0′，东经 114°38.0′。位于惠州市惠阳区，大亚湾水产资源自然保护区内，距惠阳区澳头街道办事处最近点 3.52 千米。岛形似鹅，故名。《中国海洋岛屿简况》（1980）、1984 年登记的《广东省惠阳县海域海岛地名卡片》、《广东省海域地名志》（1989）、《广东省海岛、礁、沙洲名录表》（1993）、《广东省志·海洋与海岛志》（2000）、《全国海岛名称与代码》（2008）均记为鹅洲。岸线长 1.24 千米，面积 0.074 7 平方千米，海拔 34.7 米。基岩岛。岛呈西北—东南走向，表层为沙土。岛上长有草丛和灌木。东北岩石滩与小鹅洲相连。

纯洲 (Chún Zhōu)

北纬 22°42.7′，东经 114°35.3′。位于惠州市惠阳区，大亚湾水产资源自然保护区内，距荃湾最近点 1.12 千米。当地人视该岛为金玉纯真之地，故名。又名串珠洲。1954 年海军海道测量局刊行《中国航路指南》第一卷记述，纯洲原称串珠洲，但当地从不称谓此名。《中国海洋岛屿简况》（1980）、1984 年登记的《广东省惠阳县海域海岛地名卡片》、《广东省海域地名志》（1989）、《广东省海岛、礁、沙洲名录表》（1993）、《广东省志·海洋与海岛志》（2000）、《全国海岛名称与代码》（2008）均记为纯洲。岸线长 4.23 千米，面积 0.682 平方千米，海拔 73.2 米。基岩岛。岛呈东西走向，东南较高。多海滨低山丘陵，地势较低，岸坡平缓。岛岸多曲折，东南为石质岸，岸外为岩石滩。西北沿岸多沙滩。该岛以基岩构成，表层为黄沙土。岛上植被以热带、亚热带种类为主，主要有桃金娘科、桑科、大戟科、蝶形花科、梧桐科、芸香科、金缕梅科、山茶科、棕榈科、茜草科等。岛上有多处墓地，修建有水泥阶梯，中部北面有一简易码头。

黄毛洲 (Huángmáo Zhōu)

北纬 22°42.5′，东经 114°34.4′。位于惠州市惠阳区，大亚湾水产资源自然保护区内，距荃湾最近点 10 米。黄毛洲是当地群众惯称。又名黄猫洲、红毛洲。《中国海洋岛屿简况》（1980）称为黄猫洲。1984 年登记的《广东省惠阳县海域海岛地名卡片》、《广东省海域地名志》（1989）、《广东省海岛、礁、沙洲名录表》（1993）、《全国海岛名称与代码》（2008）均记为黄毛洲。基岩岛。岸线长 2.51 千米，面积 0.263 9 平方千米，海拔 38.5 米。岛略呈长方形，由凝灰质沙页岩构成，地势较平缓，表层为沙土。岛上长有草丛和灌木。有居民海岛，隶属于惠州市惠阳区。2011 年有户籍人口 1 103 人，常住人口 700 人。金门塘村建有多处小码头。

老虎排 (Lǎohǔ Pái)

北纬 22°42.4′，东经 114°32.0′。位于惠州市惠阳区潮洲西北侧，大亚湾水产资源自然保护区内，距潮洲 60 米，距惠阳区澳头街道办事处最近点 210 米。老虎排是当地群众惯称。1984 年登记的《广东省惠阳县海域海岛地名卡片》、《广东省海域地名志》（1989）、《广东省海岛、礁、沙洲名录表》（1993）、《广东省志·海洋与海岛志》（2000）、《全国海岛名称与代码》（2008）均记为老虎排。岸线长 308 米，面积 4 365 平方米。基岩岛。岛上长有草丛和灌木。

小红洲 (Xiǎohóng Zhōu)

北纬 22°42.2′，东经 114°35.7′。位于惠州市惠阳区纯洲东南侧，大亚湾水产资源自然保护区内，距荃湾最近点 2.02 千米。该岛是以邻近沙鱼洲的别名大红头而得名。又名合卵洲、小红仔。《中国海洋岛屿简况》（1980）称为合卵洲。

1984年登记的《广东省惠阳县海域海岛地名卡片》、《广东省海域地名志》（1989）、《广东省海岛、礁、沙洲名录表》（1993）、《广东省志·海洋与海岛志》（2000）、《全国海岛名称与代码》（2008）均记为小红洲。岸线长718米，面积0.035 1平方千米，海拔46米。基岩岛。岛上长有草丛和灌木。

潮洲 (Cháo Zhōu)

北纬22°42.2′，东经114°32.2′。位于惠州市惠阳区，大亚湾水产资源自然保护区内，距惠阳区澳头街道办事处最近点60米。潮洲是当地群众惯称。《中国海洋岛屿简况》（1980）、1984年登记的《广东省惠阳县海域海岛地名卡片》、《广东省海域地名志》（1989）、《广东省海岛、礁、沙洲名录表》（1993）、《广东省志·海洋与海岛志》（2000）、《全国海岛名称与代码》（2008）均记为潮洲。岸线长2.18千米，面积0.136 1平方千米，海拔52.7米。基岩岛。该岛呈南北走向，表层为黄沙土。北部稍高，岛岸曲折，东南岸陡峭。沿岸东南部为石滩，西部多沙滩。岛东为茫荡散群礁，礁石丛立。岛上长有草丛和灌木。岛西北侧有一小型修船厂，主要维修港口附近的渔船。岛北面有鱼塘。

沙鱼洲 (Shāyú Zhōu)

北纬22°41.9′，东经114°35.4′。位于惠州市惠阳区，大亚湾水产资源自然保护区内，距荃湾最近点850米。该岛形似一条沙鱼，故名。又名大红头。《中国海洋岛屿简况》（1980）、1984年登记的《广东省惠阳县海域海岛地名卡片》、《广东省海域地名志》（1989）、《广东省海岛、礁、沙洲名录表》（1993）、《广东省志·海洋与海岛志》（2000）、《全国海岛名称与代码》（2008）均记为沙鱼洲。岸线长3.34千米，面积0.190 2平方千米，海拔81.4米。基岩岛。岛呈长条形，东西走向。西部较高，表层为沙土，岩石岸，北岸曲折。南部沿岸多岩石滩，北部沿岸沙滩、岩石滩相间。岛上长有草丛和灌木。

亚洲 (Yà Zhōu)

北纬22°41.7′，东经114°36.6′。位于惠州市惠阳区，大亚湾水产资源自然保护区内，距荃湾最近点3.35千米。原名鸦洲，"鸦洲"与"亚洲"同音，当地群众多称亚洲。因该岛蚊子多又称蚊子洲。1954年海军海道测量局编《中国航路指南》第一卷称为鸦洲。《中国海洋岛屿简况》（1980）、1984 年登记的《广东省惠阳县海域海岛地名卡片》、《广东省海域地名志》（1989）、《广东省海岛、礁、沙洲名录表》（1993）、《广东省志·海洋与海岛志》（2000）、《全国海岛名称与代码》（2008）均记为亚洲。岸线长 1.27 千米，面积 0.066 2 平方千米，海拔 50.9 米。基岩岛。岛呈长形，东北—西南走向。中部高，西南部较低。表层为沙土，长有杂草。南岸较陡，沿岸多岩石滩、砾石滩。岛西北侧有一临时建筑物，用于存储渔民平时养殖所需工具。

鸡心岛 (Jīxīn Dǎo)

北纬 22°41.6′，东经 114°38.2′。位于惠州市惠阳区，大亚湾水产资源自然保护区内，距惠阳区澳头街道办事处最近点 5.98 千米。该岛北端凸起一个岩峰，圆锥形，隔远相望，形状像鸡心，故名。《中国海洋岛屿简况》（1980）、1984 年登记的《广东省惠阳县海域海岛地名卡片》、《广东省海域地名志》（1989）、《广东省海岛、礁、沙洲名录表》（1993）、《广东省志·海洋与海岛志》（2000）、《全国海岛名称与代码》（2008）均记为鸡心岛。岸线长 224 米，面积 2 989 平方米，海拔 32 米。基岩岛。岛上长有草丛和灌木。

鸡心内岛 (Jīxīn Nèidǎo)

北纬 22°41.5′，东经 114°38.2′。位于惠州市惠阳区，大亚湾水产资源自然保护区内，距惠阳区澳头街道办事处最近点 5.91 千米。原与鸡心岛、鸡心外岛统称为鸡心岛，因该岛距鸡心岛较近，第二次全国海域地名普查时命今名。岸线长 64 米，面积 280 平方米。基岩岛。

鸡心外岛 (Jīxīn Wàidǎo)

北纬 22°41.4′，东经 114°38.2′。位于惠州市惠阳区，大亚湾水产资源自然保护区内，距惠阳区澳头街道办事处最近点 5.82 千米。原与鸡心岛、鸡心内岛统称为鸡心岛，因该岛距鸡心岛较远，第二次全国海域地名普查时命今名。岸线长 103 米，面积 709 平方米。基岩岛。岛上长有草丛。

牛牯排 (Niúgǔ Pái)

北纬 22°41.4′，东经 114°37.1′。位于惠州市惠阳区，大亚湾水产资源自然保护区内，距惠阳区澳头街道办事处最近点 4.36 千米。以该岛为主，连同东西向较近两礁，借用牛的形象和辈数关系而命名，故名牛牯排。又名方岩、牛牯仔。1984 年登记的《广东省惠阳县海域海岛地名卡片》、《广东省海域地名志》（1989）、《广东省海岛、礁、沙洲名录表》（1993）、《广东省志·海洋与海岛志》（2000）、《全国海岛名称与代码》（2008）均记为牛牯排。岸线长 224 米，面积 2 637 平方米，海拔 5.5 米。基岩岛。

担杆排 (Dàn'gān Pái)

北纬 22°41.2′，东经 114°37.8′。位于惠州市惠阳区，鸡心岛西南，大亚湾水产资源自然保护区内，距惠阳区澳头街道办事处最近点 5.1 千米。该岛形似一条扁担，故名。又名中礁。《中国海洋岛屿简况》（1980）称为中礁。1984 年登记的《广东省惠阳县海域海岛地名卡片》、《广东省海域地名志》（1989）、《广东省海岛、礁、沙洲名录表》（1993）均记为担杆排。岛长形，西北—东南走向。岸线长 78 米，面积 402 平方米，高 1.5 米。基岩岛，由红岩石组成。

棺材排 (Guāncai Pái)

北纬 22°41.1′，东经 114°38.6′。位于惠州市惠阳区，大亚湾水产资源自然保护区内，马鞍洲北侧，距大鹏半岛虎头咀最近点 5.95 千米。该岛形似一口棺材，故名。又名平岩。1984 年登记的《广东省惠阳县海域海岛地名卡片》、《广东省海域地名志》（1989）、《广东省海岛、礁、沙洲名录表》（1993）均记为棺材排。岸线长 98 米，面积 415 平方米，海拔 1.2 米。基岩岛。

阿婆排 (Āpó Pái)

北纬 22°41.0′，东经 114°36.6′。位于惠州市惠阳区，大亚湾水产资源自然保护区内，南距许洲 943 米，距大鹏半岛虎头咀最近点 3.4 千米。因本礁东北向有亚孙排、婆孙之缘故，故名阿婆排。又名碇仔排。1984 年登记的《广东省惠阳县海域海岛地名卡片》、《广东省海域地名志》（1989）、《广东省海岛、礁、沙洲名录表》（1993）均记为阿婆排。岸线长 44 米，面积 119 平方米，海拔 1.1 米。基岩岛。岛东南面建有红色灯塔 1 座。

锅盖洲 (Guōgài Zhōu)

北纬 22°40.9′，东经 114°38.6′。位于惠州市惠阳区，大亚湾水产资源自然保护区内，距大鹏半岛虎头咀最近点 5.78 千米。因该岛是独立山头，岛貌呈圆形，周围陡壁，像一个蒸饭用盒盖，故称锅盖洲。以其裸露的岩石呈黑色，也称乌洲。《中国海洋岛屿简况》（1980）、1984 年登记的《广东省惠阳县海域海岛地名卡片》、《广东省海域地名志》（1989）、《广东省海岛、礁、沙洲名录表》（1993）、《广东省志·海洋与海岛志》（2000）、《全国海岛名称与代码》（2008）均记为锅盖洲。岸线长 943 米，面积 0.052 6 平方千米，海拔 57.8 米。基岩岛，岛体多裸露，表层为沙石土。沿岸多岩石滩。岛上长有草丛和灌木。有国家大地控制点 1 个，岛西面有灯塔 1 座。

从林门排 (Cónglínmén Pái)

北纬 22°40.8′，东经 114°31.6′。位于惠州市惠阳区，大亚湾水产资源自然保护区内，距惠阳区澳头街道办事处最近点 200 米。因该岛处于小桂湾进出口处从林门中央，故名从林门排。又名当门排。1984 年登记的《广东省惠阳县海域海岛地名卡片》、《广东省海域地名志》（1989）均记为从林门排。面积约 43 平方米，海拔约 1 米。基岩岛。

扬屋排 (Yángwū Pái)

北纬 22°40.8′，东经 114°31.3′。位于惠州市惠阳区，大亚湾小桂乡水产资源自然保护区内，距惠阳区澳头街道办事处最近点 50 米。因该岛处于杨屋村门前海面，故名。又名排仔。1984 年登记的《广东省惠阳县海域海岛地名卡片》、《广东省海域地名志》（1989）、《广东省海岛、礁、沙洲名录表》（1993）均记为扬屋排，沿用历史名称。岸线长 87 米，面积 386 平方米。基岩岛。岛为长形，呈龟背状，岩石裸露。

白屹洲 (Báigè Zhōu)

北纬 22°40.8′，东经 114°31.0′。位于惠州市惠阳区，大亚湾水产资源自然保护区内，东距大洲头 41 米，距惠阳区澳头街道办事处最近点 160 米。该岛岩石呈白色且靠近屹仔洲，故名。1984 年登记的《广东省惠阳县海域海岛地名卡片》、《广东省海域地名志》（1989）、《广东省海岛、礁、沙洲名录表》（1993

年）、《广东省志·海洋与海岛志》（2000）、《全国海岛名称与代码》（2008）均记为白蚝洲。岸线长 74 米，面积 348 平方米，海拔 18 米。基岩岛。岛上长有草丛和灌木。

鹅兜 (Édōu)

北纬 22°40.7′，东经 114°31.3′。位于惠州市惠阳区，大亚湾水产资源自然保护区内，距惠阳区澳头街道办事处最近点 180 米。因其位于鹅公洲的鹅头前面，好像盛饲料的圆盆，故名。《中国海洋岛屿简况》（1980）称为 5005。1984 年登记的《广东省惠阳县海域海岛地名卡片》、《广东省海域地名志》（1989）、《广东省海岛、礁、沙洲名录表》（1993）、《广东省志·海洋与海岛志》（2000）、《全国海岛名称与代码》（2008）均记为鹅兜。岸线长 148 米，面积 1 559 平方米，海拔 20 米。基岩岛。岛上长有草丛和灌木。

横沙排 (Héngshā Pái)

北纬 22°40.6′，东经 114°35.9′。位于惠州市惠阳区，大亚湾水产资源自然保护区内，东南距许洲 878 米，距大鹏半岛虎头咀最近点 2.28 千米。岛呈长形，由北向南横卧在亚铃湾东侧，岩岸四周有较厚冲积沙层，故名。1984 年登记的《广东省惠阳县海域海岛地名卡片》、《广东省海域地名志》（1989）、《广东省海岛、礁、沙洲名录表》（1993）、《全国海岛名称与代码》（2008）均记为横沙排。岸线长 346 米，面积 4 874 平方米，海拔 1.6 米。沙泥岛。

鹅公洲 (Égōng Zhōu)

北纬 22°40.6′，东经 114°31.2′。位于惠州市惠阳区，大亚湾水产资源自然保护区内，距惠阳区澳头街道办事处最近点 370 米。因岛形状像公鹅，故名。《中国海洋岛屿简况》（1980）、1984 年登记的《广东省惠阳县海域海岛地名卡片》、《广东省海域地名志》（1989）、《广东省海岛、礁、沙洲名录表》（1993）、《广东省志·海洋与海岛志》（2000）、《全国海岛名称与代码》（2008）均记为鹅公洲。岛呈东西走向，岸线长 632 米，面积 0.015 4 平方千米，海拔 30.9 米。基岩岛，由凝灰质流纹斑岩构成。西高东低，东部狭窄。表层为沙石土，东南沿岸有岩石滩。

大洲头 (Dàzhōutóu)

北纬 22°40.6′，东经 114°31.6′。位于惠州市惠阳区，大亚湾水产资源自然保护区内，距惠阳区澳头街道办事处最近点 190 米。该岛在附近海岛中最大，故名。又名棉被坳。《中国海洋岛屿简况》（1980）、1984 年登记的《广东省惠阳县海域海岛地名卡片》、《广东省海域地名志》（1989）、《广东省海岛、礁、沙洲名录表》（1993）、《广东省志·海洋与海岛志》（2000）、《全国海岛名称与代码》（2008）均记为大洲头。岸线长 3.08 千米，面积 0.198 6 平方千米，海拔 54.7 米。该岛呈"凸"字形，东北—西南走向，中间高。基岩岛，由上侏罗统凝灰质流纹斑岩构成。表层为沙土质，岛岸曲折，多石质岸、岩石滩。东北、西北各有一小海湾，西北湾较大，避风条件好。有居民海岛，岛上有东升村。2011 年有户籍人口 936 人，常住人口 971 人。村民主要以渔业为生。岛上建有学校、卫生站、养鱼场和许多民房，南面建有小码头。

内园洲 (Nèiyuán Zhōu)

北纬 22°40.6′，东经 114°32.0′。位于惠州市惠阳区，大亚湾水产资源自然保护区内，距惠阳区澳头街道办事处最近点 710 米，西距大洲头 189 米。又名园洲、内圆洲。《中国海洋岛屿简况》（1980）称为园洲。1984 年登记的《广东省惠阳县海域海岛地名卡片》记为内园洲。《广东省海域地名志》（1989）、《广东省海岛、礁、沙洲名录表》（1993）、《广东省志·海洋与海岛志》（2000）、《全国海岛名称与代码》（2008）记为内圆洲。为避免重名，定名内园洲。岸线长 654 米，面积 0.028 6 平方千米，海拔 49.4 米。基岩岛，由凝灰质流纹斑岩构成。岛呈圆形，中间高，南、北较陡。表层为沙石土，石质岸，东南有岩石滩。岛上长有草丛和灌木。

猫洲 (Māo Zhōu)

北纬 22°40.3′，东经 114°31.5′。位于惠州市惠阳区，大亚湾水产资源自然保护区内，距惠阳区澳头街道办事处最近点 890 米，北距大洲头 163 米。岛形似猫，故名。表岩呈红色，亦称红石洲。因岛上有庙宇一间，又称庙洲。《中国海洋岛屿简况》（1980）称为庙洲。1984 年登记的《广东省惠阳县海域海岛地名卡片》、《广东省海域地名志》（1989）、《广东省海岛、礁、沙洲名录表》（1993）、《广东省志·海洋与海岛志》（2000）、《全国海岛名称与代码》（2008）均记为猫洲。岸线长 1.15 千米，面积 0.041 2 平方千米，海拔 22.9 米。基岩岛。2011 年岛上常住人口 5 人。西北面有庙宇和小型修船厂，主要维修附近港口的渔船。建有码头和两座已废弃房屋。

屹仔洲 (Gèzǎi Zhōu)

北纬 22°40.2′，东经 114°31.3′。位于惠州市惠阳区，大亚湾水产资源自然保护区内，距惠阳区澳头街道办事处最近点 660 米，东北距大洲头 41 米。因该岛多屹仔（客家话，指一种蚊子），故名。又名挖仔洲。《中国海洋岛屿简况》（1980）称为挖仔洲。1984 年登记的《广东省惠阳县海域海岛地名卡片》、《广东省海域地名志》（1989）、《广东省海岛、礁、沙洲名录表》（1993）、《广东省志·海洋与海岛志》（2000）、《全国海岛名称与代码》（2008）均记为屹仔洲。该岛呈南北走向，岸线长 1.78 千米，面积 0.122 4 平方千米，海拔 51.7 米。基岩岛，由凝灰质流纹斑岩构成。地势平缓，南部稍高。表层为黄沙黏土，西、北岛岸较平直，东南多曲折，沿岸多石滩。2011 年岛上常住人口 3 人。岛东面有一处小海湾，建有围湾堤坝 1 座。东面建一房屋。

马鞭洲 (Mǎbiān Zhōu)

北纬 22°40.2′，东经 114°38.8′。位于惠州市惠阳区，大亚湾水产资源自然保护区内，距大鹏半岛虎头咀最近点 5.18 千米。该岛形似马鞭，故名。《中国海洋岛屿简况》（1980）、1984 年登记的《广东省惠阳县海域海岛地名卡片》、《广东省海域地名志》（1989）、《广东省海岛、礁、沙洲名录表》（1993）、《广东省志·海洋与海岛志》（2000）、《全国海岛名称与代码》（2008）均记为马鞭洲。岸线长 3.46 千米，面积 0.435 5 平方千米，海拔 84.6 米。基岩岛。岛呈南北走向，南宽北窄，表层为砂石土。西岸陡峭，沿岸为岩石滩。岛上长有草丛和灌木。该岛是中国石化石油存储基地，岛周建有中国石化码头，东南面建水上石油输送管道。岛东面山坡上有一大地控制点。

刀石洲 (Dāoshí Zhōu)

北纬 22°40.2′，东经 114°31.5′。位于惠州市惠阳区，大亚湾水产资源自然保护区内，距惠阳区澳头街道办事处最近点 1.19 千米，北距大洲头 401 米。岛上岩石可制成磨刀石，故名。《中国海洋岛屿简况》（1980）、1984 年登记的《广东省惠阳县海域海岛地名卡片》、《广东省海域地名志》（1989）、《广东省海岛、礁、沙洲名录表》（1993）、《广东省志·海洋与海岛志》（2000）、《全国海岛名称与代码》（2008）均记为刀石洲。岸线长 450 米，面积 0.014 4 平方千米，海拔 29.9 米。基岩岛，由凝灰质流纹斑岩构成。岛呈矩形，表层为沙土，多陡岸。北、东、南沿岸有石滩，北与猫洲砾石滩相连。岛上长有草丛和灌木。

许洲 (Xǔ Zhōu)

北纬 22°40.0′，东经 114°36.2′。位于惠州市惠阳区，大亚湾水产资源自然保护区内，距大鹏半岛虎头咀最近点 1.2 千米。因该岛有一姓许人氏墓地，故名。又名喜洲。《中国海洋岛屿简况》（1980）称为喜洲。1984 年登记的《广东省惠阳县海域海岛地名卡片》、《广东省海域地名志》（1989）、《广东省海岛、礁、沙洲名录表》（1993）、《广东省志·海洋与海岛志》（2000）、《全国海岛名称与代码》（2008）均记为许洲。岸线长 4.68 千米，面积 0.736 7 平方千米，海拔 100.7 米。岛略呈长方形，东北—西南走向。基岩岛，由中泥盆统砂岩夹页岩构成。中部和东北部高，西南部较低。表层为黄沙黏土，沿岸多为岩石滩和砾石滩。岛西面有一片沙滩，建有平房 1 幢。

南塘排 (Nántáng Pái)

北纬 22°39.8′，东经 114°36.5′。位于惠州市惠阳区，大亚湾水产资源自然保护区内，距大鹏半岛虎头咀最近点 1.64 千米，北距许洲 82 米。因地处许洲南湾避风塘东侧，故名。又名南湾排。1984 年登记的《广东省惠阳县海域海岛地名卡片》、《广东省海域地名志》（1989）均记为南塘排。岸线长 67 米，面积 238 平方米。基岩岛。

白沙洲 (Báishā Zhōu)

北纬 22°39.8′，东经 114°37.4′。位于惠州市惠阳区，大亚湾水产资源自然保护区内，距大鹏半岛虎头咀最近点 2.84 千米。因该岛西岸有一条白沙带，故称白沙洲。因岛形像海螺，亦称响螺洲。《中国海洋岛屿简况》（1980）、1984 年登记的《广东省惠阳县海域海岛地名卡片》、《广东省海域地名志》（1989）、《广东省海岛、礁、沙洲名录表》（1993）、《广东省志·海洋与海岛志》（2000）、《全国海岛名称与代码》（2008）均记为白沙洲。岸线长 1.75 千米，面积 0.127 4 平方千米，海拔 92.4 米。基岩岛。该岛呈长形，东西走向，东高西低。表层为沙土，岛岸陡峭。北部沿岸多石滩。

铁树排 (Tiěshù Pái)

北纬 22°39.7′，东经 114°36.4′。位于惠州市惠阳区，大亚湾水产资源自然保护区内，距大鹏半岛虎头咀最近点 1.49 千米，北距许洲 278 米。因礁盘上生有海铁树珊瑚，故名铁树排。因附近海域盛产青鳞鱼，渔民惯称青鳞排。1984 年登记的《广东省惠阳县海域海岛地名卡片》、《广东省海域地名志》（1989）称为青鳞排，又称铁树排。岸线长 138 米，面积 898 平方米。基岩岛。

芒洲 (Máng Zhōu)

北纬 22°39.7′，东经 114°38.8′。位于惠州市惠阳区，大亚湾水产资源自然保护区内，距大鹏半岛虎头咀最近点 5.16 千米，与马鞭洲相隔约 100 米。芒洲是当地群众惯称。《中国海洋岛屿简况》（1980）、1984 年登记的《广东省惠阳县海域海岛地名卡片》、《广东省海域地名志》（1989）、《广东省海岛、礁、沙洲名录表》（1993）、《广东省志·海洋与海岛志》（2000）、《全国海岛名称与代码》（2008）均记为芒洲。岸线长 1.84 千米，面积 0.096 9 平方千米，海拔 69.5 米。基岩岛。岛上长有草丛和灌木。由南向北填海面积较大。

西三洲 (Xīsān Zhōu)

北纬 22°39.5′，东经 114°38.1′。位于惠州市惠阳区，大亚湾水产资源自然保护区内，距大鹏半岛虎头咀最近点 4.11 千米。该岛有 3 个山峰，其中一峰灌木常青，称三洲，也称青洲。因位于三洲西面，故名西三洲。《中国海洋岛屿简况》（1980）称为青洲。1984 年登记的《广东省惠阳县海域海岛地名卡片》、《广东省海域地名志》（1989）、《广东省海岛、礁、沙洲名录表》（1993）、《广东省志·海洋与海岛志》（2000）、《全国海岛名称与代码》（2008）均记为西三洲。岸线长751米，面积0.018平方千米，海拔29.6米。基岩岛。岛上长有草丛和灌木。

三洲东岛 (Sānzhōu Dōngdǎo)

北纬22°39.4′，东经114°38.6′。位于惠州市惠阳区，大亚湾水产资源自然保护区内，距大鹏半岛虎头咀最近点4.88千米。第二次全国海域地名普查时命今名。基岩岛。岸线长307米，面积5 360平方米。长有草丛和灌木。岛上有中交四航设计院勘察队所建的水准点HY2。

小赤洲 (Xiǎochì Zhōu)

北纬22°38.4′，东经114°38.6′。位于惠州市惠阳区，大亚湾水产资源自然保护区内，距大鹏半岛长湾最近点5.13千米，南距惠阳赤洲87米。因距赤洲较近，且面积小于赤洲而得名。1984年登记的《广东省惠阳县海域海岛地名卡片》、《广东省海域地名志》（1989）、《广东省海岛、礁、沙洲名录表》（1993）、《广东省志·海洋与海岛志》（2000）、《全国海岛名称与代码》（2008）均记为小赤洲。岸线长694米，面积0.018 5平方千米，海拔33米。基岩岛。岛略呈椭圆形，岩石裸露。岛上长有草丛和灌木。岛西北面有码头1座，从码头至山顶建有水泥道路及台阶。山顶建有灯塔1座。

园洲 (Yuán Zhōu)

北纬22°37.9′，东经114°37.7′。位于惠州市惠阳区，大亚湾水产资源自然保护区内，距大鹏半岛长湾最近点4.01千米，东距惠阳赤洲1074米。又名圆洲。因其山峰呈圆形，"圆"通"园"，故名园洲。《中国海洋岛屿简况》（1980）称为园洲。1984年登记的《广东省惠阳县海域海岛地名卡片》、《广东省海域地名志》（1989）、《广东省海岛、礁、沙洲名录表》（1993）、《广东省志·海洋与海岛志》（2000）、《全国海岛名称与代码》（2008）均记为圆洲。岸线长770米，面积0.037 3平方千米，海拔55.4米。基岩岛。岛略呈椭圆形，西北—东南走向。表层为沙石土，四周为岩石陡岸。北、东、西沿岸为岩石滩。岛上长有草丛和灌木。

蟾蜍洲 (Chánchú Zhōu)

北纬 22°37.9′，东经 114°38.6′。位于惠州市惠阳区，大亚湾水产资源自然保护区内，距大鹏半岛长湾最近点 5.48 千米，北距惠阳赤洲 78 米。该岛岩峰形似蟾蜍，故名。《中国海洋岛屿简况》（1980）记为 5027。1984 年登记的《广东省惠阳县海域海岛地名卡片》、《广东省海域地名志》（1989）、《广东省海岛、礁、沙洲名录表》（1993）、《广东省志·海洋与海岛志》（2000）、《全国海岛名称与代码》（2008）均记为蟾蜍洲。岸线长 284 米，面积 5 261 平方米。基岩岛，岛体岩石裸露多呈三角状。北侧水下岩石与赤洲相连。岛上长有草丛和灌木。

蟾蜍洲东岛 (Chánchúzhōu Dōngdǎo)

北纬 22°37.9′，东经 114°38.7′。位于惠州市惠阳区，大亚湾水产资源自然保护区内，距大鹏半岛长湾最近点 5.63 千米。《广东省海岛、礁、沙洲名录表》（1993）记为 D17。因地处蟾蜍洲东面，第二次全国海域地名普查时更为今名。岸线长 53 米，面积 157 平方米。基岩岛。

惠阳南孖洲 (Huìyáng Nánmā Zhōu)

北纬 22°37.7′，东经 114°38.5′。位于惠州市惠阳区，大亚湾水产资源自然保护区内，距大鹏半岛长湾最近点 5.56 千米，北距惠阳赤洲 536 米。第二次全国海域地名普查时命今名。岸线长 256 米，面积 4 473 平方米。岛上长有草丛。基岩岛。

穿洲 (Chuān Zhōu)

北纬 22°37.5′，东经 114°38.5′。位于惠州市惠阳区，大亚湾水产资源自然保护区内，距大鹏半岛新屋最近点 5.53 千米，北距惠阳赤洲 675 米。因岛中部被海浪冲击和腐蚀穿洞，故名穿洲。又名川洲、洞屿。有渔民称该岛为秤砣洲，亦以形状而得名。《中国海洋岛屿简况》（1980）称为川洲。1984 年登记的《广东省惠阳县海域海岛地名卡片》、《广东省海域地名志》（1989）、《广东省海岛、礁、沙洲名录表》（1993）、《广东省志·海洋与海岛志》（2000）、《全国海岛名称与代码》（2008）均记为穿洲。岸线长 738 米，面积 0.02 平方千米，海拔 26.7 米。基岩岛。岛呈长形，南北走向，北高南低。表层为黄沙黏土。石洞位于岛中部，东西相通。岛上长有草丛和灌木。

穿洲仔岛 (Chuānzhōuzǎi Dǎo)

北纬 22°37.6′，东经 114°38.4′。位于惠州市惠阳区，大亚湾水产资源自然保护区内，距大鹏半岛新屋最近点 5.52 千米，东距穿洲 11 米。原与穿洲统称为穿洲，因地处穿洲旁，且面积较小，第二次全国海域地名普查时命今名。岸线长 41 米，面积 103 平方米。基岩岛。

白头洲 (Báitóu Zhōu)

北纬 22°37.3′，东经 114°38.3′。位于惠州市惠阳区，大亚湾水产资源自然保护区内，距大鹏半岛新屋最近点 5.4 千米，北距惠阳赤洲 1 081 米。该岛东南部一处长期受风流冲刷，露出白色黏土，故名。《中国海洋岛屿简况》（1980）、1984 年登记的《广东省惠阳县海域海岛地名卡片》、《广东省海域地名志》（1989）、《广东省海岛、礁、沙洲名录表》（1993）、《广东省志·海洋与海岛志》（2000）、《全国海岛名称与代码》（2008）均记为白头洲。岸线长 603 米，面积 0.024 平方千米，海拔 33.3 米。基岩岛。岛略呈椭圆形，西部高陡，东部低缓。表层为白沙黏土，土层较厚。岛上长有草丛和灌木。岛西面建有一小码头，码头至灯塔间建有水泥路。岛南面建有白绿色相间灯塔 1 座。

白头洲东岛 (Báitóuzhōu Dōngdǎo)

北纬 22°37.3′，东经 114°38.4′。位于惠州市惠阳区，大亚湾水产资源自然保护区内，距大鹏半岛新屋最近点 5.57 千米，西距白头洲 31 米。《广东省海岛、礁、沙洲名录表》（1993）记为 D1。《全国海岛名称与代码》（2008）记为 HUY1。因地处白头洲东面，第二次全国海域地名普查时更为今名。岸线长 172 米，面积 1 994 平方米。基岩岛。

小辣甲 (Xiǎolàjiǎ)

北纬 22°36.9′，东经 114°37.8′。位于惠州市惠阳区，大亚湾水产资源自然保护区内，距大鹏半岛新屋最近点 4.87 千米。该岛近大辣甲，地形相似，故名。又名小六甲。《中国海洋岛屿简况》（1980）、1984 年登记的《广东省惠阳县海域海岛地名卡片》、《广东省海域地名志》（1989）、《广东省海岛、礁、沙洲名录表》（1993）、《广东省志·海洋与海岛志》（2000）均记为小辣甲。基岩岛。岸线长 2.05 千米，面积 0.148 4 平方千米，海拔 79.5 米。岛呈长形，东西走向，西部宽而高，东部窄且低。表层为黑沙石土，岩石陡岸。岛上长有草丛和灌木。岛北面有沙滩。东面建有灯塔 1 座，北面建有民房。

印洲仔 (Yìnzhōuzǎi)

北纬 22°36.7′，东经 114°37.5′。位于惠州市惠阳区，大亚湾水产资源自然保护区内，距大鹏半岛新屋最近点 4.8 千米，东北距小辣甲 107 米。该岛中部突出一圆形岩石似印章，故名。在客语、粤语、潮语中该岛发音分别为印洲仔、笠麻洲、印洲，因此该岛现用名称较多。又名高帽石、西贡印。《中国海洋岛屿简况》（1980）称为高帽石。1984 年登记的《广东省惠阳县海域海岛地名卡片》、《广东省海域地名志》（1989）、《广东省海岛、礁、沙洲名录表》（1993）、《广东省志·海洋与海岛志》（2000）均记为印洲仔。岸线长 403 米，面积 4 365 平方米，海拔 15.4 米。基岩岛。岛上长有草丛和灌木。

双篷洲 (Shuāngpéng Zhōu)

北纬 22°36.2′，东经 114°38.8′。位于惠州市惠阳区，大亚湾水产资源自然保护区内，距大鹏半岛岭下最近点 7.22 千米，南距大辣甲 1 543 米。该岛远看很像一条张开双篷正在行驶的船只，故名。又名双峰洲、双蓬洲。《中国海洋岛屿简况》（1980）称为双峰洲。1984 年登记的《广东省惠阳县海域海岛地名卡片》、《广东省海域地名志》（1989）、《广东省海岛、礁、沙洲名录表》（1993）、《广东省志·海洋与海岛志》（2000）均记为双蓬洲。岸线长 542 米，面积 7 312 平方米，海拔 29.1 米。基岩岛。岛上长有草丛和灌木。

牛头洲 (Niútóu Zhōu)

北纬 22°35.6′，东经 114°38.7′。位于惠州市惠阳区，大亚湾水产资源自然保护区内，大鹏澳以东，距大鹏半岛鹿咀岗最近点 6.54 千米，距大辣甲 496 米。该岛形似牛头，故名。从侧面看又像斧头，又称斧头洲。《中国海洋岛屿简况》（1980）、1984 年登记的《广东省惠阳县海域海岛地名卡片》、《广东省海域地名志》（1989）、《广东省海岛、礁、沙洲名录表》（1993）、《广东省志·海洋与海岛志》（2000）均记为牛头洲。岸线长 1.01 千米，面积 0.059 5 平方千米，海拔 52.4 米。基岩岛。岛呈东西走向，西高东低。表层为沙土，岩石岸，西岸陡峭。西、北沿岸多岩石滩。岛上长有草丛和灌木。

大辣甲 (Dàlàjiǎ)

北纬 22°34.6′，东经 114°39.0′。位于惠州市惠阳区，大亚湾水产资源自然保护区内，大鹏澳以东，距大鹏半岛鹿咀岗最近点 4.81 千米。因该岛原由 5 个小岛环抱而称大六甲，取六岛相合之意。此处过往渔民多操潮语，因潮语中"六"念成"辣"，于是习称"大辣甲"。又名辣甲岛、大甲岛、大辣甲岛。《中国海洋岛屿简况》（1980）、1984 年登记的《广东省惠阳县海域海岛地名卡片》、《广东省海域地名志》（1989）、《广东省海岛、礁、沙洲名录表》（1993）、《广东省志·海洋与海岛志》（2000）、《全国海岛名称与代码》（2008）均记为大辣甲。岸线长 12.2 千米，面积 1.794 2 平方千米，海拔 111.6 米。基岩岛。岛形状狭长不规则，呈西北—东南走向，地势起伏。岛上有山丘，西北—东南排列。北部最高，南部次之，中部山丘较低。中部有小块平地，其余为山坡地。表层为黄沙黏土。岛岸曲折，东岸多悬崖峭壁。沿岸多岩浅滩。2011 年岛上常住人口 15 人。岛北面有一养殖场，西面有旅游公司开发建设的旅游场所。岛上还建有边防工作站、风力发电设施和养殖所用民房 1 座。

辣甲仔岛 (Làjiǎzǎi Dǎo)

北纬 22°34.7′，东经 114°38.1′。位于惠州市惠阳区，大亚湾水产资源自然保护区内，大鹏澳以东，距大鹏半岛鹿咀岗最近点 4.83 千米，东距大辣甲 71 米。《广东省海岛、礁、沙洲名录表》（1993）记为 D3。《全国海岛名称与代码》（2008）记为 HUY3。因该岛为大辣甲旁的小岛，第二次全国海域地名普查时更为今名。岸线长 304 米，面积 6 314 平方米。基岩岛。岛上长有草丛。

大辣甲西岛 (Dàlàjiǎ Xīdǎo)

北纬 22°34.6′，东经 114°38.3′。位于惠州市惠阳区，大亚湾水产资源自然保护区内，距大鹏半岛鹿咀岗最近点 4.89 千米，东距大辣甲 91 米。原与大辣甲统称为大辣甲，因处大辣甲西边，第二次全国海域地名普查时命今名。岸线长 117 米，面积 267 平方米。基岩岛。

牛结排 (Niújié Pái)

北纬 22°34.4′，东经 114°38.8′。位于惠州市惠阳区，大亚湾水产资源自然保护区内，距大鹏半岛鹿咀岗最近点 5.18 千米，东距大辣甲 86 米。该岛盘石形环环相扣，如同牛绳打结，故名。又名辣甲马印。《中国海洋岛屿简况》（1980）记为 5042。1984 年登记的《广东省惠阳县海域海岛地名卡片》、《广东省海域地名志》（1989）、《广东省海岛、礁、沙洲名录表》（1993）、《广东省志·海洋与海岛志》（2000）、《全国海岛名称与代码》（2008）均记为牛结排。岸线长 268 米，面积 2 598 平方米。基岩岛。

刷洲 (Shuā Zhōu)

北纬 22°34.3′，东经 114°38.3′。位于惠州市惠阳区，大亚湾水产资源自然保护区内，大辣甲以南 403 米，距大鹏半岛鹿咀岗最近点 4.45 千米。该岛形似毛刷，故名刷洲。又名鲨洲。《中国海洋岛屿简况》（1980）、1984 年登记的《广东省惠阳县海域海岛地名卡片》、《广东省海域地名志》（1989）、《广东省海岛、礁、沙洲名录表》（1993）、《广东省志·海洋与海岛志》（2000）、《全国海岛名称与代码》（2008）均记为刷洲。岸线长 990 米，面积 0.054 5 平方千米，海拔 44 米。基岩岛。岛呈椭圆形，由基岩构成。表层为沙石土，南岸陡峭，沿岸皆为岩石滩。岛上长有草丛和灌木。

刷洲北岛 (Shuāzhōu Běidǎo)

北纬 22°34.4′，东经 114°38.3′。位于惠州市惠阳区，大亚湾水产资源自然保护区内，距大鹏半岛鹿咀岗最近点 4.57 千米，南距刷洲 33 米。原与刷洲、刷洲南岛统称为刷洲，因处刷洲北面，第二次全国海域地名普查时命今名。岸线长 182 米，面积 1 677 平方米。基岩岛。岛上长有草丛和灌木。

刷洲南岛 (Shuāzhōu Nándǎo)

北纬 22°34.3′，东经 114°38.5′。位于惠州市惠阳区，大亚湾水产资源自然保护区内，距大鹏半岛鹿咀岗最近点 4.69 千米，北距刷洲 17 米。原与刷洲、刷洲北岛统称为刷洲，因处刷洲南面，第二次全国海域地名普查时命今名。岸线长 75 米，面积 372 平方米。基岩岛。

刷洲东岛 (Shuāzhōu Dōngdǎo)

北纬 22°34.4′，东经 114°38.5′。位于惠州市惠阳区，大亚湾水产资源自然保护区内，距大鹏半岛鹿咀岗最近点 4.84 千米，西距刷洲 57 米。《中国海洋岛屿简况》（1980）记为 5041。因处刷洲东面，第二次全国海域地名普查时更为今名。岸线长 255 米，面积 2 230 平方米。基岩岛。

双洲 (Shuāng Zhōu)

北纬 22°34.3′，东经 114°38.0′。位于惠州市惠阳区，大亚湾水产资源自然保护区内，距大鹏半岛鹿咀岗最近点 4.1 千米，东距大辣甲 627 米。该岛有两个独立小山峰，形状相似，相互并列，靠得很近，中间水下岩石连接，故称双洲。又因该岛形似跳螺，亦称跳螺洲。1984 年登记的《广东省惠阳县海域海岛地名卡片》、《广东省海域地名志》（1989）、《广东省海岛、礁、沙洲名录表》（1993）、《广东省志·海洋与海岛志》（2000）、《全国海岛名称与代码》（2008）均记为双洲。岸线长 370 米，面积 7 779 平方米，海拔 26.4 米。基岩岛。

双洲南岛 (Shuāngzhōu Nándǎo)

北纬 22°34.3′，东经 114°37.9′。位于惠州市惠阳区，大亚湾水产资源自然保护区内，距大鹏半岛鹿咀岗最近点 4.02 千米，北距双洲 7 米。因处双洲南面，第二次全国海域地名普查时命今名。岸线长 276 米，面积 5 357 平方米。基岩岛。岛上长有草丛和灌木。

大双洲 (Dàshuāng Zhōu)

北纬 22°34.1′，东经 114°37.9′。位于惠州市惠阳区，大亚湾水产资源自然保护区内，距大鹏半岛鹿咀岗最近点 3.77 千米。该岛有两个长形小山峰，一大一小，并立海中，距双洲很近，且面积比双洲大，故名。又名跳螺洲。《中国海洋岛屿简况》（1980）、1984 年登记的《广东省惠阳县海域海岛地名卡片》、《广东省海域地名志》（1989）、《广东省海岛、礁、沙洲名录表》（1993）、《广东省志·海洋与海岛志》（2000）、《全国海岛名称与代码》（2008）均记为大双洲。岸线长 838 米，面积 0.029 1 平方千米，海拔 29 米。基岩岛。岛呈西北—东南走向，表层为沙土，石质岸。岛上长有草丛和灌木。岛西面建有小码头，码头至岛南面山顶灯塔建有水泥路。北侧干出石滩与双洲相连。

大双洲南岛 (Dàshuāngzhōu Nándǎo)

北纬 22°34.1′，东经 114°38.0′。位于惠州市惠阳区，大亚湾水产资源自然保护区内，距大鹏半岛鹿咀岗最近点 3.8 千米，北距大双洲 15 米。原与大双洲统称为大双洲，因处大双洲南面，第二次全国海域地名普查时命今名。岸线长 92 米，面积 556 平方米。基岩岛。

二鹰鼻 (Èryīngbí)

北纬 22°33.8′，东经 114°39.2′。位于惠州市惠阳区，大亚湾水产资源自然保护区内，距大鹏半岛鹿咀岗最近点 5.29 千米，北距大辣甲 24 米。二鹰鼻是当地群众惯称。《中国海洋岛屿简况》（1980）记为二鹰鼻。岸线长 346 米，面积 4 580 平方米。基岩岛。岛上长有草丛和灌木。

二鹰鼻南岛 (Èryīngbí Nándǎo)

北纬 22°33.8′，东经 114°39.2′。位于惠州市惠阳区，大亚湾水产资源自然保护区内，距大鹏半岛鹿咀岗最近点 5.37 千米，距二鹰鼻 72 米。《中国海洋岛屿简况》（1980）记为 5039。因处二鹰鼻南面，第二次全国海域地名普查时更为今名。岸线长 223 米，面积 3 427 平方米。基岩岛。岛上长有草丛和灌木。

二鹰鼻东岛 (Èryīngbí Dōngdǎo)

北纬 22°33.8′，东经 114°39.2′。位于惠州市惠阳区，大亚湾水产资源自然保护区内，距大鹏半岛鹿咀岗最近点 5.38 千米，距二鹰鼻 23 米。原与二鹰鼻统称为二鹰鼻，因处二鹰鼻东面，第二次全国海域地名普查时命今名。岸线长 176 米，面积 1 495 平方米。基岩岛。岛上长有草丛和灌木。

黄毛山 (Huángmáo Shān)

北纬 22°28.2′，东经 114°36.7′。位于惠州市惠阳区，大亚湾水产资源自然保护区内，大三门岛西北侧 290 米，距大鹏半岛惠阳区澳头街道办事处最近点 3 千米。因该岛遍生芳草，秋冬季节时，芳草枯黄盖地，显得金黄灿灿，故名。

《中国海洋岛屿简况》（1980）、1984 年登记的《广东省惠阳县海域海岛地名卡片》、《广东省海域地名志》（1989）、《广东省海岛、礁、沙洲名录表》（1993）、《广东省志·海洋与海岛志》（2000）、《全国海岛名称与代码》（2008）均记为黄毛山。岸线长 963 米，面积 0.036 7 平方千米，海拔 43.7 米。基岩岛，由凝灰质流纹斑岩构成。南高北低，北端突出岬角。表层为砂石土。四周多礁，东侧砾石滩。岛上长有草丛和灌木。

黄毛山东岛 (Huángmáoshān Dōngdǎo)

北纬 22°28.1′，东经 114°36.8′。位于惠州市惠阳区，大亚湾水产资源自然保护区内，黄毛山和大三门岛之间，东距大三门岛 192 米，距大鹏半岛惠阳区澳头街道办事处最近点 3.17 千米。原与黄毛山统称为黄毛山，因处黄毛山东面，第二次全国海域地名普查时命今名。岸线长 225 米，面积 3 261 平方米。基岩岛。岛上长有草丛。

烂排 (Làn Pái)

北纬 22°28.1′，东经 114°36.0′。位于惠州市惠阳区，大亚湾水产资源自然保护区内，距大鹏半岛惠阳区澳头街道办事处最近点 2.75 千米，东距大三门岛 1.54 千米。因该岛有许多乱石墩，故名。1984 年登记的《广东省惠阳县海域海岛地名卡片》、《广东省海域地名志》（1989）、《广东省海岛、礁、沙洲名录表》（1993）均记为烂排。岸线长 52 米，面积 194 平方米，海拔 2.2 米。基岩岛。

三姊排 (Sānzǐ Pái)

北纬 22°28.1′，东经 114°36.8′。位于惠州市惠阳区，大亚湾水产资源自然保护区内，距大鹏半岛惠阳区澳头街道办事处最近点 3.32 千米，东距大三门岛 250 米。曾名三姊妹。因该岛由 3 个岩石组成，故名。1984 年登记的《广东省惠阳县海域海岛地名卡片》、《广东省海域地名志》（1989）、《广东省海岛、礁、沙洲名录表》（1993）均记为三姊排。岸线长 72 米，面积 355 平方米。基岩岛。岛上长有草丛和灌木。

烂洲 (Làn Zhōu)

北纬 22°27.9′，东经 114°36.4′。位于惠州市惠阳区，大亚湾水产资源自然保护区内，距大鹏半岛惠阳区澳头街道办事处最近点 3.25 千米，东距大三门岛 908 米。因岛形很不规则，故名。《中国海洋岛屿简况》（1980）、1984 年登记的《广东省惠阳县海域海岛地名卡片》、《广东省海域地名志》（1989）、《广东省海岛、礁、沙洲名录表》（1993）、《广东省志·海洋与海岛志》（2000）、《全国海岛名称与代码》（2008）均记为烂洲。岸线长 445 米，面积 8 494 平方米，海拔 27 米。基岩岛。岛上长有草丛。

烂洲西岛 (Lànzhōu Xīdǎo)

北纬 22°27.9′，东经 114°36.3′。位于惠州市惠阳区，大亚湾水产资源自然保护区内，距大鹏半岛惠阳区澳头街道办事处最近点 3.16 千米，东距大三门岛 1.06 千米。原与烂洲统称为烂洲，因处烂洲西面，第二次全国海域地名普查时命今名。岸线长 463 米，面积 9 172 平方米。基岩岛。岛上长有草丛。

大三门岛 (Dàsānmén Dǎo)

北纬 22°27.8′，东经 114°38.0′。位于惠州市惠阳区，大亚湾水产资源自然保护区内，距大鹏半岛惠阳区澳头街道办事处最近点 3.11 千米。曾名沱泞岛、三门关。又名三门岛、大三门。清康熙五十六年（1717 年），以岛上城堡守备官员沱泞的名字命名为沱泞岛。鸦片战争后，英国人在岛上设海关，检查和苛税过往三条水道的船只，群众便改称为三门关。民国时期也沿用此名。中华人民共和国成立后，把"关"改"岛"，称为三门岛。因与珠海三门岛重名，故更名为大三门岛。因该岛附近有三条水道，且该岛较大，故称大三门岛。《中国海洋岛屿简况》（1980）称为三门岛。1984 年登记的《广东省惠阳县海域海岛地名卡片》记为大三门。《广东省海域地名志》（1989）、《广东省海岛、礁、沙洲名录表》（1993）、《广东省志·海洋与海岛志》（2000）、《全国海岛名称与代码》（2008）均记为大三门岛。岛呈东西走向，是大亚湾内面积最大、岸线最长、海拔最高的海岛。岸线长 14.37 千米，面积 4.737 平方千米，海拔 298 米。基岩岛，由上侏罗统凝灰质流纹斑岩构成。山丘地表层为砂砾土，植被以茅草为主，树木较多。岸线曲折陡峭，尤其东、西两岸，多怪石岩洞。海域盛产鲍鱼、石斑鱼、龙虾、海胆、紫菜等。

有居民海岛，隶属于惠州市惠阳区。2011 年有户籍人口 217 人，常住人口 167 人。岛北面有沙滩及多处旅游景点，有古城墙等多处历史文化遗迹，建有深圳海明珠旅游度假村、三门港岛酒店、惠州大亚湾三门岛相思湖度假酒店等旅游设施。岛上还建有卫生站、邮电局、信用社、商店和边防检查站等。

大三门西岛 (Dàsānmén Xīdǎo)

北纬 22°27.7′，东经 114°37.0′。位于惠州市惠阳区，大亚湾水产资源自然保护区内，距大鹏半岛惠阳区澳头街道办事处最近点 3.97 千米，东距大三门岛 28 米。原与大三门岛统称为大三门岛，因处大三门岛西面，第二次全国海域地名普查时命今名。岸线长 109 米，面积 686 平方米。基岩岛。

保斗石 (Bǎodǒu Shí)

北纬 22°27.7′，东经 114°37.0′。位于惠州市惠阳区，大亚湾水产资源自然保护区内，距大鹏半岛惠阳区澳头街道办事处最近点 4.03 千米，东距大三门岛 64 米。保斗石是历史惯称。1984 年登记的《广东省惠阳县海域海岛地名卡片》、《广东省海域地名志》（1989）、《广东省海岛、礁、沙洲名录表》（1993）均记为保斗石。岸线长 68 米，面积 252 平方米，海拔约 2.8 米。基岩岛。

洪圣公 (Hóngshènggōng)

北纬 22°27.2′，东经 114°38.2′。位于惠州市惠阳区，大亚湾水产资源自然保护区内，距大鹏半岛惠阳区澳头街道办事处最近点 5.49 千米，北距大三门岛 290 米。曾名红圣公。因岛西北端有一间洪圣爷庙，故名。《中国海洋岛屿简况》（1980）称为红圣公。1984 年登记的《广东省惠阳县海域海岛地名卡片》、《广东省海域地名志》（1989）、《广东省海岛、礁、沙洲名录表》（1993）、《广东省志·海洋与海岛志》（2000）、《全国海岛名称与代码》（2008）均记为洪圣公。岸线长 1.28 千米，面积 0.075 2 平方千米，海拔 27.4 米。基岩岛。该岛呈椭圆形，西北—东南走向，由基岩构成，中部较高。表层为沙土，石质岸。岛上建有庙宇 1 座。岛北面建有码头，由码头至庙宇建有水泥石阶。

小横洲 (Xiǎohéng Zhōu)

北纬 22°27.0′，东经 114°38.6′。位于惠州市惠阳区，大亚湾水产资源自然保护区内，距大鹏半岛惠阳区澳头街道办事处最近点 5.78 千米，北距大三门岛 343 米。曾名横山塘、练姑山、麻塘台。该岛北端山形似乳房，客家语乳房谓练姑，故称练姑山。南部有 250 米长的狭长地带名麻塘台，当地人亦以此为岛名。因该岛横卧在大三门与小三门海区之间，故名小横洲。《中国海洋岛屿简况》（1980）称为麻塘台。1984 年登记的《广东省惠阳县海域海岛地名卡片》、《广东省海域地名志》（1989）、《广东省海岛、礁、沙洲名录表》（1993）、《广东省志·海洋与海岛志》（2000）、《全国海岛名称与代码》（2008）均记为小横洲。该岛呈南北走向，岸线长 2.64 千米，面积 0.186 1 平方千米，海拔 37.9 米。基岩岛，由燕山三期花岗岩构成。表层为黄沙黏土，石质岸，多洞穴。岛上长有草丛和灌木。

三只排 (Sānzhī Pái)

北纬 22°26.8′，东经 114°39.3′。位于惠州市惠阳区大亚湾水产资源自然保护区内，距大鹏半岛惠阳区澳头街道办事处最近点 7.24 千米，西距小三门岛 7 米。因该岛由 3 个岩峰构成，故名。1984 年登记的《广东省惠阳县海域海岛地名卡片》、《广东省海域地名志》（1989）、《广东省海岛、礁、沙洲名录表》（1993）均记为三只排。岸线长 233 米，面积 3 256 平方米。基岩岛。

外牛牯排 (Wàiniúgǔ Pái)

北纬 22°26.4′，东经 114°39.2′。位于惠州市惠阳区大亚湾水产资源自然保护区内，距大鹏半岛惠阳区澳头街道办事处最近点 7.67 千米，西距小三门岛 125 米。曾名牛牯排。外牛牯排是当地群众惯称，该名沿用至今。1984 年登记的《广东省惠阳县海域海岛地名卡片》、《广东省海域地名志》（1989）、《广东省海岛、礁、沙洲名录表》（1993）均记为外牛牯排。岸线长 49 米，面积 150 平方米。基岩岛。

小三门岛 (Xiǎosānmén Dǎo)

北纬 22°26.4′，东经 114°38.7′。位于惠州市惠阳区大亚湾水产资源自然保护区内，距大鹏半岛惠阳区澳头街道办事处最近点 6.89 千米，北距大三门岛 1.13 千米。曾名竹篙树，又名小三门。以该岛长形似竹篙而得名竹篙树。因该岛海区有 3 条水道进出口，称三门，位于其附近，且面积较小，故称小三门、小三门岛。《中国海洋岛屿简况》（1980）、1984 年登记的《广东省惠阳县海域海岛地名卡片》记为小三门。《广东省海域地名志》（1989）、《广东省海岛、礁、沙洲名录表》（1993）、《广东省志·海洋与海岛志》（2000）、《全国海岛名称与代码》（2008）均记为小三门岛。岛呈长形，东北—西南走向。岸线长 7.87 千米，面积 1.282 1 平方千米，海拔 85 米。基岩岛，由燕山三期花岗岩构成，小丘地形，地势平缓。表层为砂砾土，石质岸，东南及西岸陡峭。植被以茅草为主，尚有稀疏松树和灌木。

有居民海岛，隶属于惠州市惠阳区。2011 年有户籍人口 407 人，常住人口 150 人。岛上建有旅游设施、村庄房屋及码头等。供电主要靠柴油发电机。岛上饮用水全靠水井。

打浪排 (Dǎlàng Pái)

北纬 22°25.9′，东经 114°38.4′。位于惠州市惠阳区大亚湾水产资源自然保护区内，距大鹏半岛惠阳区澳头街道办事处最近点 8.01 千米，北距小三门岛 46 米。该岛经常有海浪冲击礁盘，故名。1984 年登记的《广东省惠阳县海域海岛地名卡片》、《广东省海域地名志》（1989）、《广东省海岛、礁、沙洲名录表》（1993）均记为打浪排。岸线长 41 米，面积 110 平方米。基岩岛。

钓鱼公 (Diàoyúgōng)

北纬 22°24.9′，东经 114°40.4′。位于惠州市惠阳区大亚湾水产资源自然保护区内，距大鹏半岛惠阳区澳头街道办事处最近点 11.18 千米，西北距小三门岛 3.28 千米。因该岛远看很像一位老翁坐在船上钓鱼，故名。又名公洲。《中国海洋岛屿简况》（1980）记为公洲。1984 年登记的《广东省惠阳县海域海岛地名卡片》、《广东省海域地名志》（1989）、《广东省海岛、礁、沙洲名录表》（1993）、《广东省志·海洋与海岛志》（2000）、《全国海岛名称与代码》（2008）均记为钓鱼公。岸线长 330 米，面积 4 415 平方米，海拔 32 米。基岩岛。

龟洲 (Guī Zhōu)

北纬 22°49.1′，东经 114°47.2′。位于惠州市惠东县，大亚湾水产资源自然保护区内，距稔山镇 10 米。该岛形似乌龟，故称龟洲。《中国海洋岛屿简况》（1980）、1984 年登记的《广东省惠东县海域海岛地名卡片》、《广东省海域地名志》（1989）、《广东省海岛、礁、沙洲名录表》（1993）、《广东省志·海洋与海岛志》（2000）、《全国海岛名称与代码》（2008）均记为龟洲。岸线长 1.6 千米，面积 0.089 4 平方千米，海拔 50.7 米。基岩岛。该岛呈东北—西南走向，地势平缓，西南稍高。东南岸陡峭，沿岸多岩石滩和砾石沙滩。北侧为大片泥滩。岛上长有草丛和灌木。岛西北面及东北面有道路与其西北的连洲相接。

龟洲北岛 (Guīzhōu Běidǎo)

北纬 22°49.6′，东经 114°47.4′。位于惠州市惠东县，大亚湾水产资源自然保护区内，距稔山镇 110 米。原与龟洲统称为龟洲，因处龟洲北面，第二次全国海域地名普查时命今名。岸线长 91 米，面积 534 平方米。基岩岛。岛上长有草丛和灌木。2011 年岛上常住人口 2 人，建有平房 2 座。

背带石 (Bēidài Shí)

北纬 22°47.6′，东经 114°42.7′。位于惠州市惠东县，大亚湾水产资源自然保护区内，距稔山镇 30 米。该岛形似背小孩用的背带一样，故名。1984 年登记的《广东省惠东县海域海岛地名卡片》、《广东省海域地名志》（1989）、《广东省海岛、礁、沙洲名录表》（1993）均记为背带石。岸线长 236 米，面积 2 570 平方米。基岩岛。岛上长有草丛和灌木。

排墩 (Pái Dūn)

北纬 22°46.6′，东经 114°44.1′。位于惠州市惠东县，大亚湾水产资源自然保护区内，距稔山镇 120 米。因岛盘大，似石墩，故名。《中国海洋岛屿简况》（1980）称为4984。1984 年登记的《广东省惠东县海域海岛地名卡片》、《广东省海域地名志》（1989）、《广东省海岛、礁、沙洲名录表》（1993）、《广东省志·海洋与海岛志》（2000）、《全国海岛名称与代码》（2008）均记为排墩。岸线长 65 米，面积 274 平方米，海拔 3.7 米。基岩岛。该岛呈圆形，由赤褐色岩石组成。

新丰岛 (Xīnfēng Dǎo)

北纬 22°45.7′，东经 114°46.3′。位于惠州市惠东县，大亚湾水产资源自然保护区内，距平海镇 50 米。因该岛附近有一村庄名为"新丰村"，故名。岸线长 85 米，面积 415 平方米。基岩岛。岛上长有草丛和灌木。

罂公洲 (Yīnggōng Zhōu)

北纬 22°44.8′，东经 114°54.3′。位于惠州市惠东县，距吉隆镇 170 米。该岛形似罐子，当地人称罐子为罂公，故名罂公洲。又名坛公洲。《中国海洋岛屿简况》（1980）称为坛公洲。1985 年登记的《广东省惠东县海域海岛地名卡片》、《广东省海域地名志》（1989）、《广东省海岛、礁、沙洲名录表》（1993）、《广东省志·海洋与海岛志》（2000）、《全国海岛名称与代码》（2008）均记为罂公洲。岸线长 459 米，面积 8 195 平方米，海拔 16.5 米。基岩岛。岛上建有平房 2 座。

黑排 (Hēi Pái)

北纬 22°44.8′，东经 114°44.7′。位于惠州市惠东县，大亚湾水产资源自然保护区内，距平海镇 110 米。该岛由黑褐岩石组成，故名。1985 年登记的《广东省惠东县海域海岛地名卡片》、《广东省海域地名志》（1989）、《广东省海岛、礁、沙洲名录表》（1993）、《广东省志·海洋与海岛志》（2000）均记为黑排。岸线长 82 米，面积 489 平方米，海拔 4 米。基岩岛。

黑排一岛 (Hēipái Yīdǎo)

北纬 22°44.8′，东经 114°44.8′。位于惠州市惠东县，大亚湾水产资源自然保护区内，距平海镇 90 米。原与黑排、黑排二岛、黑排三岛统称为黑排。因处黑排周围，按自北向南逆时针顺序排第一，第二次全国海域地名普查时命今名。岸线长 23 米，面积 32 平方米。基岩岛。

黑排二岛 (Hēipái Èrdǎo)

北纬 22°44.8′，东经 114°44.8′。位于惠州市惠东县，大亚湾水产资源自然保护区内，距平海镇 60 米。原与黑排、黑排一岛、黑排三岛统称为黑排。因处黑排周围，按自北向南逆时针顺序排第二，第二次全国海域地名普查时命今名。岸线长 66 米，面积 218 平方米。基岩岛。

黑排三岛 (HēipáiSāndǎo)

北纬 22°44.8′，东经 114°44.8′。位于惠州市惠东县，大亚湾水产资源自然保护区内，距平海镇 70 米。原与黑排、黑排一岛、黑排二岛统称为黑排。因处黑排周围，按自北向南逆时针顺序排第三，第二次全国海域地名普查时命今名。岸线长 65 米，面积 283 平方米。基岩岛。

龙船洲 (Lóngchuán Zhōu)

北纬 22°44.4′，东经 114°55.7′。位于惠州市惠东县，距黄埠镇 1.39 千米。因岛形似龙船，故名。《中国海洋岛屿简况》（1980）、1985 年登记的《广东省惠东县海域海岛地名卡片》、《广东省海域地名志》（1989）、《广东省海岛、礁、沙洲名录表》（1993）、《全国海岛名称与代码》（2008）均记为龙船洲。岸线长 239 米，面积 3 303 平方米，海拔 8.6 米。基岩岛。岛上建有 1 座小庙。周围海域有养殖场。

龙船小洲 (Lóngchuán Xiǎozhōu)

北纬 22°44.3′，东经 114°55.8′。位于惠州市惠东县，距黄埠镇 1.55 千米。该岛靠近龙船洲，且较之小，故名。《中国海洋岛屿简况》（1980）记为4950。1985 年登记的《广东省惠东县海域海岛地名卡片》称为龙船小洲。岸线长 128 米，面积 1 073 平方米。基岩岛。

坪峙岛 (Píngshì Dǎo)

北纬 22°44.1′，东经 114°43.6′。位于惠州市惠东县，大亚湾水产资源自然保护区内，距平海镇 1.11 千米。该岛地势平坦，无突出山峰，故名。又名坪仕洲、尊洲岛。《中国海洋岛屿简况》（1980）称为坪仕洲。1985 年登记的《广东省惠东县海域海岛地名卡片》、《广东省海域地名志》（1989）、《广东省海岛、礁、沙洲名录表》（1993）、《广东省志·海洋与海岛志》（2000）、《全国海岛名称与代码》（2008）均记为坪峙岛。岸线长 1.48 千米，面积 0.087 1 平方千米，海拔 29.1 米。基岩岛。岛呈椭圆形。表层为沙土，石质岸，沿岸有岩石滩。长有草丛和灌木。岛上建有小码头 1 座，小房 1 座，为周围养殖户所用。

坪峙西岛 (Píngshì Xīdǎo)

北纬 22°44.0′，东经 114°43.4′。位于惠州市惠东县，大亚湾水产资源自然保护区内，距平海镇 1.56 千米，东距坪峙岛 217 米。原与坪峙岛统称为坪峙岛，因处坪峙西面，第二次全国海域地名普查时命今名。岸线长 299 米，面积 3 733 平方米。基岩岛。岛上长有草丛。

坪峙仔 (Píngshìzǎi)

北纬 22°43.9′，东经 114°43.7′。位于惠州市惠东县，大亚湾水产资源自然保护区内，距平海镇 940 米，距坪峙岛 274 米。因该岛与坪峙岛相邻，面积较小，故名。又名花笼仔、小尊洲、坪仕仔。《中国海洋岛屿简况》（1980）称为坪仕仔。1985 年登记的《广东省惠东县海域海岛地名卡片》、《广东省海域地名志》（1989）、《广东省海岛、礁、沙洲名录表》（1993）、《广东省志·海洋与海岛志》（2000）、《全国海岛名称与代码》（2008）均记为坪峙仔。岸线长 507 米，面积 0.010 5 平方千米，海拔 16.9 米。基岩岛。岛呈长条形，东西走向。表层为沙土，石质岸，沿岸为岩石滩。

老鼠洲 (Lǎoshǔ Zhōu)

北纬 22°43.7′，东经 114°55.1′。位于惠州市惠东县，距黄埠镇 300 米。因岛形似老鼠，故名。又名银洲。《中国海洋岛屿简况》（1980）称为银洲。1985 年登记的《广东省惠东县海域海岛地名卡片》、《广东省海域地名志》（1989）、《广东省海岛、礁、沙洲名录表》（1993）、《广东省志·海洋与海岛志》（2000）、《全国海岛名称与代码》（2008）均记为老鼠洲。岸线长 233 米，面积 2 973 平方米，海拔 15.9 米。基岩岛。

盐洲 (Yán Zhōu)

北纬 22°43.4′，东经 114°56.3′。位于惠州市惠东县，距黄埠镇 180 米。又名大洲、大洲岛、牛鼠洲、鲤鱼洲。明万历年间（1573—1615 年）岛上已有渔民定居开拓盐田，始名盐洲。后依其面积大于洲洋内其他岛改称大洲岛。1987

年复名盐洲。《中国海洋岛屿简况》（1980）称大洲、牛鼠洲、鲤鱼洲。1985
年登记的《广东省惠东县海域海岛地名卡片》记为大洲岛。《广东省海域地名志》
（1989）、《广东省海岛、礁、沙洲名录表》（1993）、《广东省志·海洋与
海岛志》（2000）、《全国海岛名称与代码》（2008）记为盐洲。岸线长 11.1
千米，面积 3.676 7 平方千米，海拔 4.4 米。基岩岛，由第四系细砂、砂砾层构
成，地势平坦。土壤类型主要有滨海沙土和滨海盐土 2 个土类、3 个亚类、6 个
土属、6 个土种。岛上植被类型为红树林和芦苇。红树林群落为秋茄、白骨壤林、
红海榄林。岛上还有零星人工绿化植被。北部白沙村沿海滩涂有成片分布的红
树林，一直是白鹭、灰鹭、黄嘴鹭等鹭鸟的栖息地。有长 16 千米的防潮海堤。
周围为浅海泥滩，全岛大部分为盐田。附近海域水深小于 6 米。

有居民海岛，隶属于惠州市惠东县。2011 年有户籍人口 11 000 人，常住人
口 7 000 人。岛上有村庄，建有许多民房，居民大部分靠捕鱼为生。主要海洋
产业包括盐业、海洋渔业和旅游业。岛上有食盐加工厂、加油站、学校和卫生所。
岛上淡水引自苦竹坑水库，供水管网设施已完善。电能来自陆地供电。建有盐
洲公路、金（洲）前（寮）大道，岛内有面积 6 500 平方米广场一处。东北部
有一个汽车轮渡口，是盐洲重要出入口。1992 年建成盐洲南部跨海大桥，盐洲—
黄埠北部跨海大桥已通车。

伞子排 (Sǎnzǐ Pái)

北纬 22°42.3′，东经 114°44.3′。位于惠州市惠东县，大亚湾水产资源自然
保护区内，距平海镇 110 米。该岛形似竖立在海中的一把伞，故名。1985 年登
记的《广东省惠东县海域海岛地名卡片》、《广东省海域地名志》（1989）、
《广东省海岛、礁、沙洲名录表》（1993）均记为伞子排。岸线长 218 米，面
积 2 068 平方米。基岩岛。岛上长有草丛和灌木。

狮子球 (Shīziqiú)

北纬 22°42.3′，东经 114°44.3′。位于惠州市惠东县，大亚湾水产资源自然
保护区内，距巽寮镇 230 米。该岛形似舞狮所用的狮子球而得名。又像开放的
莲花浮于水面，亦有人称莲花洲。《中国海洋岛屿简况》（1980）记为 4976。

1985 年登记的《广东省惠东县海域海岛地名卡片》、《广东省海域地名志》（1989）、《广东省海岛、礁、沙洲名录表》（1993）、《广东省志·海洋与海岛志》（2000）、《全国海岛名称与代码》（2008）均记为狮子球。岸线长 93 米，面积 545 平方米，海拔 5.1 米。基岩岛。岛上长有草丛。

鸬鹚石 (Lúcí Shí)

北纬 22°42.2′，东经 114°44.4′。位于惠州市惠东县，大亚湾水产资源自然保护区内，距平海镇 130 米。因该岛常有鸬鹚在礁上栖息，故名。1985 年登记的《广东省惠东县海域海岛地名卡片》、《广东省海域地名志》（1989）、《广东省海岛、礁、沙洲名录表》（1993）均记为鸬鹚石。岸线长 88 米，面积 587 平方米。基岩岛。

凤咀岛 (Fèngzuǐ Dǎo)

北纬 22°42.2′，东经 114°44.5′。位于惠州市惠东县，大亚湾水产资源自然保护区内，距平海镇 30 米。该岛靠近大陆凤凰咀，故名。又名凤水。《中国海洋岛屿简况》（1980）称为凤水。1985 年登记的《广东省惠东县海域海岛地名卡片》、《广东省海岛、礁、沙洲名录表》（1993）、《全国海岛名称与代码》（2008）均记为凤咀岛。岸线长 297 米，面积 5 714 平方米。基岩岛。岛上长有草丛和灌木。岛东面建有小码头及堤坝。

凤咀南岛 (Fèngzuǐ Nándǎo)

北纬 22°42.0′，东经 114°44.4′。位于惠州市惠东县，大亚湾水产资源自然保护区内，距平海镇 340 米。原与凤咀岛统称为凤咀岛，因处凤咀岛南面，第二次全国海域地名普查时命今名。面积约 26 平方米。基岩岛。

三到排 (Sāndào Pái)

北纬 22°41.3′，东经 114°59.2′。位于惠州市惠东县，距黄埠镇 370 米。因该岛是西虎屿到东虎屿途经的第三个岛礁，故名三到排。1985 年登记的《广东省惠东县海域海岛地名卡片》、《广东省海域地名志》（1989）、《广东省海岛、礁、沙洲名录表》（1993）均记为三到排。岸线长 159 米，面积 1 370 平方米，海拔约 1.4 米。基岩岛。

三到排东岛 (Sāndàopái Dōngdǎo)

北纬 22°41.3′，东经 114°59.3′。位于惠州市惠东县，距黄埔镇 390 米。《广东省海岛、礁、沙洲名录表》（1993）记为 D1。因位于三到排东面，第二次全国海域地名普查时更为今名。岸线长 49 米，面积 168 平方米。基岩岛。

东虎屿 (Dōnghǔ Yǔ)

北纬 22°41.3′，东经 114°59.4′。位于惠州市惠东县，距黄埔镇 470 米。又名东虎。因附近有二岛，人视之为守门之虎，该岛处东，故名。《中国海洋岛屿简况》（1980）称为东虎。1985 年登记的《广东省惠东县海域海岛地名卡片》、《广东省海域地名志》（1989）、《广东省海岛、礁、沙洲名录表》（1993）、《广东省志·海洋与海岛志》（2000）、《全国海岛名称与代码》（2008）均记为东虎屿。岛呈椭圆形，岸线长 1.12 千米，面积 0.058 4 平方千米，海拔 50.3 米。基岩岛，由凝灰质流纹斑岩构成。表层为沙石土，多石质岸，西、北沿岸为岩石滩。岛上长有草丛和灌木。

二到排 (Èrdào Pái)

北纬 22°41.2′，东经 114°59.2′。位于惠州市惠东县，距黄埔镇 480 米。该岛是西虎屿至东虎屿途经的第二礁石，当地群众惯称二到排。1985 年登记的《广东省惠东县海域海岛地名卡片》、《广东省海域地名志》（1989）、《广东省海岛、礁、沙洲名录表》（1993）、《全国海岛名称与代码》（2008）均记为二到排。岸线长 415 米，面积 6 286 平方米，海拔 2.9 米。基岩岛。

西虎屿 (Xīhǔ Yǔ)

北纬 22°40.7′，东经 114°58.4′。位于惠州市惠东县，距黄埔镇 360 米。又名西虎。因附近有二岛，人视之为守门之虎，该岛处西，故名。《中国海洋岛屿简况》（1980）称为西虎。1985 年登记的《广东省惠东县海域海岛地名卡片》、《广东省海域地名志》（1989）、《广东省海岛、礁、沙洲名录表》（1993）、《广东省志·海洋与海岛志》（2000）、《全国海岛名称与代码》（2008）均记为西虎屿。岸线长 1.12 千米，面积 0.041 1 平方千米，海拔 32.6 米。该岛呈长条形，东西走向。基岩岛，由凝灰质流纹斑岩构成，西高东低。表层为沙土，石质岸，沿岸多岩石滩。岛上长有草丛和灌木。山峰上建有灯塔 1 座。

下新村岛 (Xiàxīncūn Dǎo)

北纬 22°39.9′，东经 114°44.0′。位于惠州市惠东县，大亚湾水产资源自然保护区内，距平海镇下新村 50 米。《广东省海岛、礁、沙洲名录表》（1993）记为 D9。因该岛靠近下新村，第二次全国海域地名普查时更为今名。岸线长 104 米，面积 372 平方米。基岩岛。

磨子石 (Mòzi Shí)

北纬 22°38.6′，东经 114°44.5′。位于惠州市惠东县，大亚湾水产资源自然保护区内，距平海镇 140 米。因该岛形似一座石磨子，故名。1985 年登记的《广东省惠东县海域海岛地名卡片》、《广东省海域地名志》（1989）、《广东省海岛、礁、沙洲名录表》（1993）均记为磨子石。岸线长 62 米，面积 266 平方米。基岩岛。

磨子石南岛 (Mòzishí Nándǎo)

北纬 22°38.5′，东经 114°44.5′。位于惠州市惠东县，大亚湾水产资源自然保护区内，距平海镇 260 米。原与磨子石统称为磨子石，因处磨子石南面，第二次全国海域地名普查时命今名。面积约 10 平方米。基岩岛。

港圆石 (Gǎngyuán Shí)

北纬 22°38.3′，东经 114°44.6′。位于惠州市惠东县，大亚湾水产资源自然保护区内，距平海镇 320 米。因该岛处于港门，呈圆形，故名。1985 年登记的《广东省惠东县海域海岛地名卡片》、《广东省海域地名志》（1989）、《广东省海岛、礁、沙洲名录表》（1993）均记为港圆石。面积约 18 平方米。基岩岛。

港圆石外岛 (Gǎngyuánshí Wàidǎo)

北纬 22°38.0′，东经 114°44.6′。位于惠州市惠东县，大亚湾水产资源自然保护区内，距平海镇 80 米。原与港圆石、港圆石南岛统称为港圆石，因位于港圆石南面，距港圆石较远，第二次全国海域地名普查时命今名。面积约 50 平方米。基岩岛。

花榕树洲（Huāróngshù Zhōu）

北纬22°37.8′，东经114°55.3′。位于惠州市惠东县，距平海镇140米。又名花龙洲、花龙仕、牛尾洲、龙士岛。该岛很久以前长有榕树及花草，故名。"榕"与"龙"谐音，又称花龙洲。牛尾洲、龙士岛为当地群众惯称。平海镇居民一直称该岛为牛尾洲，港口镇居民一直称该岛为龙士岛。《中国海洋岛屿简况》（1980）称为花龙仕。1985年登记的《广东省惠东县海域海岛地名卡片》、《广东省海域地名志》（1989）、《广东省海岛、礁、沙洲名录表》（1993）、《全国海岛名称与代码》（2008）均记为花榕树洲。岸线长523米，面积8 625平方米，海拔16.7米。基岩岛。岛呈椭圆形，东西走向。东部沿岸为岩石滩，西侧沙滩与大陆相连。岛上长有草丛和灌木。岛东面建有无人居住平房1间。

澳仔妈庙（Àozǎimāmiào）

北纬22°37.8′，东经114°55.1′。位于惠州市惠东县，距平海镇10米。因岛上有一妈祖庙，当地人称澳仔妈庙。岸线长133米，面积798平方米。基岩岛。长有草丛和灌木。

米塔仔（Mǐtǎzǎi）

北纬22°37.8′，东经114°55.3′。位于惠州市惠东县，距平海镇290米。《广东省海岛、礁、沙洲名录表》（1993）记为D2。米塔仔为当地群众惯称。岸线长124米，面积494平方米。基岩岛。

三板洲（Sānbǎn Zhōu）

北纬22°37.7′，东经114°55.5′。位于惠州市惠东县，距平海镇570米。远处眺望该岛形似三板船，故名。又因该洲盛产墨鱼，亦有人称墨斗洲。1985年登记的《广东省惠东县海域海岛地名卡片》、《广东省海域地名志》（1989）、《广东省海岛、礁、沙洲名录表》（1993）、《广东省志·海洋与海岛志》（2000）、《全国海岛名称与代码》（2008）均记为三板洲。岸线长208米，面积2 807平方米，海拔4.9米。基岩岛。

三角洲东岛（Sānjiǎozhōu Dōngdǎo）

北纬22°37.5′，东经114°44.0′。位于惠州市惠东县，大亚湾水产资源自然

保护区内，距平海镇 1.06 千米。第二次全国海域地名普查时命今名。面积约 31
平方米。基岩岛。

大排角 (Dàpáijiǎo)

北纬 22°37.4′，东经 114°43.8′。位于惠州市惠东县，大亚湾水产资源自然
保护区内，距平海镇 1.33 千米，北距惠东三角洲 68 米。因处三角洲南面，且
大于周围礁石，故名。1985 年登记的《广东省惠东县海域海岛地名卡片》、《广
东省海域地名志》（1989）、《广东省海岛、礁、沙洲名录表》（1993）均记
为大排角。岸线长 69 米，面积 342 平方米。基岩岛。

孤洲 (Gū Zhōu)

北纬 22°36.8′，东经 114°52.7′。位于惠州市惠东县，大亚湾水产资源自然
保护区内，距平海镇 40 米。因该岛在港口内是独一无二的海岛，故名。《中
国海洋岛屿简况》（1980）记为 4963。1985 年登记的《广东省惠东县海域海
岛地名卡片》记为孤洲。岸线长 214 米，面积 2 256 平方米，海拔 7 米。基岩
岛。岛上长有草丛和灌木。

牛仔洲 (Niúzǎi Zhōu)

北纬 22°36.1′，东经 114°43.3′。位于惠州市惠东县，大亚湾水产资源自然
保护区内，距平海镇 2.05 千米。因曾有载牛船在此遇险，故名。1985 年登记的
《广东省惠东县海域海岛地名卡片》、《广东省海域地名志》（1989）、《广
东省海岛、礁、沙洲名录表》（1993）均记为牛仔洲。岸线长 42 米，面积 127
平方米，海拔 1.6 米。基岩岛。

二姐妹 (Èrjiěmèi)

北纬 22°36.0′，东经 114°50.2′。位于惠州市惠东县，大亚湾水产资源自
然保护区内，距平海镇 120 米。因该岛由平海菜园起，居第二，故名。又名三
姐妹、二姐妹岛。《中国海洋岛屿简况》（1980）记为三姐妹。1985 年登记的
《广东省惠东县海域海岛地名卡片》、《广东省海域地名志》（1989）、《广
东省海岛、礁、沙洲名录表》（1993）均记为二姐妹。《全国海岛名称与代码》
（2008）记为二姐妹岛。岸线长 213 米，面积 3 069 平方米，海拔 15.9 米。基岩

岛。该岛呈西北—东南走向，由花岗岩构成，地势平缓，东南稍高。北侧沙滩与大陆相接。岛上长有草丛和灌木。

三姐妹 (Sānjiěmèi)

北纬 22°36.0′，东经 114°50.1′。位于惠州市惠东县，大亚湾水产资源自然保护区内，距平海镇 220 米。因该岛由平海菜园起，位居第三，故名。又名三姐妹岛。《中国海洋岛屿简况》（1980）记为 4965。1985 年登记的《广东省惠东县海域海岛地名卡片》、《广东省海域地名志》（1989）、《广东省海岛、礁、沙洲名录表》（1993）、《广东省志·海洋与海岛志》（2000）均记为三姐妹。《全国海岛名称与代码》（2008）记为三姐妹岛。岸线长 151 米，面积 1 606 平方米，海拔 6.3 米。基岩岛。

钓鱼石 (Diàoyú Shí)

北纬 22°35.8′，东经 114°47.9′。位于惠州市惠东县，大亚湾水产资源自然保护区内，距平海镇 30 米。常有人在该岛钓鱼，故名。1985 年登记的《广东省惠东县海域海岛地名卡片》、《广东省海域地名志》（1989）、《广东省海岛、礁、沙洲名录表》（1993）均记为钓鱼石。岸线长 48 米，面积 120 平方米，海拔约 3 米。基岩岛。

柯村岛 (Kēcūn Dǎo)

北纬 22°35.7′，东经 114°46.0′。位于惠州市惠东县，大亚湾水产资源自然保护区内，距平海镇 210 米。《广东省海岛、礁、沙洲名录表》（1993）记为 D5。因邻近柯村，第二次全国海域地名普查时更为今名。面积约 67 平方米。基岩岛。

大石船 (Dàshíchuán)

北纬 22°35.4′，东经 114°48.0′。位于惠州市惠东县，大亚湾水产资源自然保护区内，距平海镇 340 米。岛形似船，故名大石船。《中国海洋岛屿简况》（1980）记为 4966。1985 年登记的《广东省惠东县海域海岛地名卡片》、《广东省海域地名志》（1989）、《广东省海岛、礁、沙洲名录表》（1993）、《广东省志·海洋与海岛志》（2000）、《全国海岛名称与代码》（2008）均记为大石船。岸线长 291 米，面积 4 136 平方米，海拔 7.3 米。基岩岛。该岛呈西北—东南走向，由花岗岩构成，南部岩石裸露。

石船仔 (Shíchuánzǎi)

北纬 22°35.6′，东经 114°48.0′。位于惠州市惠东县，大亚湾水产资源自然保护区内，距平海镇 60 米。因岛形似船，比大石船小，故名。《广东省海域地名志》（1989）、《广东省海岛、礁、沙洲名录表》（1993）、《广东省志·海洋与海岛志》（2000）、《全国海岛名称与代码》（2008）均记为石船仔。岸线长 222 米，面积 2 710 平方米。基岩岛。

大肚佛 (Dàdùfó)

北纬 22°35.2′，东经 114°45.1′。位于惠州市惠东县，大亚湾水产资源自然保护区内，距平海镇 40 米。该岛宛如一尊肚大浑圆的佛像，故名。《中国海洋岛屿简况》（1980）记为 4967。1985 年登记的《广东省惠东县海域海岛地名卡片》、《广东省海域地名志》（1989）、《广东省海岛、礁、沙洲名录表》（1993）、《全国海岛名称与代码》（2008）均记为大肚佛。岸线长 247 米，面积 4 522 平方米，海拔 33.8 米。基岩岛。该岛呈东西走向，由砂页岩构成。表面呈灰褐色，岛岩陡峭，北与陆岸由干出石滩相连。岛上长有草丛和灌木。

桑洲 (Sāng Zhōu)

北纬 22°35.1′，东经 114°43.1′。位于惠州市惠东县，大亚湾水产资源自然保护区内，距平海镇 2.24 千米。因岛上长满桑树，故名。因"桑"与"尚"谐音，又称尚洲。岛上灌木多，杂草丛生，亦称草树。冬令时节，岛上草木枯黄，又有黄毛、黄毛山之称。《中国海洋岛屿简况》（1980）、1985 年登记的《广东省惠东县海域海岛地名卡片》、《广东省海域地名志》（1989）、《广东省海岛、礁、沙洲名录表》（1993）、《广东省志·海洋与海岛志》（2000）、《全国海岛名称与代码》（2008）均记为桑洲。岸线长 4.13 千米，面积 0.590 3 平方千米，海拔 84.5 米。基岩岛。岛呈南北走向，属丘陵地貌。表层泥沙土，岛岸曲折，多石质岸，南岸陡峭。北部沿岸为砂砾滩，南为岩石滩。岛上主要植被类型是次生灌草丛和以马尾松为优势种的针叶林、以及小部分针阔混交林和人工植被。岛上主要建筑物集中在岛西北侧和西侧沙滩后方陆域，有土地庙、简易仓储房屋、两层高楼房各 1 座，均无人居住，包括已荒废的养殖池和水泥房。岛顶部建有灯塔。

大打 (Dàdǎ)

北纬 22°34.9′，东经 114°44.7′。位于惠州市惠东县，大亚湾水产资源自然保护区内，距平海镇 510 米。该岛水下岩石很多，以量词"打"为意，故名。《中国海洋岛屿简况》（1980）、1985 年登记的《广东省惠东县海域海岛地名卡片》、《广东省海域地名志》（1989）、《广东省海岛、礁、沙洲名录表》（1993）、《广东省志·海洋与海岛志》（2000）、《全国海岛名称与代码》（2008）均记为大打。岸线长 202 米，面积 1 943 平方米，海拔 12.3 米。基岩岛。

双大洲 (Shuāngdà Zhōu)

北纬 22°34.9′，东经 114°44.6′。位于惠州市惠东县，大亚湾水产资源自然保护区内，距平海镇 630 米。该岛有两岩石，一高一低，且附属礁石广泛分布于周围海域，故名双大洲。又名双大礁、双大打。因该岛岩石像一头牛暗在水里一样，当地人也称"牛暗礁"。《中国海洋岛屿简况》（1980）称为双大礁。1985 年登记的《广东省惠东县海域海岛地名卡片》、《广东省海域地名志》（1989）、《广东省志·海洋与海岛志》（2000）均记为双大洲。《广东省海岛、礁、沙洲名录表》（1993）、《全国海岛名称与代码》（2008）均记为双大打。岸线长 259 米，面积 4 345 平方米，海拔 2.8 米。基岩岛。

双大洲西岛 (Shuāngdàzhōu Xīdǎo)

北纬 22°34.8′，东经 114°44.5′。位于惠州市惠东县，大亚湾水产资源自然保护区内，距平海镇 840 米。《广东省海岛、礁、沙洲名录表》（1993）记为 D7。位于双大洲西面，第二次全国海域地名普查时更为今名。面积约 82 平方米。基岩岛。

园洲岛 (Yuánzhōu Dǎo)

北纬 22°33.6′，东经 114°52.6′。位于惠州市惠东县，大亚湾水产资源自然保护区内，距平海镇 750 米。因岛呈椭圆形，故名。又名草仕、园洲、圆洲岛。因岛上杂草四季茂盛，当地群众俗称该岛为草仕。《中国海洋岛屿简况》（1980）称为园洲。1985 年登记的《广东省惠东县海域海岛地名卡片》记为园洲岛。《广东省海域地名志》（1989）、《广东省海岛、礁、沙洲名录表》（1993）、《广东省志·海洋与海岛志》（2000）、《全国海岛名称与代码》（2008）均记为圆洲岛。岸线长 386 米，面积 9 028 平方米，海拔 20.4 米。基岩岛。该岛呈椭圆形，西北—东南走向，由花岗岩构成。表层为沙石土，西南岸陡峭，东部沿岸多岩石滩。岛上建有灯塔 1 座。

白鹤洲仔 (Báihè Zhōuzǎi)

北纬 22°33.3′，东经 114°52.8′。位于惠州市惠东县，大亚湾水产资源自然保护区内，距平海镇 80 米。该岛在低潮时，有很多白鹤前来捕吃小鱼，故名。1985 年登记的《广东省惠东县海域海岛地名卡片》、《广东省海域地名志》（1989）、《广东省海岛、礁、沙洲名录表》（1993）、《广东省志·海洋与海岛志》（2000）、《全国海岛名称与代码》（2008）均记为白鹤洲仔。岸线长 166 米，面积 2 014 平方米，海拔 3.6 米。基岩岛。

白鹤仔南岛 (Báihèzǎi Nándǎo)

北纬 22°33.2′，东经 114°52.8′。位于惠州市惠东县，大亚湾水产资源自然保护区内，距平海镇 40 米。原与白鹤洲仔统称为白鹤洲仔，位于白鹤洲仔南面，第二次全国海域地名普查时命今名。岸线长 211 米，面积 3 177 平方米。基岩岛。

白鸭排 (Báiyā Pái)

北纬 22°33.2′，东经 115°1.6′。位于惠州市惠东县，距平海镇 11.13 千米。因该岛远望形似一只白鸭在海面上浮游，故名。又名白鹅排。《中国海洋岛屿简况》（1980）称为白鹅排。1985 年登记的《广东省惠东县海域海岛地名卡片》、《广东省海域地名志》（1989）、《广东省海岛、礁、沙洲名录表》（1993）、《广东省志·海洋与海岛志》（2000）、《全国海岛名称与代码》（2008）均记为白鸭排。岸线长 296 米，面积 5 466 平方米，海拔 10.5 米。基岩岛。岛上有一大地控制点。

铁砧 (Tiězhēn)

北纬 22°32.7′，东经 114°52.3′。位于惠州市惠东县，大亚湾水产资源自然保护区内，距平海镇 1.04 千米。该岛形似砧板，故名。又名、铁坦。当地群众认为该岛岩石刺尖，亦称为刺坦。《中国海洋岛屿简况》（1980）、1985 年登记的《广东省惠东县海域海岛地名卡片》、《广东省海域地名志》（1989）、《广东省海岛、礁、沙洲名录表》（1993）、《广东省志·海洋与海岛志》（2000）、《全国海岛名称与代码》（2008）均记为铁砧。岸线长 319 米，面积 6 331 平方米，海拔 8.8 米。基岩岛，由花岗岩构成，四周为陡壁，中部较平坦。表岩呈赤褐色。岛上长有草丛。建有灯塔 1 座。

圣告岛 (Shènggào Dǎo)

北纬 22°31.9′，东经 114°50.5′。位于惠州市惠东县，大亚湾水产资源自然保护区内，距平海镇 4.22 千米。该岛形似圣告（占卜用工具，形似牛角），故名。又名圣壳。《中国海洋岛屿简况》（1980）、1985 年登记的《广东省惠东县海域海岛地名卡片》、《广东省海域地名志》（1989）、《广东省海岛、礁、沙洲名录表》（1993）、《广东省志·海洋与海岛志》（2000）、《全国海岛名称与代码》（2008）均记为圣告岛。基岩岛。岸线长 2.12 千米，面积 0.079 平方千米，海拔 54.3 米。该岛呈南北走向，由基岩构成。南、北两端高，坡陡。中间蜂腰处较低。表层为沙土，石质岸，多岩石滩。岛上长有草丛和灌木。

小星山 (Xiǎoxīng Shān)

北纬 22°30.8′，东经 114°50.5′。位于惠州市惠东县，大亚湾水产资源自然保护区内，距平海镇 4.58 千米。岛形与大星山相似，面积较小，故名。又名星仔。《中国海洋岛屿简况》（1980）、1985 年登记的《广东省惠东县海域海岛地名卡片》、《广东省海域地名志》（1989）、《广东省海岛、礁、沙洲名录表》（1993）、《广东省志·海洋与海岛志》（2000）、《全国海岛名称与代码》（2008）均记为小星山。岸线长 7.05 千米，面积 1.189 9 平方千米，海拔 148.7 米。基岩岛，由上侏罗统凝灰质流纹斑岩构成。全岛为山丘地，表层为泥沙土。石质岸，北、东、南岸多悬崖峭壁。岛上长有草丛和灌木。建有庙宇及平房。

浪咆屿 (Làngpáo Yǔ)

北纬 22°30.7′，东经 114°50.0′。位于惠州市惠东县，大亚湾水产资源自然保护区内，东距小星山 137 米，距平海镇 6.11 千米。因岛形似男人阴囊，谐音故名浪咆屿。又名人巴任、仔仔头、洲仔。人巴任为方言称呼。《中国海洋岛屿简况》（1980）称为洲仔。1985 年登记的《广东省惠东县海域海岛地名卡片》、《广东省海域地名志》（1989）、《广东省海岛、礁、沙洲名录表》（1993）、《广东省志·海洋与海岛志》（2000）、《全国海岛名称与代码》（2008）均记为浪咆屿。岸线长 972 米，面积 44 219 平方米，海拔 48 米。基岩岛，由凝灰质流纹斑岩构成。呈南北走向，北部高且宽，南部低而窄。表层为砂砾土，石质岸。岛上长有草丛和灌木。

针头岩 (Zhēntóu Yán)

北纬 22°19.0′，东经 115°07.5′。位于惠州市惠东县，距平海镇 34.27 千米。该岛远望很像一枚针，故名。又名针尖岩。《中国海洋岛屿简况》（1980）、1985 年登记的《广东省惠东县海域海岛地名卡片》、《广东省海域地名志》（1989）、《广东省海岛、礁、沙洲名录表》（1993）、《广东省志·海洋与海岛志》（2000）、《全国海岛名称与代码》（2008）均记为针头岩。岸线长 347 米，面积 6 405 平方米，海拔 41.8 米。基岩岛。该岛是中华人民共和国公布的中国领海基点，并建有领海基点碑。岛上有国家大地控制点 1 个。

钦仔石 (Qīnzǎi Shí)

北纬 22°48.2′，东经 115°33.4′。位于汕尾市城区，碣石湾西侧海域，距大陆最近点 110 米。因该岛是渔民归港和观潮的标志，"钦"在当地意为互相尊敬，故称为钦仔石。1984 年登记的《广东省海丰县海域海岛地名卡片》、《广东省海域地名志》（1989）等称为钦仔石。《广东省海岛、礁、沙洲名录表》（1993）记为 J16。面积约 75 平方米。基岩岛。

东海咀石 (Dōnghǎizuǐ Shí)

北纬 22°47.8′，东经 115°33.0′。位于汕尾市城区，碣石湾西侧海域，距大陆最近点 40 米。在东海仔与缉河角的小河出口处，称为东海咀石。1984 年登记的《广东省海丰县海域海岛地名卡片》、《广东省海域地名志》（1989）、《广东省海岛、礁、沙洲名录表》（1993）均记为东海咀石。岸线长 63 米，面积 269 平方米。基岩岛。

东海咀东岛 (Dōnghǎizuǐ Dōngdǎo)

北纬 22°47.8′，东经 115°33.1′。位于汕尾市城区，碣石湾西侧海域，西距东海咀石 60 米，距大陆最近点 110 米。因处东海咀石东面，第二次全国海域地名普查时命今名。岸线长 38 米，面积 109 平方米。基岩岛。

东海咀南岛 (Dōnghǎizuǐ Nándǎo)

北纬 22°47.7′，东经 115°33.0′。位于汕尾市城区，碣石湾西侧海域，北距东海咀石 30 米，距大陆最近点 30 米。因处东海咀石南面，第二次全国海域地名普查时命今名。岸线长 56 米，面积 168 平方米。基岩岛。

鲎石磊 (Hòushílěi)

北纬 22°47.7′，东经 115°32.9′。位于汕尾市城区，碣石湾西侧海域，距大陆最近点 70 米。由多个礁石组成，形状似海鲎，且礁石上下相叠，故名。1984 年登记的《广东省海丰县海域海岛地名卡片》、《广东省海域地名志》（1989）、《广东省海岛、礁、沙洲名录表》（1993）均记为鲎石磊。面积约 30 平方米。基岩岛。

鲎石磊东岛 (Hòushílěi Dōngdǎo)

北纬 22°47.7′，东经 115°33.0′。位于汕尾市城区，碣石湾西侧海域，西距鲎石磊 10 米，距大陆最近点 80 米。因处鲎石磊东面，第二次全国海域地名普查时命今名。面积约 12 平方米。基岩岛。

鲎石磊北岛 (Hòushílěi Běidǎo)

北纬 22°47.7′，东经 115°33.0′。位于汕尾市城区，碣石湾西侧海域，南距鲎石磊 70 米，距大陆最近点 20 米。因处鲎石磊北面，第二次全国海域地名普查时命今名。面积约 16 平方米。基岩岛。

鲎石磊南岛 (Hòushílěi Nándǎo)

北纬 22°47.6′，东经 115°32.9′。位于汕尾市城区，碣石湾西侧海域，北距鲎石磊 130 米，距大陆最近点 180 米。因处鲎石磊南面，第二次全国海域地名普查时命今名。面积约 43 平方米。基岩岛。

白石岛 (Báishí Dǎo)

北纬 22°47.6′，东经 115°32.8′。位于汕尾市城区，碣石湾西侧海域，距大陆最近点 70 米。《广东省海岛、礁、沙洲名录表》（1993）记为 J17。因岛呈白色，第二次全国海域地名普查时更为今名。岸线长 113 米，面积 205 平方米。基岩岛。

白石南岛 (Báishí Nándǎo)

北纬 22°47.6′，东经 115°32.8′。位于汕尾市城区，碣石湾西侧海域，北距白石岛 10 米，距大陆最近点 90 米。在白石岛南面，第二次全国海域地名普查时命今名。面积约 3 平方米。基岩岛。

鸟屎堆岛 (Niǎoshǐduī Dǎo)

北纬 22°47.5′，东经 115°33.2′。位于汕尾市城区，碣石湾西侧海域，距大陆最近点 450 米。该岛形状似鸟屎堆，第二次全国海域地名普查时命今名为。岸线长 82 米，面积 262 平方米。基岩岛。

垒石岛 (Lěishí Dǎo)

北纬 22°47.4′，东经 115°32.5′。位于汕尾市城区，碣石湾西侧海域，距大陆最近点 50 米。该岛由许多石头垒在一起组成，第二次全国海域地名普查时命今名。面积约 56 平方米。基岩岛。

三结义 (Sānjiéyì)

北纬 22°47.3′，东经 115°32.6′。位于汕尾市城区，碣石湾西侧海域，距大陆最近点 220 米。该岛由 3 块礁石紧连接在一起，似 3 个结拜的兄弟，故名。1984 年登记的《广东省海丰县海域海岛地名卡片》、《广东省海域地名志》（1989）、《广东省海岛、礁、沙洲名录表》（1993）均记为三结义。面积约 41 平方米。基岩岛。

铜锣围 (Tóngluówéi)

北纬 22°47.1′，东经 115°32.5′。位于汕尾市城区，碣石湾西侧海域，南距前屿 710 米，距大陆最近点 150 米。由多个礁石组成，其中一块礁石呈圆形，似铜锣，故名。1984 年登记的《广东省海丰县海域海岛地名卡片》、《广东省海域地名志》（1989）、《广东省海岛、礁、沙洲名录表》（1993）均记为铜锣围。面积约 68 平方米。基岩岛。

南湖排 (Nánhú Pái)

北纬 22°47.0′，东经 115°15.1′。位于汕尾市城区马宫街道南面海域，距大陆最近点 400 米。在南湖村前面，当地群众称为南湖排。又名乌打。1984 年登记的《广东省海丰县海域海岛地名卡片》、《广东省海岛、礁、沙洲名录表》（1993）、《广东省志·海洋与海岛志》（2000）、《全国海岛名称与代码》（2008）均记为南湖排。岸线长 266 米，面积 1 233 平方米，高约 1.5 米。基岩岛，由花岗岩组成。

犁壁石 (Líbì Shí)

北纬 22°46.9′，东经 115°32.6′。位于汕尾市城区，碣石湾西侧海域，南距前屿 410 米，距大陆最近点 300 米。岛形状似犁壁（农具"犁"的一个部位），故名。1984 年登记的《广东省海丰县海域海岛地名卡片》、《广东省海域地名志》（1989）、《广东省海岛、礁、沙洲名录表》（1993）均记为犁壁石。岸线长 40 米，面积 115 平方米，高 2.2 米。基岩岛。

犁壁石西岛 (Líbìshí Xīdǎo)

北纬 22°46.9′，东经 115°32.5′。位于汕尾市城区，碣石湾西侧海域，东距犁壁石 60 米，距大陆最近点 230 米。因处犁壁石西面，第二次全国海域地名普查时命今名。面积约 46 平方米。基岩岛。

犁壁石北岛 (Líbìshí Běidǎo)

北纬 22°46.9′，东经 115°32.6′。位于汕尾市城区，碣石湾西侧海域，南距犁壁石 20 米，距大陆最近点 300 米。因处犁壁石北面，第二次全国海域地名普查时命今名。面积约 31 平方米。基岩岛。

犁壁石南岛 (Líbìshí Nándǎo)

北纬 22°46.9′，东经 115°32.6′。位于汕尾市城区，碣石湾西侧海域，北距犁壁石 10 米，距大陆最近点 310 米。因处犁壁石南面，第二次全国海域地名普查时命今名。面积约 36 平方米。基岩岛。

出门担 (Chūméndàn)

北纬 22°46.9′，东经 115°32.5′。位于汕尾市城区，碣石湾西侧海域，南距前屿 310 米，距大陆最近点 300 米。该岛是当地群众出海到前屿必先经过的第一礁，故称出门担。1984 年登记的《广东省海丰县海域海岛地名卡片》、《广东省海域地名志》（1989）、《广东省海岛、礁、沙洲名录表》（1993）均记为出门担。面积约 49 平方米。基岩岛。

蛤古石 (Hágǔ Shí)

北纬 22°46.7′，东经 115°32.2′。位于汕尾市城区，碣石湾西侧海域，东距前屿 620 米，距大陆最近点 80 米。因礁中有一石形似青蛙，当地方言"蛤古"即青蛙，故名。1984 年登记的《广东省海丰县海域海岛地名卡片》、《广东省海域地名志》（1989）、《广东省海岛、礁、沙洲名录表》（1993）均记为蛤古石。岸线长 52 米，面积 169 平方米。基岩岛。

蛤古石西岛 (Hágǔshí Xīdǎo)

北纬 22°46.7′，东经 115°32.1′。位于汕尾市城区，碣石湾西侧海域，东距蛤古石 30 米，距大陆最近点 70 米。《广东省海岛、礁、沙洲名录表》（1993）记为 J18。因在蛤古石西面，第二次全国海域地名普查时更为今名。面积约 2 平方米。基岩岛。

后屿 (Hòu Yǔ)

北纬 22°46.7′，东经 115°32.7′。位于汕尾市城区，碣石湾西侧海域，西距前屿 90 米，距大陆最近点 500 米。在前屿后面，故当地群众称为后屿。亦称青礁，含义不详。《中国海洋岛屿简况》（1980）记为青礁。1984 年登记的《广东省海丰县海域海岛地名卡片》、《广东省海域地名志》（1989）、《广东省海岛、礁、沙洲名录表》（1993）、《广东省志·海洋与海岛志》（2000）、《全国海岛名称与代码》（2008）均记为后屿。岸线长 340 米，面积 5 140 平方米，高 25.4 米。基岩岛，由花岗岩构成。南北走向，表层为黄沙黏土，岛周 100 米内礁石密布。

后屿南岛 (Hòuyǔ Nándǎo)

北纬 22°46.6′，东经 115°32.7′。位于汕尾市城区，碣石湾西侧海域，北距后屿 10 米，距大陆最近点 530 米。因在后屿南边，第二次全国海域地名普查时命今名。岸线长 66 米，面积 277 平方米。基岩岛。

观音娘石 (Guānyīnniáng Shí)

北纬 22°46.7′，东经 115°32.3′。位于汕尾市城区，碣石湾西侧海域，东距前屿 400 米，距大陆最近点 60 米。该岛似女人，远望似南海观音，故名。1984 年登记的《广东省海丰县海域海岛地名卡片》、《广东省海域地名志》（1989）、《广东省海岛、礁、沙洲名录表》（1993）均记为观音娘石。岸线长 11 米，面积 9 平方米，高 1.7 米。基岩岛。

前屿 (Qián Yǔ)

北纬 22°46.6′，东经 115°32.6′。位于汕尾市城区，碣石湾西侧海域，距大陆最近点 280 米。曾名前士。该岛在池刀山前面海面上，故当地群众称为前屿。"前屿"在当地读音为"前士"。《中国海洋岛屿简况》（1980）记为前士。1984 年登记的《广东省海丰县海域海岛地名卡片》、《广东省海域地名志》（1989）、《广东省海岛、礁、沙洲名录表》（1993）、《广东省志·海洋与海岛志》（2000）和《全国海岛名称与代码》（2008）均记为前屿。岸线长 827 米，面积 19 450 平方米，高 17.9 米。基岩岛，由花岗岩构成。略呈葫芦形，东北—西南走向，表层为黄沙黏土。

中石岛 (Zhōngshí Dǎo)

北纬 22°46.6′，东经 115°32.7′。位于汕尾市城区，碣石湾西侧海域，距大陆最近点 510 米。因在前屿、后屿和石尾中间，第二次全国海域地名普查时命名为中石岛。岸线长 83 米，面积 406 平方米。基岩岛。

石尾 (Shíwěi)

北纬 22°46.5′，东经 115°32.6′。位于汕尾市城区，碣石湾西侧海域，前屿东南海域，距大陆最近点 510 米。该岛在前屿东南侧尾端处，故称石尾。1984

年登记的《广东省海丰县海域海岛地名卡片》、《广东省海域地名志》(1989)、《广东省海岛、礁、沙洲名录表》(1993)、《广东省志·海洋与海岛志》(2000)、《全国海岛名称与代码》(2008)均记为石尾。岸线长 329 米，面积 2 418 平方米，高约 2 米。基岩岛。

石尾上岛 (Shíwěi Shàngdǎo)

北纬 22°46.6′，东经 115°32.7′。位于汕尾市城区，碣石湾西侧海域，石尾北面，距石尾 10 米，距大陆最近点 570 米。因在石尾东面靠北处，北为上，南为下，第二次全国海域地名普查时命今名。面积约 14 平方米。基岩岛。

石尾下岛 (Shíwěi Xiàdǎo)

北纬 22°46.5′，东经 115°32.7′。位于汕尾市城区，碣石湾西侧海域，石尾南面，距石尾 20 米，距大陆最近点 560 米。因在石尾岛东南面，北为上，南为下，第二次全国海域地名普查时命今名。面积约 28 平方米。基岩岛。

狮地脚石 (Shīdìjiǎo Shí)

北纬 22°46.5′，东经 115°31.8′。位于汕尾市城区，白沙湾北部海域，距大陆最近点 90 米。该岛在狮地山下，故名。1984 年登记的《广东省海丰县海域海岛地名卡片》、《广东省海域地名志》(1989)、《广东省海岛、礁、沙洲名录表》(1993)均记为狮地脚石。面积约 11 平方米，高约 1.7 米。基岩岛。

狮地脚南岛 (Shīdìjiǎo Nándǎo)

北纬 22°46.5′，东经 115°31.8′。位于汕尾市城区，白沙湾北部海域，北距狮地脚石 10 米，距大陆最近点 100 米。因在狮地脚石南面，第二次全国海域地名普查时命今名。岸线长 66 米，面积 140 平方米。基岩岛。

牛母礁 (Niúmǔ Jiāo)

北纬 22°46.5′，东经 115°32.4′。位于汕尾市城区，碣石湾西侧海域，前屿东南海域，距大陆最近点 420 米。该岛形状似水牛，故称牛母礁。1984 年登记的《广东省海丰县海域海岛地名卡片》、《广东省海域地名志》(1989)、《广东省海岛、礁、沙洲名录表》(1993)均记为牛母礁。面积约 55 平方米。基岩岛。

狮头 (Shītóu)

北纬 22°46.3′，东经 115°31.6′。位于汕尾市城区，白沙湾北部海域，距大陆最近点 120 米。该岛形状似一头狮子，前面一石较高像狮头，故名。又名狮头岛。《中国海洋岛屿简况》（1980）记为 4869。1984 年登记的《广东省海丰县海域海岛地名卡片》、《广东省海域地名志》（1989）、《广东省海岛、礁、沙洲名录表》（1993）、《广东省志·海洋与海岛志》（2000）均记为狮头。《全国海岛名称与代码》（2008）记为狮头岛。岸线长 57 米，面积 126 平方米，高 6.3 米。基岩岛。

狮头南岛 (Shītóu Nándǎo)

北纬 22°46.3′，东经 115°31.6′。位于汕尾市城区，白沙湾北部海域，北距狮头 40 米，距大陆最近点 170 米。《广东省海岛、礁、沙洲名录表》（1993）记为 J19。因在狮头南边，第二次全国海域地名普查时更为今名。面积约 69 平方米。基岩岛。

大礁岛 (Dàjiāo Dǎo)

北纬 22°46.1′，东经 115°31.9′。位于汕尾市城区，白沙湾北部海域，距大陆最近点 110 米。该处有相邻二岛，该岛面积较大，故称大礁岛。当地群众惯称散礁，含义不详。《中国海洋岛屿简况》（1980）记为散礁。1984 年登记的《广东省海丰县海域海岛地名卡片》、《广东省海域地名志》（1989）、《广东省海岛、礁、沙洲名录表》（1993）、《广东省志·海洋与海岛志》（2000）、《全国海岛名称与代码》（2008）均记为大礁岛。岸线长 236 米，面积 1 983 平方米，高 7 米。基岩岛，由花岗岩构成。北高南低，表层为黄沙黏土。岛上有草丛和灌木。

小岛 (Xiǎo Dǎo)

北纬 22°46.1′，东经 115°22.5′。位于汕尾市城区品清湖东侧，距大陆最近点 80 米。因该岛面积较小，自古当地居民称为小岛。别称屿仔岛。《中国海洋岛屿简况》（1980）、1984 年登记的《广东省海丰县海域海岛地名卡片》、《广东省海域地名志》（1989）、《广东省海岛、礁、沙洲名录表》（1993）、《广东省志·海洋与海岛志》（2000）、《全国海岛名称与代码》（2008）均记为小岛。

中华人民共和国成立前还称屿仔岛。岸线长 2.78 千米,面积 0.325 平方千米,高 58.7 米。基岩岛,由花岗岩构成,呈西北—东南走向,表层为黄沙黏土。岛上有杂草、小灌木,植有木麻黄树。

有居民海岛,是汕尾市城区凤山街道小岛村村委会所在地。2011 年有户籍人口 983 人,常住人口 410 人。岛上建有船厂、加油站、环岛公路、学校、卫生所、球场。居民多以渔业为生。主要农作物有花生、番薯等,海水养殖主要是虾类。淡水来自地下水,建有水塔。电来自大陆,通过架设电缆输入。

坎石 (Kǎn Shí)

北纬 22°45.9′,东经 115°32.0′。位于汕尾市城区,白沙湾北部海域,距大陆最近点 310 米。因岛礁较高又峭,故称为坎石。1984 年登记的《广东省海丰县海域海岛地名卡片》、《广东省海域地名志》(1989)、《广东省海岛、礁、沙洲名录表》(1993)均记为坎石。面积约 32 平方米。基岩岛。

坎石西岛 (Kǎnshí Xīdǎo)

北纬 22°45.9′,东经 115°32.0′。位于汕尾市城区,白沙湾北部海域,东距坎石 10 米,距大陆最近点 300 米。因处坎石西面,第二次全国海域地名普查时命今名。面积约 11 平方米。基岩岛。

坎石东岛 (Kǎnshí Dōngdǎo)

北纬 22°45.9′,东经 115°32.0′。位于汕尾市城区,白沙湾北部海域,西距坎石 10 米,距大陆最近点 320 米。因处坎石东面,第二次全国海域地名普查时命今名。面积约 57 平方米。基岩岛。

鸭头岛 (Yātóu Dǎo)

北纬 22°45.9′,东经 115°32.0′。位于汕尾市城区,白沙湾北部海域,大堆屿与坎石之间,距大陆最近点 330 米。该岛形似鸭头,第二次全国海域地名普查时命今名。面积约 56 平方米。基岩岛。

波浪岛 (Bōlàng Dǎo)

北纬 22°45.9′,东经 115°32.0′。位于汕尾市城区,白沙湾北部海域,大堆屿与坎石之间,距大陆最近点 330 米。岛形似波浪,第二次全国海域地名普查时命今名。面积约 11 平方米。基岩岛。

大堆屿 (Dàduī Yǔ)

北纬 22°45.8′，东经 115°32.0′。位于汕尾市城区，白沙湾北部海域，北距坎石 60 米，距大陆最近点 320 米。因其面积较大，且岩石成堆，故当地群众称为大堆屿。《中国海洋岛屿简况》（1980）记为 4872。1984 年登记的《广东省海丰县海域海岛地名卡片》、《广东省海域地名志》（1989）、《广东省海岛、礁、沙洲名录表》（1993）、《广东省志·海洋与海岛志》（2000）、《全国海岛名称与代码》（2008）均记为大堆屿。岸线长 122 米，面积 934 平方米，高 5.1 米。基岩岛。

蛤古礁 (Hágǔ Jiāo)

北纬 22°45.6′，东经 115°21.1′。位于汕尾市城区，汕尾港东侧，距大陆最近点 50 米。因岛形状似青蛙，当地方言"蛤古"即青蛙，故名。又称蛤古石。1984 年登记的《广东省海丰县海域海岛地名卡片》、《广东省海域地名志》（1989）、《广东省海岛、礁、沙洲名录表》（1993）均记为蛤古礁。岸线长 42 米，面积 128 平方米，高约 1.5 米。基岩岛，由花岗岩组成。

炉担 (Lúdàn)

北纬 22°45.5′，东经 115°33.8′。位于汕尾市城区施公寮岛西北面，距施公寮岛 500 米，距大陆最近点 3.48 千米。该岛由多个岩石组成，形状似火炉，故名。1984 年登记的《广东省海丰县海域海岛地名卡片》、《广东省海域地名志》（1989）、《广东省海岛、礁、沙洲名录表》（1993）均记为炉担。岸线长 81 米，面积 352 平方米。基岩岛。

坉仔屿 (Tángzǎi Yǔ)

北纬 22°45.3′，东经 115°33.6′。位于汕尾市城区施公寮岛西北面，距施公寮岛 50 米，距大陆最近点 3.22 千米。因岛呈堤坉（方言，意为围垦、鱼塘形成的小路）形，横于海面，故名。1984 年登记的《广东省海丰县海域海岛地名卡片》、《广东省海域地名志》（1989）、《广东省海岛、礁、沙洲名录表》（1993）均记为坉仔屿。岸线长 8 米，面积 4 平方米。基岩岛。

六耳 (Liù'ěr)

北纬 22°45.3′，东经 115°33.8′。位于汕尾市城区施公寮岛西北面，距施公寮岛 320 米，距大陆最近点 3.55 千米。有 6 个礁石连接在一起，形状似人耳，故名。1984 年登记的《广东省海丰县海域海岛地名卡片》、《广东省海域地名志》（1989）、《广东省海岛、礁、沙洲名录表》（1993）均记为六耳。岸线长 130 米，面积 310 平方米，高约 2.1 米。基岩岛。

分石 (Fēn Shí)

北纬 22°45.2′，东经 115°33.5′。位于汕尾市城区施公寮岛西北面，距施公寮岛 20 米，距大陆最近点 3.08 千米。该岛由 2 个礁石组成，两岩石各分立一边，故名。1984 年登记的《广东省海丰县海域海岛地名卡片》、《广东省海域地名志》（1989）、《广东省海岛、礁、沙洲名录表》（1993）均记为分石。面积约 23 平方米。基岩岛。

妈印仔 (Māyìnzǎi)

北纬 22°45.1′，东经 115°33.3′。位于汕尾市城区施公寮岛西北面，距施公寮岛 60 米，距大陆最近点 2.7 千米。原名妈印。该礁位于石西西侧的妈祖庙前面，面积较小，状呈圆形，好像是印章，故称妈印。因重名，改为妈印仔。1984 年登记的《广东省海丰县海域海岛地名卡片》、《广东省海域地名志》（1989）、《广东省海岛、礁、沙洲名录表》（1993）均记为妈印仔。基岩岛。岸线长 101 米，面积 544 平方米，高 4.1 米。

舢舨屿 (Shānbǎn Yǔ)

北纬 22°45.1′，东经 115°35.8′。位于汕尾市城区施公寮岛东北面，距施公寮岛 50 米，距大陆最近点 5.47 千米。岛呈长形，首尾翘起形似舢舨船，故名。《中国海洋岛屿简况》（1980）记为 4878。1984 年登记的《广东省海丰县海域海岛地名卡片》、《广东省海域地名志》（1989）、《广东省海岛、礁、沙洲名录表》（1993）、《广东省志·海洋与海岛志》（2000）、《全国海岛名称与代码》（2008）均记为舢舨屿。岸线长 162 米，面积 1 522 平方米，高约 5.1 米。岛上有草丛和灌木。基岩岛。

小圆石 (Xiǎoyuán Shí)

北纬 22°45.1′，东经 115°34.0′。位于汕尾市城区施公寮岛西北面，距施公寮岛 60 米，距大陆最近点 3.86 千米。岛呈圆形，且面积较小，故名。1984 年登记的《广东省海丰县海域海岛地名卡片》、《广东省海域地名志》（1989）、《广东省海岛、礁、沙洲名录表》（1993）均记为小圆石。面积约 29 平方米。基岩岛。

北圆石仔 (Běiyuán Shízǎi)

北纬 22°45.1′，东经 115°32.1′。位于汕尾市城区，距大陆最近点 1.01 千米。该岛呈圆形，面积较小，位于圆石仔北面，故名。1984 年登记的《广东省海丰县海域海岛地名卡片》、《广东省海域地名志》（1989）、《广东省海岛、礁、沙洲名录表》（1993）均记为北圆石仔。岸线长 47 米，面积 158 平方米。基岩岛。

北圆石北岛 (Běiyuánshí Běidǎo)

北纬 22°45.1′，东经 115°32.1′。位于汕尾市城区，白沙湾东侧海域，距大陆最近点 1 千米。在北圆石仔北边，第二次全国海域地名普查时命今名。岸线长 45 米，面积 140 平方米。基岩岛。

驼峰岛 (Tuófēng Dǎo)

北纬 22°45.1′，东经 115°34.0′。位于汕尾市城区施公寮岛西北面，距施公寮岛 40 米，距大陆最近点 3.84 千米。该岛形似驼峰，第二次全国海域地名普查时命今名。面积约 10 平方米。基岩岛。

圆石仔 (Yuánshízǎi)

北纬 22°45.1′，东经 115°33.9′。位于汕尾市城区施公寮岛西北面，距施公寮岛 30 米，距大陆最近点 3.7 千米。岛呈圆形，且面积较小，故名。1984 年登记的《广东省海丰县海域海岛地名卡片》、《广东省海域地名志》（1989）、《广东省海岛、礁、沙洲名录表》（1993）均记为圆石仔。面积约 7 平方米。基岩岛。

鸭石 (Yā Shí)

北纬 22°45.0′，东经 115°31.8′。位于汕尾市城区，白沙湾东侧海域，距大陆最近点 550 米。该岛在退潮时，形状似鸭子，故名。1984 年登记的《广东省海丰县海域海岛地名卡片》、《广东省海域地名志》（1989）、《广东省海岛、礁、沙洲名录表》（1993）均记为鸭石。面积约 34 平方米。基岩岛。

刺担仔 (Cìdànzǎi)

北纬 22°44.8′，东经 115°36.1′。位于汕尾市城区施公寮岛东北面，距施公寮岛 230 米，距大陆最近点 5.33 千米。该岛由多个岩石组成，形似尖刺，故名。1984 年登记的《广东省海丰县海域海岛地名卡片》、《广东省海域地名志》（1989）、《广东省海岛、礁、沙洲名录表》（1993）均记为刺担仔。岸线长 54 米，面积 206 平方米，高 3.4 米。基岩岛。

刺担仔西岛 (Cìdànzǎi Xīdǎo)

北纬 22°44.8′，东经 115°36.1′。位于汕尾市城区施公寮岛东北面，距施公寮岛 180 米，距大陆最近点 5.3 千米。该岛在刺担仔西边，第二次全国海域地名普查时命今名。岸线长 106 米，面积 757 平方米。基岩岛。

江牡岛 (Jiāngmǔ Dǎo)

北纬 22°44.5′，东经 115°11.2′。位于汕尾市城区马宫街道西南海域，红海湾中部海域，距大陆最近点 3.69 千米。该岛原生长有茂密的江牡树（学名鸭脚木），故名。又名红海山、红海岛。《中国海洋岛屿简况》（1980）、1984 年登记的《广东省海丰县海域海岛地名卡片》、《广东省海域地名志》（1989）、《广东省海岛、礁、沙洲名录表》（1993）、《广东省志·海洋与海岛志》（2000）、《全国海岛名称与代码》（2008）均记为江牡岛。岸线长 3.54 千米，面积 0.518 8 平方千米，高 68.9 米。基岩岛。东西走向，由花岗岩构成。小丘起伏，东北高西南低。植被茂密，表层有杂草、山竹、乔木、鸭脚木等。2011 年岛上常住人口 5 人。建有码头、房屋。北侧海域有面积较大扇贝养殖区。

江牡一岛 (Jiāngmǔ Yīdǎo)

北纬 22°44.3′，东经 115°11.2′。位于汕尾市城区马宫街道西南海域，红海湾中部海域，距江牡岛 30 米，距大陆最近点 4.47 千米。江牡岛周围有 3 个海岛，按自北向南逆时针顺序，该岛排第一，第二次全国海域地名普查时命今名。岸线长 45 米，面积 126 平方米。基岩岛。

江牡二岛 (Jiāngmǔ Èrdǎo)

北纬 22°44.3′，东经 115°11.4′。位于汕尾市城区马宫街道西南海域，红海湾中部海域，距江牡岛 20 米，距大陆最近点 4.46 千米。江牡岛周围有 3 个海岛，按自北向南逆时针顺序，该岛排第二，第二次全国海域地名普查时命今名。岸线长 142 米，面积 837 平方米。基岩岛。

江牡三岛 (Jiāngmǔ Sāndǎo)

北纬 22°44.3′，东经 115°11.5′。位于汕尾市城区马宫街道西南海域，红海湾中部海域，距江牡岛 40 米，距大陆最近点 4.53 千米。江牡岛周围有 3 个海岛，按自北向南逆时针顺序，该岛排第三，第二次全国海域地名普查时命今名。面积约 70 平方米。基岩岛。

神牌石 (Shénpái Shí)

北纬 22°44.4′，东经 115°36.1′。位于汕尾市城区施公寮岛东面，距施公寮岛 10 米，距大陆最近点 4.83 千米。该岛形状似神牌，故名。1984 年登记的《广东省海丰县海域海岛地名卡片》、《广东省海域地名志》（1989）、《广东省海岛、礁、沙洲名录表》（1993）均记为神牌石。岸线长 59 米，面积 251 平方米。基岩岛。

盐屿 (Yán Yǔ)

北纬 22°44.2′，东经 115°32.0′。位于汕尾市城区，白沙湾东侧海域，距大陆最近点 90 米。在白沙湖盐町前面，故称盐屿。1984 年登记的《广东省海丰县海域海岛地名卡片》、《广东省海域地名志》（1989）、《广东省海岛、礁、沙洲名录表》（1993）、《广东省志·海洋与海岛志》（2000）、《全国海岛名称与代码》（2008）均记为盐屿。岸线长 213 米，面积 2 586 平方米，高 14.3 米。基岩岛，由花岗岩构成，表层为黄沙黏土。

施公寮岛 (Shīgōngliáo Dǎo)

北纬 22°44.2′，东经 115°34.6′。位于汕尾市城区，碣石湾西南海域，距大陆最近点 660 米。岛上有施公寮村，因村得名。基岩岛。岸线长 21.17 千米，面积 10.100 4 平方千米，高 77.4 米。

有居民海岛，隶属于汕尾市城区，岛上有施公寮、芝兰港、新围、西湖 4 个自然村。2011 年有户籍人口 4 417 人，常住人口 6 000 人。岛上建有船厂、学校、妈祖庙、油库等。海水养殖、捕捞是岛上居民主要经济来源。淡水来自地下水。电来自大陆，通过架设电缆输入，主要用于岛上居民生活照明。2003 年 12 月因建设汕尾电厂，在电厂附近海堤挖开决口一处作为航道。2004 年 6 月在进港航道北面建成一条连岛公路。

大鸟担 (Dàniǎodàn)

北纬 22°44.2′，东经 115°33.4′。位于汕尾市城区施公寮岛西面，距施公寮岛 250 米，距大陆最近点 2.24 千米。因该岛常有海鸟栖息，故名。1984 年登记的《广东省海丰县海域海岛地名卡片》、《广东省海域地名志》（1989）、《广东省海岛、礁、沙洲名录表》（1993）均记为大鸟担。岸线长 41 米，面积 121 平方米。基岩岛。

米缸石 (Mǐgāng Shí)

北纬 22°44.1′，东经 115°36.4′。位于汕尾市城区施公寮岛东面，距施公寮岛 650 米，距大陆最近点 4.88 千米。岛形状似米缸，当地群众称为米缸石。1984 年登记的《广东省海丰县海域海岛地名卡片》、《广东省海域地名志》（1989）、《广东省海岛、礁、沙洲名录表》（1993）均记为米缸石。岸线长 60 米，面积 226 平方米。基岩岛。

双担石 (Shuāngdàn Shí)

北纬 22°44.0′，东经 115°32.0′。位于汕尾市城区，白沙湾东侧海域，距大陆最近点 10 米。该岛由两个礁石连接组成，且突出于水面，故称为双担石。又名双担。1984 年登记的《广东省海丰县海域海岛地名卡片》、《广东省海域地名志》（1989）记为双担。《广东省海岛、礁、沙洲名录表》（1993）称为双担石。基岩岛。面积约 46 平方米。

白岩 (Bái Yán)

北纬 22°44.0′，东经 115°36.2′。位于汕尾市城区施公寮岛东面，距施公寮岛 550 米，距大陆最近点 4.62 千米。常有成群海鸟在此栖息，岩石上布满白色鸟屎，故名。当地群众惯称刺担，含义不详。《中国海洋岛屿简况》（1980）记为 4880。1984 年登记的《广东省海丰县海域海岛地名卡片》、《广东省海域地名志》（1989）、《广东省海岛、礁、沙洲名录表》（1993）、《广东省志·海洋与海岛志》（2000）、《全国海岛名称与代码》（2008）均记为白岩。岸线长 288 米，面积 4 156 平方米，高 12.6 米。西北—东南走向，西北高东南低。基岩岛，由花岗岩构成。表层为黄沙黏土，有杂草。

白岩西岛 (Báiyán Xīdǎo)

北纬 22°44.0′，东经 115°36.2′。位于汕尾市城区施公寮岛东面，东距白岩 30 米，距大陆最近点 4.54 千米。因在白岩西边，第二次全国海域地名普查时命今名。岸线长 184 米，面积 770 平方米。基岩岛。

白岩东岛 (Báiyán Dōngdǎo)

北纬 22°44.0′，东经 115°36.3′。位于汕尾市城区施公寮岛东面，西距白岩 110 米，距大陆最近点 4.79 千米。因在白岩东面，第二次全国海域地名普查时命今名。岸线长 97 米，面积 342 平方米。基岩岛。

白岩南岛 (Báiyán Nándǎo)

北纬 22°43.9′，东经 115°36.3′。位于汕尾市城区施公寮岛东面，北距白岩 20 米，距大陆最近点 4.7 千米。因在白岩南面，第二次全国海域地名普查时命今名。岸线长 58 米，面积 204 平方米。基岩岛。

后江石 (Hòujiāng Shí)

北纬 22°43.9′，东经 115°35.5′。位于汕尾市城区施公寮岛东面，距施公寮岛 230 米，距大陆最近点 3.44 千米。在施公寮乡后江海附近，当地群众称为后江石。《中国海洋岛屿简况》（1980）记为 4883。1984 年登记的《广东省海丰县海域海岛地名卡片》、《广东省海岛、礁、沙洲名录表》（1993）、《广东省志·海洋与海岛志》（2000）、《全国海岛名称与代码》（2008）均记为后江石。岸线长 286 米，面积 2 749 平方米。基岩岛。

堆石 (Duī Shí)

北纬 22°43.7′，东经 115°35.0′。位于汕尾市城区施公寮岛东面，距施公寮岛 220 米，距大陆最近点 2.63 千米。该岛由多个礁石成堆组成，当地群众称为堆石。1984 年登记的《广东省海丰县海域海岛地名卡片》、《广东省海域地名志》（1989）、《广东省海岛、礁、沙洲名录表》（1993）均记为堆石。岸线长 71 米，面积 338 平方米。基岩岛。

堆石南岛 (Duīshí Nándǎo)

北纬 22°43.7′，东经 115°35.0′。位于汕尾市城区施公寮岛东面，北距堆石 40 米，距大陆最近点 2.62 千米。因在堆石南边，第二次全国海域地名普查时命今名。岸线长 175 米，面积 446 平方米。基岩岛。

大担石 (Dàdàn Shí)

北纬 22°43.1′，东经 115°32.9′。位于汕尾市城区施公寮岛西南面，距大陆最近点 160 米。该处有三礁石相邻，此礁较大，故称为大担石。因该岛较之其他岛高大，故又名大担、高担。1984 年登记的《广东省海丰县海域海岛地名卡片》、《广东省海域地名志》（1989）、《广东省海岛、礁、沙洲名录表》（1993）均记为大担石。岸线长 86 米，面积 196 平方米，高 2.7 米。基岩岛。

酒瓶咀 (Jiǔpíngzuǐ)

北纬 22°43.1′，东经 115°32.5′。位于汕尾市城区施公寮岛西南面，距大陆最近点 90 米。该岛礁顶似酒瓶咀，故名。1984 年登记的《广东省海丰县海域海岛地名卡片》、《广东省海域地名志》（1989）、《广东省海岛、礁、沙洲名录表》（1993）均记为酒瓶咀。岸线长 45 米，面积 148 平方米，高 1.1 米。基岩岛。

酒瓶咀仔岛 (Jiǔpíngzuǐzǎi Dǎo)

北纬 22°43.1′，东经 115°32.5′。位于汕尾市城区施公寮岛西南面，距大陆最近点 100 米。该岛在酒瓶咀旁边，面积较小，第二次全国海域地名普查时命今名。面积约 14 平方米。基岩岛。

石鼓门石 (Shígǔmén Shí)

北纬 22°43.0′，东经 115°32.6′。位于汕尾市城区施公寮岛西南面，距大陆最近点 30 米。因距石鼓村较近，并与石鼓村寨门相对，故名。又称石鼓门、牛头沟咀。1984 年登记的《广东省海丰县海域海岛地名卡片》、《广东省海域地名志》（1989）、《广东省海岛、礁、沙洲名录表》（1993）均记为石鼓门石。面积约 4 平方米，高 1.9 米。基岩岛。

扁担头石 (Biǎndàntóu Shí)

北纬 22°43.0′，东经 115°32.8′。位于汕尾市城区，距大陆最近点 120 米。该岛由三堆礁石连接在一起，呈长条形，形似扁担，故名。又名扁担头。1984 年登记的《广东省海丰县海域海岛地名卡片》、《广东省海域地名志》（1989）、《广东省海岛、礁、沙洲名录表》（1993）均记为扁担头石。岸线长 67 米，面积 163 平方米。基岩岛。

扁担头西岛 (Biǎndàntóu Xīdǎo)

北纬 22°43.0′，东经 115°32.8′。位于汕尾市城区施公寮岛西南面，东距扁担头石 10 米，距大陆最近点 150 米。在扁担头西面，第二次全国海域地名普查时命今名。面积约 34 平方米。基岩岛。

扁担头东岛 (Biǎndàntóu Dōngdǎo)

北纬 22°43.0′，东经 115°32.8′。位于汕尾市城区施公寮岛西南面，西距扁担头石 10 米，距大陆最近点 90 米。在扁担头东面，第二次全国海域地名普查时命今名。面积约 33 平方米。基岩岛。

独石仔 (Dúshízǎi)

北纬 22°42.6′，东经 115°21.5′。位于汕尾市城区东涌镇马铃山西侧海域，距大陆最近点 30 米。该岛是周围单独突出于海面的礁石，故称独石。20 世纪 80 年代，因重名，后改为独石仔。1984 年登记的《广东省海丰县海域海岛地名卡片》、《广东省海域地名志》（1989）、《广东省海岛、礁、沙洲名录表》（1993）均记为独石仔。岸线长 81 米，面积 466 平方米。基岩岛。

小金屿 (Xiǎojīn Yǔ)

北纬 22°42.5′，东经 115°37.2′。位于汕尾市城区施公寮岛东南面海域，距施公寮岛 3.63 千米，距大陆最近点 5.6 千米。该岛在金屿东北面，面积比金屿小，当地群众称为小金屿。《中国海洋岛屿简况》（1980）、1984 年登记的《广东省海丰县海域海岛地名卡片》、《广东省海域地名志》（1989）、《广东省海岛、礁、沙洲名录表》（1993）、《广东省志·海洋与海岛志》（2000）、《全国海岛名称与代码》（2008）均记为小金屿。岸线长 662 米，面积 0.017 5 平方千米，高 26.1 米。基岩岛，由花岗岩构成。东高西低，表层为黄沙黏土、石质岸。岛上有草丛和灌木。

金屿 (Jīn Yǔ)

北纬 22°42.4′，东经 115°36.9′。位于汕尾市城区施公寮岛东南面海域，距施公寮岛 3.46 千米，距大陆最近点 4.93 千米。据说清代有大批抗清军需物资埋藏在此岛，当地群众据此称为金屿。《中国海洋岛屿简况》（1980）、1984 年登记的《广东省海丰县海域海岛地名卡片》、《广东省海域地名志》（1989）、《广东省海岛、礁、沙洲名录表》（1993）、《广东省志·海洋与海岛志》（2000）、《全国海岛名称与代码》（2008）均记为金屿。岸线长 3.14 千米，面积 0.161 平方千米，高 36.7 米。东北—西南走向，东北高中间低。基岩岛，由花岗岩构成，表层为黄沙黏土。岛岸曲折，多为石质岸。岛上建有房屋、小码头和庙，岛周有海水养殖场。淡水来自地下水，通过发电供照明。

金屿一岛 (Jīnyǔ Yīdǎo)

北纬 22°42.5′，东经 115°37.0′。位于汕尾市城区施公寮岛东南面海域，距金屿 20 米，距大陆最近点 5.23 千米。金屿周围 5 个海岛由北向南逆时针顺序该岛排第一，第二次全国海域地名普查时命今名。岸线长 156 米，面积 1 331 平方米。基岩岛。

金屿二岛 (Jīnyǔ Èrdǎo)

北纬 22°42.4′，东经 115°36.8′。位于汕尾市城区施公寮岛东南面海域，距金屿 20 米，距大陆最近点 5.07 千米。金屿周围 5 个海岛由北向南逆时针顺序该岛排第二，第二次全国海域地名普查时命今名。岸线长 150 米，面积 1 326 平方米。基岩岛。岛上有草丛。

金屿三岛 (Jīnyǔ Sāndǎo)

北纬 22°42.3′，东经 115°36.7′。位于汕尾市城区施公寮岛东南面海域，距金屿 10 米，距大陆最近点 4.89 千米。金屿周围 5 个海岛由北向南逆时针顺序该岛排第三，第二次全国海域地名普查时命今名。岸线长 193 米，面积 2 357 平方米。基岩岛。

金屿四岛 (Jīnyǔ Sìdǎo)

北纬 22°42.2′，东经 115°36.7′。位于汕尾市城区施公寮岛东南面海域，距金屿 80 米，距大陆最近点 4.86 千米。金屿周围 5 个海岛由北向南逆时针顺序该岛排第四，第二次全国海域地名普查时命今名。岸线长 244 米，面积 2 850 平方米。基岩岛。

金屿五岛 (Jīnyǔ Wǔdǎo)

北纬 22°42.4′，东经 115°37.1′。位于汕尾市城区施公寮岛东南面海域，距金屿 130 米，距大陆最近点 5.56 千米。金屿周围 5 个海岛由北向南逆时针顺序该岛排第五，第二次全国海域地名普查时命今名。面积约 33 平方米。基岩岛。

双石 (Shuāng Shí)

北纬 22°42.0′，东经 115°27.1′。位于汕尾市城区捷胜镇南面海域，距大陆最近点 120 米。该岛在双湖村南面，由两个相对而立岩石组成，故名。1984 年登记的《广东省海丰县海域海岛地名卡片》、《广东省海域地名志》（1989）、《广东省海岛、礁、沙洲名录表》（1993）均记为双石。岸线长 116 米，面积 318 平方米，高约 4 米。基岩岛，由花岗岩石组成。

七粒石 (Qīlì Shí)

北纬 22°41.8′，东经 115°28.2′。位于汕尾市城区捷胜镇沙角尾村南面海域，距大陆最近点 440 米。该岛由七块岩石组成，当地群众称为七粒石。1984 年登记的《广东省海丰县海域海岛地名卡片》、《广东省海域地名志》（1989）、《广东省海岛、礁、沙洲名录表》（1993）均记为七粒石。岸线长 40 米，面积 109

平方米。基岩岛。

石堆岛 (Shíduī Dǎo)

北纬 22°41.8′，东经 115°28.6′。位于汕尾市城区捷胜镇沙角尾村南面海域，距大陆最近点 30 米。《广东省海岛、礁、沙洲名录表》（1993）记为 H1。《全国海岛名称与代码》（2008）记为 SWE1。因由很多大石头堆积而成，第二次全国海域地名普查时更为今名。岸线长 235 米，面积 699 平方米。基岩岛。

头滩 (Tóu Tān)

北纬 22°41.6′，东经 115°34.0′。位于汕尾市城区遮浪街道东侧海域，距大陆最近点 890 米。与其他二礁排列于海中，成一直线，该岛排在前头，故称头滩。又名一礁、头滩岛。《中国海洋岛屿简况》（1980）记为一礁。1984 年登记的《广东省海丰县海域海岛地名卡片》、《广东省海域地名志》（1989）、《广东省海岛、礁、沙洲名录表》（1993）、《广东省志·海洋与海岛志》（2000）称为头滩。《全国海岛名称与代码》（2008）均记为头滩岛。岸线长 274 米，面积 3 725 平方米，高 3.7 米。基岩岛。

二滩 (Èr Tān)

北纬 22°41.4′，东经 115°33.9′。位于汕尾市城区遮浪街道东侧海域，距大陆最近点 710 米。该岛在头滩后面，排行第二位，故名。1984 年登记的《广东省海丰县海域海岛地名卡片》、《广东省海域地名志》（1989）、《广东省海岛、礁、沙洲名录表》（1993）均记为二滩。岸线长 102 米，面积 411 平方米，高 5.2 米。基岩岛。

三滩 (Sān Tān)

北纬 22°41.3′，东经 115°33.9′。位于汕尾市城区遮浪街道东侧海域，距大陆最近点 510 米。此处从北到南有三礁，故称三滩。1984 年登记的《广东省海丰县海域海岛地名卡片》、《广东省海域地名志》（1989）、《广东省海岛、礁、沙洲名录表》（1993）均记为三滩。岸线长 74 米，面积 351 平方米，高 4.4 米。基岩岛。

三滩仔岛 (Sāntānzǎi Dǎo)

北纬 22°41.3′，东经 115°33.9′。位于汕尾市城区遮浪街道东侧海域，距大陆最近点 550 米。该岛在三滩旁边，且面积较小，第二次全国海域地名普查时命今名。岸线长 72 米，面积 394 平方米。基岩岛。

火烧石 (Huǒshāo Shí)

北纬 22°41.5′，东经 115°28.9′。位于汕尾市城区烟墩山南面海域，距大陆最近点 280 米。该岛呈赤红色，像被火烧一样，当地群众称为火烧石。1984 年登记的《广东省海丰县海域海岛地名卡片》、《广东省海域地名志》（1989）、《广东省海岛、礁、沙洲名录表》（1993）均记为火烧石。岸线长 37 米，面积 102 平方米。基岩岛。

老爷担 (Lǎoyedàn)

北纬 22°41.4′，东经 115°28.1′。位于汕尾市城区烟墩山南面海域，距大陆最近点 1.15 千米。传说从前，有一位天神老爷骑马跌倒在此，故当地人称为老爷担。1984 年登记的《广东省海丰县海域海岛地名卡片》、《广东省海域地名志》（1989）、《广东省海岛、礁、沙洲名录表》（1993）均记为老爷担。岸线长 62 米，面积 287 平方米，高 3.2 米。基岩岛。

岩石岛 (Yánshí Dǎo)

北纬 22°41.4′，东经 115°33.9′。位于汕尾市城区遮浪街道东侧海域，距大陆最近点 570 米。该岛由两块很干净岩石组成，第二次全国海域地名普查时命今名。岸线长 80 米，面积 441 平方米。基岩岛。

高担 (Gāodàn)

北纬 22°41.3′，东经 115°29.1′。位于汕尾市城区烟墩山南面海域，距大陆最近点 330 米。该岛在三角尾村东南面，露出水面较高，当地群众称为高担。1984 年登记的《广东省海丰县海域海岛地名卡片》、《广东省海岛、礁、沙洲名录表》（1993）、《广东省志·海洋与海岛志》（2000）、《全国海岛名称与代码》（2008）均记为高担。岸线长 57 米，面积 230 平方米。基岩岛。由花岗岩组成。

高担内岛 (Gāodàn Nèidǎo)

北纬 22°41.3′，东经 115°29.1′。位于汕尾市城区烟墩山南面海域，距高担 20 米，距大陆最近点 310 米。因离高担较近，第二次全国海域地名普查时命今名。岸线长 97 米，面积 431 平方米。基岩岛。

高担东岛 (Gāodàn Dōngdǎo)

北纬 22°41.3′，东经 115°29.2′。位于汕尾市城区烟墩山南面海域，距高担 180 米，距大陆最近点 180 米。《广东省海岛、礁、沙洲名录表》（1993）记为 H16。因在高担东边，第二次全国海域地名普查时更为今名。岸线长 153 米，面积 819 平方米。基岩岛。

尖头岛 (Jiāntóu Dǎo)

北纬 22°41.3′，东经 115°33.9′。位于汕尾市城区遮浪街道东侧海域，头滩西南面，距大陆最近点 480 米。因岛顶尖，第二次全国海域地名普查时命今名。岸线长 94 米，面积 553 平方米。基岩岛。

双担 (Shuāngdàn)

北纬 22°41.2′，东经 115°28.3′。位于汕尾市城区烟墩山南面海域，距大陆最近点 1.28 千米。该岛在三角尾村南面，由两块岩石连接组成，故名。1984 年登记的《广东省海丰县海域海岛地名卡片》、《广东省海域地名志》（1989）、《广东省海岛、礁、沙洲名录表》（1993）均记为双担。岸线长 110 米，面积 345 平方米。基岩岛，由花岗岩组成。

海边石 (Hǎibiān Shí)

北纬 22°41.2′，东经 115°29.7′。位于汕尾市城区烟墩山南面海域，距大陆最近点 70 米。因该岛靠近海岸，故名。1984 年登记的《广东省海丰县海域海岛地名卡片》、《广东省海域地名志》（1989）、《广东省海岛、礁、沙洲名录表》（1993）均记为海边石。面积约 30 平方米。基岩岛。

孪生兄岛 (Luánshēngxiōng Dǎo)

北纬 22°41.1′，东经 115°33.5′。位于汕尾市城区遮浪街道东侧海域，距大陆最近点 20 米。与孪生弟岛形状相似，且面积较大，第二次全国海域地名普查时命今名。面积约 79 平方米。基岩岛。

孪生弟岛 (Luánshēngdì Dǎo)

北纬 22°41.2′，东经 115°33.5′。位于汕尾市城区遮浪街道东侧海域，距大陆最近点 30 米。与孪生兄岛形状相似，且面积较小，第二次全国海域地名普查时命今名。面积约 14 平方米。基岩岛。

孪生仔岛 (Luánshēngzǎi Dǎo)

北纬 22°41.1′，东经 115°33.6′。位于汕尾市城区遮浪街道东侧海域，距大陆最近点 40 米。该岛在孪生兄弟岛旁边，第二次全国海域地名普查时命今名。岸线长 49 米，面积 182 平方米。基岩岛。

牛挨 (Niú'āi)

北纬 22°41.1′，东经 115°27.1′。位于汕尾市城区捷胜镇南面海域，距大陆最近点 1.71 千米。牛挨是当地群众惯称。《广东省海域地名志》（1989）、《广东省海岛、礁、沙洲名录表》（1993）均记为牛挨。岸线长 92 米，面积 460 平方米。基岩岛。

田寮湾岛 (Tiánliáowān Dǎo)

北纬 22°41.1′，东经 115°33.6′。位于汕尾市城区遮浪街道田寮村东侧海域，距大陆最近点 40 米。该岛在田寮村东部近海港湾中，第二次全国海域地名普查时命今名。面积约 64 平方米。基岩岛。

田寮湾南岛 (Tiánliáowān Nándǎo)

北纬 22°41.1′，东经 115°33.6′。位于汕尾市城区遮浪街道田寮村东侧海域，距田寮湾岛 110 米，距大陆最近点 10 米。因在田寮湾岛南面，第二次全国海域地名普查时命今名。岸线长 72 米，面积 300 平方米。基岩岛。

卵石 (Luǎn Shí)

北纬 22°41.1′，东经 115°33.8′。位于汕尾市城区遮浪街道东侧海域，在田寮村东北面，三滩西南面，距大陆最近点 50 米。该岛呈椭圆形，面积较小，故名。1984 年登记的《广东省海丰县海域海岛地名卡片》、《广东省海域地名志》（1989）、《广东省海岛、礁、沙洲名录表》（1993）均记为卵石。岸线长 108 米，面积 415 平方米。基岩岛，由花岗岩石组成。

田寮岛 (Tiánliáo Dǎo)

北纬 22°41.0′，东经 115°33.8′。位于汕尾市城区遮浪街道田寮村东侧海域，距大陆最近点 100 米。该岛是田寮村东部海域面积较大的海岛，故名。《广东省海岛、礁、沙洲名录表》（1993）记为 J30。岸线长 87 米，面积 470 平方米。基岩岛。

田寮仔岛 (Tiánliáozǎi Dǎo)

北纬 22°41.0′，东经 115°33.9′。位于汕尾市城区，距大陆最近点 60 米。在田寮村东部近海中，该岛面积较小，第二次全国海域地名普查时命今名。岸线长 79 米，面积 455 平方米。基岩岛。

海猪仔 (Hǎizhūzǎi)

北纬 22°41.0′，东经 115°34.3′。位于汕尾市城区遮浪街道东侧海域，汕尾市遮浪角东人工鱼礁海洋生态自然保护区内，冬瓜屿北 80 米处，距大陆最近点 620 米。该岛面积较小，形状似海猪仔（方言称海豚为海猪），故名。1984 年登记的《广东省海丰县海域海岛地名卡片》、《广东省海域地名志》（1989）、《广东省海岛、礁、沙洲名录表》（1993）均记为海猪仔。面积约 27 平方米。基岩岛。

北畔屿 (Běipàn Yǔ)

北纬 22°41.0′，东经 115°34.3′。位于汕尾市城区遮浪街道东侧海域，汕尾市遮浪角东人工鱼礁海洋生态自然保护区内，冬瓜屿北 60 米处，距大陆最近点 560 米。该岛在冬瓜屿北畔，故名。1984 年登记的《广东省海丰县海域海岛地名卡片》、《广东省海域地名志》（1989）、《广东省海岛、礁、沙洲名录表》（1993）均记为北畔屿。面积约 42 平方米，高约 1 米。基岩岛。

扁担头 (Biǎndan Tóu)

北纬 22°41.0′，东经 115°28.4′。位于汕尾市城区烟墩山南面海域，距大陆最近点 1.53 千米。该岛呈长方形，形状似扁担，故名。亦称扁担头岛。因这里风浪很大，常掀起白浪滔天，又名白浪头。《中国海洋岛屿简况》（1980）、

1984 年登记的《广东省海丰县海域海岛地名卡片》、《广东省海域地名志》
（1989）、《广东省海岛、礁、沙洲名录表》（1993）、《广东省志·海洋与海岛志》
（2000）均记为扁担头。《全国海岛名称与代码》（2008）记为扁担头岛。岸
线长 285 米，面积 2 933 平方米，高 2.2 米。基岩岛。

冬瓜屿 (Dōngguā Yǔ)

北纬 22°40.9′，东经 115°34.3′。位于汕尾市城区遮浪街道东侧海域，汕
尾市遮浪角东人工鱼礁海洋生态自然保护区内，犁壁东北面，距大陆最近点
440 米。岛呈圆形，像一个大冬瓜，故名。《中国海洋岛屿简况》（1980）、
1984 年登记的《广东省海丰县海域海岛地名卡片》、《广东省海域地名志》
（1989）、《广东省海岛、礁、沙洲名录表》（1993）、《广东省志·海洋与
海岛志》（2000）、《全国海岛名称与代码》（2008）均记为冬瓜屿。岸线长
486 米，面积 0.014 2 平方千米，高 18.9 米。基岩岛。岛上有草丛和灌木。建
有一旧房屋。

犁壁 (Líbì)

北纬 22°40.8′，东经 115°34.3′。位于汕尾市城区遮浪街道东侧海域，冬瓜
屿西南面，距冬瓜屿 120 米，距大陆最近点 230 米。该岛地势南高西北低，像
一块犁壁（农具"犁"的一个部位），当地群众称为犁壁。又名犁壁岛。《中
国海洋岛屿简况》（1980）记为4888。1984 年登记的《广东省海丰县海域海岛
地名卡片》、《广东省海域地名志》（1989）、《广东省海岛、礁、沙洲名录表》
（1993）、《广东省志·海洋与海岛志》（2000）称为犁壁。《全国海岛名称
与代码》（2008）记为犁壁岛。岸线长 425 米，面积 5 549 平方米，高 9.9 米。
基岩岛，由花岗岩构成。南北走向，顶部岩石裸露。

犁壁北岛 (Líbì Běidǎo)

北纬 22°40.8′，东经 115°34.3′。位于汕尾市城区遮浪街道东侧海域，南距
犁壁 10 米，距大陆最近点 270 米。因在犁壁北边，第二次全国海域地名普查时
命今名。岸线长 113 米，面积 863 平方米。基岩岛。

犁壁外岛 (Líbì Wàidǎo)

北纬 22°40.9′，东经 115°34.3′。位于汕尾市城区遮浪街道东侧海域，南距犁壁 410 米，距大陆最近点 340 米。在犁壁周围，且距犁壁较远，第二次全国海域地名普查时命今名。岸线长 113 米，面积 515 平方米。基岩岛。

内乌滩 (Nèiwū Tān)

北纬 22°40.8′，东经 115°34.5′。位于汕尾市城区遮浪街道东侧海域，冬瓜屿东南面，汕尾市遮浪角东人工鱼礁海洋生态自然保护区内，距冬瓜屿 230 米，距大陆最近点 270 米。该岛岩石色黑，位于后江湾角处，有打石沃山作屏障，挡住了大风浪，距陆近者为内，故名。又名内乌滩岛。《中国海洋岛屿简况》（1980）记为 4889。1984 年登记的《广东省海丰县海域海岛地名卡片》、《广东省海域地名志》（1989）、《广东省海岛、礁、沙洲名录表》（1993）、《广东省志·海洋与海岛志》（2000）均记为内乌滩。《全国海岛名称与代码》（2008）记为内乌滩岛。岸线长 624 米，面积 9 182 平方米，高 7.6 米。基岩岛。

七点金 (Qīdiǎnjīn)

北纬 22°40.8′，东经 115°30.3′。位于汕尾市城区田墘街道湖尾山西侧海域，东距小破浪 380 米，距大陆最近点 850 米。该岛由七个明显的明礁、干出礁组成，因礁盘受海浪冲击，礁石上含磷物质时而放射出闪闪金光，故名。又名金仔。1984 年登记的《广东省海丰县海域海岛地名卡片》、《广东省海域地名志》（1989 年）、《广东省海岛、礁、沙洲名录表》（1993）均记为七点金。面积约 38 平方米。基岩岛。

四石柱岛 (Sìshízhù Dǎo)

北纬 22°40.8′，东经 115°34.2′。位于汕尾市城区遮浪街道四石柱村东侧海域，距大陆最近点 80 米。《广东省海岛、礁、沙洲名录表》（1993）记为 J33。因该岛是四石柱村东部近海较大海岛，第二次全国海域地名普查时更为今名。岸线长 70 米，面积 345 平方米。基岩岛。

四石柱一岛 (Sìshízhù Yīdǎo)

北纬 22°40.9′，东经 115°33.9′。位于汕尾市城区遮浪街道四石柱村东侧海域，距大陆最近点 60 米。四石柱岛周围有 8 个海岛，按自北向南逆时针顺序该岛排第一，第二次全国海域地名普查时命今名。岸线长 214 米，面积 936 平方米。基岩岛。

四石柱二岛 （Sìshízhù Èrdǎo）

北纬 22°40.9′，东经 115°33.9′。位于汕尾市城区遮浪街道四石柱村东侧海域，距大陆最近点 80 米。四石柱岛周围 8 个海岛，自北向南逆时针顺序该岛排第二，第二次全国海域地名普查时命今名。岸线长 43 米，面积 131 平方米。基岩岛。

四石柱三岛 （Sìshízhù Sāndǎo）

北纬 22°40.9′，东经 115°33.9′。位于汕尾市城区遮浪街道四石柱村东侧海域，距大陆最近点 40 米。四石柱岛周围 8 个海岛，自北向南逆时针顺序该岛排第三，第二次全国海域地名普查时命今名。岸线长 83 米，面积 229 平方米。基岩岛。

四石柱四岛 （Sìshízhù Sìdǎo）

北纬 22°40.9′，东经 115°34.0′。位于汕尾市城区遮浪街道四石柱村东侧海域，距大陆最近点 90 米。《广东省海岛、礁、沙洲名录表》（1993）记为 J32。四石柱岛周围 8 个海岛，自北向南逆时针顺序该岛排第四，第二次全国海域地名普查时更为今名。岸线长 61 米，面积 220 平方米，高 2.6 米。基岩岛。

四石柱五岛 （Sìshízhù Wǔdǎo）

北纬 22°40.8′，东经 115°34.1′。位于汕尾市城区遮浪街道四石柱村东侧海域，距大陆最近点 90 米。四石柱岛周围 8 个海岛，自北向南逆时针顺序该岛排第五，第二次全国海域地名普查时命今名。岸线长 68 米，面积 166 平方米。基岩岛。

四石柱六岛 （Sìshízhù Liùdǎo）

北纬 22°40.8′，东经 115°34.1′。位于汕尾市城区遮浪街道四石柱村东侧海域，距大陆最近点 40 米。四石柱岛周围 8 个海岛，自北向南逆时针顺序该岛排第六，第二次全国海域地名普查时命今名。面积约 18 平方米。基岩岛。

四石柱七岛 (Sìshízhù Qīdǎo)

北纬 22°40.7′，东经 115°34.1′。位于汕尾市城区遮浪街道四石柱村东侧海域，距大陆最近点 20 米。四石柱岛周围 8 个海岛，自北向南逆时针顺序该岛排第七，第二次全国海域地名普查时命今名。岸线长 48 米，面积 162 平方米。基岩岛。

四石柱八岛 (Sìshízhù Bādǎo)

北纬 22°40.7′，东经 115°34.2′。位于汕尾市城区遮浪街道四石柱村东侧海域，距大陆最近点 60 米。四石柱岛周围 8 个海岛，自北向南逆时针顺序该岛排第八，第二次全国海域地名普查时命今名。岸线长 72 米，面积 189 平方米。基岩岛。

大破浪 (Dàpòlàng)

北纬 22°40.7′，东经 115°30.7′。位于汕尾市城区田墘街道湖尾山西侧海域，距大陆最近点 560 米。该处有二岛相邻，面积较大的称为大破浪。又名大破浪岛。1984 年登记的《广东省海丰县海域海岛地名卡片》、《广东省海域地名志》（1989）、《广东省海岛、礁、沙洲名录表》（1993）、《广东省志·海洋与海岛志》（2000）均记为大破浪。《全国海岛名称与代码》（2008）记为大破浪岛。岸线长 227 米，面积 2 089 平方米，高 4.6 米。基岩岛。

小破浪 (Xiǎopòlàng)

北纬 22°40.8′，东经 115°30.5′。位于汕尾市城区田墘街道湖尾山西侧海域，距大陆最近点 640 米。该处有二岛相邻，面积较小的称小破浪。又名小破浪岛。《中国海洋岛屿简况》（1980）记为 4903。1984 年登记的《广东省海丰县海域海岛地名卡片》、《广东省海域地名志》（1989）、《广东省海岛、礁、沙洲名录表》（1993）、《广东省志·海洋与海岛志》（2000）均记为小破浪。《全国海岛名称与代码》（2008）记为小破浪岛。岸线长 244 米，面积 1 746 平方米，高 2.3 米。基岩岛。

龟背石岛 (Guībèishí Dǎo)

北纬 22°40.7′，东经 115°34.2′。位于汕尾市城区遮浪街道东侧海域，距大陆最近点 60 米。该岛背面很像乌龟的背部,第二次全国海域地名普查时命今名。岸线长 106 米,面积 303 平方米。基岩岛。

散石岛 (Sǎnshí Dǎo)

北纬 22°40.6′,东经 115°34.3′。位于汕尾市城区遮浪街道东侧海域,距大陆最近点 50 米。该岛由散乱的石头堆积而成,第二次全国海域地名普查时命今名。岸线长 118 米,面积 278 平方米。基岩岛。

散石北岛 (Sǎnshí Běidǎo)

北纬 22°40.7′,东经 115°34.3′。位于汕尾市城区遮浪街道东侧海域,距大陆最近点 130 米。《广东省海岛、礁、沙洲名录表》(1993)记为 J35。因地处散石岛北面,第二次全国海域地名普查时更为今名。面积约 63 平方米。基岩岛。

四石柱湾岛 (Sìshízhùwān Dǎo)

北纬 22°40.6′,东经 115°34.3′。位于汕尾市城区遮浪街道四石柱村东侧海域,距大陆最近点 30 米。因在四石柱村附近海湾中,第二次全国海域地名普查时命今名。岸线长 67 米,面积 104 平方米。基岩岛。

囊盖 (Nánggài)

北纬 22°40.5′,东经 115°31.2′。位于汕尾市城区田墘街道湖尾山西侧海域,距大陆最近点 70 米。该岛形似戏班的戏囊盖(箱子盖),故名。1984 年登记的《广东省海丰县海域海岛地名卡片》、《广东省海域地名志》(1989)、《广东省海岛、礁、沙洲名录表》(1993)均记为囊盖。岸线长 48 米,面积 136 平方米,高 2.1 米。基岩岛。

湖尾湾岛 (Húwěiwān Dǎo)

北纬 22°40.4′,东经 115°31.5′。位于汕尾市城区田墘街道湖尾村南部海域,距大陆最近点 40 米。该岛在湖尾村南部海湾中,且面积较大,第二次全国海域地名普查时命今名。岸线长 67 米,面积 285 平方米。基岩岛。

湖尾湾东岛 (Húwěiwān Dōngdǎo)

北纬 22°40.4′,东经 115°31.6′。位于汕尾市城区田墘街道湖尾村南部海域,距大陆最近点 40 米。《广东省海岛、礁、沙洲名录表》(1993)记为 H11。因在湖尾湾岛东边，第二次全国海域地名普查时更为今名。面积约 75 平方米，高约 1.3 米。基岩岛。

湖尾湾南岛 (Húwěiwān Nándǎo)

北纬 22°40.4′，东经 115°31.6′。位于汕尾市城区田墘街道湖尾村南部海域，距大陆最近点 80 米。《广东省海岛、礁、沙洲名录表》（1993）记为 H12。在湖尾湾岛南边，第二次全国海域地名普查时更为今名。岸线长 154 米，面积 607 平方米。基岩岛。

高洲石 (Gāozhōu Shí)

北纬 22°40.4′，东经 115°30.2′。位于汕尾市城区田墘街道湖尾山西侧海域，距大陆最近点 1.39 千米。因该岛比周围礁石较高较大，当地群众称为高洲石。又称高担。《中国海洋岛屿简况》（1980）、1984 年登记的《广东省海丰县海域海岛地名卡片》、《广东省海域地名志》（1989）、《广东省海岛、礁、沙洲名录表》（1993）、《广东省志·海洋与海岛志》（2000）、《全国海岛名称与代码》（2008）均记为高洲石。岸线长 315 米，面积 2 582 平方米，高 7.2 米。基岩岛。

高洲石东岛 (Gāozhōushí Dōngdǎo)

北纬 22°40.4′，东经 115°30.3′。位于汕尾市城区田墘街道湖尾山西侧海域，西距高洲石 10 米，距大陆最近点 1.43 千米。因在高洲石东边，第二次全国海域地名普查时命今名。岸线长 127 米，面积 889 平方米。基岩岛。

九合礁 (Jiǔhé Jiāo)

北纬 22°40.2′，东经 115°32.4′。位于汕尾市城区遮浪街道西侧海域，距大陆最近点 40 米。该岛在五家曾前面，与陆地九合处相邻，故名。1984 年登记的《广东省海丰县海域海岛地名卡片》、《广东省海域地名志》（1989）、《广东省海岛、礁、沙洲名录表》（1993）均记为九合礁。岸线长 52 米，面积 202 平方米，高约 2 米。基岩岛。

东头屿 (Dōngtóu Yǔ)

北纬 22°40.2′，东经 115°31.8′。位于汕尾市城区湖尾山南面海域，距大陆最近点 90 米。在湖尾山东南面，且近大陆，故名。当地群众惯称东湾洲，含义不详。《中国海洋岛屿简况》（1980）记为东湾洲。1984 年登记的《广东省海丰县海域海岛地名卡片》、《广东省海域地名志》（1989）、《广东省海岛、礁、沙洲名录表》（1993）、《广东省志·海洋与海岛志》（2000）、《全国海岛名称与代码》（2008）均记为东头屿。岸线长 326 米，面积 5 852 平方米，高 6.1 米。基岩岛。

大泵 (Dàbèng)

北纬 22°40.2′，东经 115°34.5′。位于汕尾市城区遮浪街道东侧海域，汕尾市遮浪角东人工鱼礁海洋生态自然保护区内，距大陆最近点 40 米。该岛形似大泵，故名。1984 年登记的《广东省海丰县海域海岛地名卡片》、《广东省海域地名志》（1989）、《广东省海岛、礁、沙洲名录表》（1993）均记为大泵。面积约 13 平方米。基岩岛。

乌滩 (Wū Tān)

北纬 22°40.1′，东经 115°34.5′。位于汕尾市城区遮浪街道东侧海域，汕尾市遮浪角东人工鱼礁海洋生态自然保护区内，距大陆最近点 110 米。岛上岩石色黑，故名。又名乌滩岛。1984 年登记的《广东省海丰县海域海岛地名卡片》、《广东省海域地名志》（1989）、《广东省海岛、礁、沙洲名录表》（1993）、《广东省志·海洋与海岛志》（2000）均记为乌滩。《全国海岛名称与代码》（2008）记为乌滩岛。岸线长 177 米，面积 2 202 平方米，高 3.8 米。基岩岛。

捞投屿 (Lāotóu Yǔ)

北纬 22°40.1′，东经 115°26.0′。位于汕尾市城区遮浪角西北，红海湾东南角，龟龄岛北面，距龟龄岛 860 米，距大陆最近点 2.46 千米。该岛历来捞投（一种植物，学名露兜簕）丛生，故名。当地群众惯称癞屿，含义不详。《中国海洋岛屿简况》（1980）记为癞屿。1984 年登记的《广东省海丰县海域海岛地名卡片》、《广东省海域地名志》（1989）、《广东省海岛、礁、沙洲名录表》（1993）、《广东省志·海洋与海岛志》（2000）、《全国海岛名称与代码》（2008）均记为捞投屿。岸线长 447 米，面积 7 672 平方米，高 12.4 米。基岩岛，由花岗岩构成。

南高北低，表层为黄沙黏土。

三目屿 (Sānmù Yǔ)

北纬 22°40.1′，东经 115°29.5′。位于汕尾市城区遮浪角西北，红海湾东南角，距大陆最近点 2.01 千米。因该处有三块突出岩石，形状似三只眼睛，故名。又名三目礁、三目石。《中国海洋岛屿简况》（1980）记为三目礁。1984 年登记的《广东省海丰县海域海岛地名卡片》、《广东省海域地名志》（1989）、《广东省海岛、礁、沙洲名录表》（1993）、《广东省志·海洋与海岛志》（2000）、《全国海岛名称与代码》（2008）均记为三目屿。基岩岛。岸线长 170 米，面积 631 平方米。

鹰屿 (Yīng Yǔ)

北纬 22°40.1′，东经 115°25.9′。位于汕尾市城区遮浪角西北，红海湾东南角，龟龄岛北面，距龟龄岛 750 米，距大陆最近点 2.43 千米。因该岛常年有成群海鹰栖息，故称鹰屿。鹰与英同音，又名英屿。《中国海洋岛屿简况》（1980）记为英屿。1984 年登记的《广东省海丰县海域海岛地名卡片》、《广东省海域地名志》（1989）、《广东省海岛、礁、沙洲名录表》（1993）、《广东省志·海洋与海岛志》（2000）、《全国海岛名称与代码》（2008）均记为鹰屿。岸线长 409 米，面积 7 428 平方米，高 17.8 米。基岩岛，由花岗岩构成。北高南低，顶部怪石嶙峋。岛上有草丛和灌木。

赤腊 (Chìlà)

北纬 22°40.1′，东经 115°25.4′。位于汕尾市城区遮浪角西北，红海湾东南角，龟龄岛北面，距龟龄岛 790 米，距大陆最近点 2.28 千米。因该岛周围水深浪大，常年在海浪冲击下礁石呈赤色，故当地群众称为赤腊。又名赤屿、赤腊岛。《中国海洋岛屿简况》（1980）记为赤屿。1984 年登记的《广东省海丰县海域海岛地名卡片》、《广东省海域地名志》（1989）、《广东省海岛、礁、沙洲名录表》（1993）、《广东省志·海洋与海岛志》（2000）均记为赤腊。《全国海岛名称与代码》（2008）记为赤腊岛。岸线长 301 米，面积 5 685 平方米，高 9.1 米。基岩岛。表层有少量沙土，沿岸有岩石滩。岛上有草丛和灌木。

狮子头岛 （Shīzitóu Dǎo）

北纬 22°40.1′，东经 115°31.9′。位于汕尾市城区狮子头南面海域，距大陆最近点 130 米。因位于狮子头岬角附近，第二次全国海域地名普查时命今名。岸线长 137 米，面积 720 平方米。基岩岛。

小鸟担 （Xiǎoniǎodàn）

北纬 22°40.0′，东经 115°32.2′。位于汕尾市城区狮子头南面海域，五家庄西南面，弯船路东北，距大陆最近点 140 米。原名鸟屎担。因海鸟常在此栖息，礁石上布满鸟粪，故名。因名称不雅，改为小鸟担。1984 年登记的《广东省海丰县海域海岛地名卡片》、《广东省海域地名志》（1989）、《广东省海岛、礁、沙洲名录表》（1993）均记为小鸟担。岸线长 66 米，面积 286 平方米，高约 2 米。基岩岛，由花岗岩组成。岩石边缘有海藻类等。周围海域水深 5～7 米。

妈印 （Māyìn）

北纬 22°39.9′，东经 115°33.4′。位于汕尾市城区遮浪街道西侧海域，距大陆最近点 210 米。该岛在合港村妈祖庙前，形状似印仔，传说是妈祖的印信，故名。又名妈印岛。《中国海洋岛屿简况》（1980）、1984 年登记的《广东省海丰县海域海岛地名卡片》、《广东省海域地名志》（1989）、《广东省海岛、礁、沙洲名录表》（1993）、《广东省志·海洋与海岛志》（2000）均记为妈印。《全国海岛名称与代码》（2008）记为妈印岛。岸线长 151 米，面积 667 平方米，高 7.7 米。基岩岛。岛上建有为渔船提供加水服务的泵房。淡水来自陆地，无电。

牛皮洲 （Niúpí Zhōu）

北纬 22°39.9′，东经 115°25.5′。位于汕尾市城区遮浪角西北，红海湾东南角，龟龄岛北面，距龟龄岛 380 米，距大陆最近点 2.61 千米。又名牛皮。该岛岩石面较为光滑，状似牛皮，故名。《中国海洋岛屿简况》（1980）记为牛皮。1984 年登记的《广东省海丰县海域海岛地名卡片》、《广东省海域地名志》（1989）、《广东省海岛、礁、沙洲名录表》（1993）、《广东省志·海洋与海岛志》（2000）、《全国海岛名称与代码》（2008）等称为牛皮洲。岸线长 592 米，面积 9 304 平方米，高 10.2 米。东北—西南走向，北高南低。基岩岛，由花岗岩构成，表层为黄沙黏土。岛上有草丛和灌木。

牛皮洲西岛 (Niúpízhōu Xīdǎo)

北纬22°39.8′，东经115°25.5′。位于汕尾市城区遮浪角西北，红海湾东南角，牛皮洲西面20米，距大陆最近点2.76千米。因地处牛皮洲西面，第二次全国海域地名普查时命今名。岸线长53米，面积201平方米。基岩岛。

牛皮洲东岛 (Niúpízhōu Dōngdǎo)

北纬22°39.9′，东经115°25.7′。位于汕尾市城区遮浪角西北，红海湾东南角，牛皮洲东面180米，距大陆最近点2.65千米。《广东省海岛、礁、沙洲名录表》（1993）记为H29。因地处牛皮洲东面，第二次全国海域地名普查时更为今名。岸线长50米，面积188平方米，高5.2米。基岩岛。

牛皮洲南岛 (Niúpízhōu Nándǎo)

北纬22°39.9′，东经115°25.6′。位于汕尾市城区遮浪角西北，红海湾东南角，牛皮洲南面20米，距大陆最近点2.76千米。因在牛皮洲南面，第二次全国海域地名普查时命今名。岸线长64米，面积282平方米。基岩岛。

弯船路 (Wānchuánlù)

北纬22°39.9′，东经115°32.1′。位于汕尾市城区狮子头南面海域，距大陆最近点400米。该岛四周分布明礁、干出礁，各礁石都有间隙，成为窄小弯曲的船道，小渔船可以出入，故当地群众取名弯船路。又名帆船路、弯船路岛。《中国海洋岛屿简况》（1980）记为帆船路。1984年登记的《广东省海丰县海域海岛地名卡片》、《广东省海域地名志》（1989）、《广东省海岛、礁、沙洲名录表》（1993）、《广东省志·海洋与海岛志》（2000）均记为弯船路。《全国海岛名称与代码》（2008）记为弯船路岛。基岩岛。岸线长149米，面积1 642平方米，高5.1米。

弯船路内岛 (Wānchuánlù Nèidǎo)

北纬22°39.9′，东经115°32.0′。位于汕尾市城区狮子头南面海域，距弯船路10米，距大陆最近点340米。弯船路附近有两个海岛，该岛位置偏近，第二次全国海域地名普查时命今名。基岩岛。岸线长210米，面积2 958平方米。

弯船路外岛 (Wānchuánlù Wàidǎo)

北纬 22°39.9′，东经 115°32.0′。位于汕尾市城区狮子头南面海域，距弯船路 120 米，距大陆最近点 310 米。《广东省海岛、礁、沙洲名录表》（1993）记为 H8。弯船路附近有两个海岛，该岛位置偏远，第二次全国海域地名普查时更为今名。基岩岛。岸线长 132 米，面积 644 平方米。

刐狗 (Zhōnggǒu)

北纬 22°39.8′，东经 115°33.5′。位于汕尾市城区遮浪街道西侧海域，距大陆最近点 180 米。该岛靠近陆地，附近村民常在此处刐狗（刐，方言，意为屠宰），故名。又名刐狗岛。《中国海洋岛屿简况》（1980）记为 4896。1984 年登记的《广东省海丰县海域海岛地名卡片》、《广东省海域地名志》（1989）、《广东省海岛、礁、沙洲名录表》（1993）、《广东省志·海洋与海岛志》（2000）均记为刐狗。《全国海岛名称与代码》（2008）记为刐狗岛。岸线长 114 米，面积 647 平方米。基岩岛。岛上建有房屋和堤坝。

刐狗西岛 (Zhōnggǒu Xīdǎo)

北纬 22°39.8′，东经 115°33.5′。位于汕尾市城区遮浪街道西侧海域，距刐狗 10 米，距大陆最近点 210 米。《广东省海岛、礁、沙洲名录表》（1993）记为 H7。因在刐狗西边，第二次全国海域地名普查时更为今名。岸线长 102 米，面积 284 平方米。基岩岛。

三脚虎 (Sānjiǎohǔ)

北纬 22°39.7′，东经 115°33.7′。位于汕尾市城区遮浪角西侧海域，距大陆最近点 80 米。该岛由多个岩石组成，远望像一只三脚虎，当地群众称为三脚虎。1984 年登记的《广东省海丰县海域海岛地名卡片》、《广东省海域地名志》（1989）、《广东省海岛、礁、沙洲名录表》（1993）均记为三脚虎。岸线长 167 米，面积 489 平方米，高 2.2 米。基岩岛。

青鸟尾 (Qīngniǎowěi)

北纬 22°39.7′，东经 115°33.4′。位于汕尾市城区遮浪街道西侧海域，距大陆最近点 200 米。该岛形似一只小鸟，尾端生有青青杂草，似鸟的尾巴，故当地称为青鸟尾。又名青鸟、青鸟尾岛。《中国海洋岛屿简况》（1980）记为青鸟。1984 年登记的《广东省海丰县海域海岛地名卡片》、《广东省海域地名志》（1989）、《广东省海岛、礁、沙洲名录表》（1993）、《广东省志·海洋与海岛志》（2000）均记为青鸟尾。《全国海岛名称与代码》（2008）记为青鸟尾岛。岛南北走向，北高南低。岸线长 467 米，面积 9 076 平方米，高 8.3 米。基岩岛，由花岗岩构成，表层为黄沙黏土。岛上有草丛和灌木。建有国家大地控制点和破旧房屋。

青鸟尾内岛 (Qīngniǎowěi Nèidǎo)

北纬 22°39.8′，东经 115°33.4′。位于汕尾市城区遮浪街道西侧海域，距青鸟尾 60 米，距大陆最近点 180 米。青鸟尾周围有两个海岛，该岛离青鸟尾较近，第二次全国海域地名普查时命今名。面积约 40 平方米。基岩岛。

青鸟尾外岛 (Qīngniǎowěi Wàidǎo)

北纬 22°39.8′，东经 115°33.4′。位于汕尾市城区遮浪街道西侧海域，距青鸟尾 120 米，距大陆最近点 140 米。青鸟尾周围有两个海岛，该岛离青鸟尾较远，第二次全国海域地名普查时命今名。岸线长 47 米，面积 110 平方米。基岩岛。

青鸟尾南岛 (Qīngniǎowěi Nándǎo)

北纬 22°39.6′，东经 115°33.5′。位于汕尾市城区遮浪街道西侧海域，距青鸟尾 70 米，距大陆最近点 140 米。《广东省海岛、礁、沙洲名录表》（1993）记为 H4。因在青鸟尾南边，第二次全国海域地名普查时更为今名。岸线长 68 米，面积 291 平方米。基岩岛。

赤洲仔岛 (Chìzhōuzǎi Dǎo)

北纬 22°39.6′，东经 115°26.6′。位于汕尾市城区遮浪角西北，红海湾东南角，距大陆最近点 3.87 千米。第二次全国海域地名普查时命今名。岸线长 60 米，面积 269 平方米。基岩岛。

尖石南岛 (Jiānshí Nándǎo)

北纬 22°39.6′，东经 115°33.5′。位于汕尾市城区遮浪街道西侧海域，距大陆最近点 220 米。第二次全国海域地名普查时命今名。岸线长 89 米，面积 188

平方米。基岩岛。

龟龄岛 （Guīlíng Dǎo）

北纬 22°39.5′，东经 115°25.7′。位于汕尾市城区遮浪角西北，红海湾东南角，距大陆最近点 3.12 千米。该岛形似海龟，取龟龄寿长之意命名，称龟龄岛。又名小羊岛。《中国海洋岛屿简况》（1980）、1984 年登记的《广东省海丰县海域海岛地名卡片》、《广东省海域地名志》（1989）、《广东省海岛、礁、沙洲名录表》（1993）、《广东省志·海洋与海岛志》（2000）、《全国海岛名称与代码》（2008）均记为龟龄岛。岸线长 2.36 千米，面积 0.182 3 平方千米，高 52.8 米。东北—西南走向。基岩岛，由花岗岩构成。小丘起伏，东北高西南低，表层为黄沙黏土。2011 年岛上常住人口 15 人。建有码头、气象站、养殖场、妈祖庙。淡水来自地下水，有 4 口水井。电力来自发电，供日常照明用。汕头至广州、香港航线从岛南侧通过。

龟龄仔岛 （Guīlíngzǎi Dǎo）

北纬 22°39.5′，东经 115°25.9′。位于汕尾市城区遮浪角西北，红海湾东南角，龟龄岛东南面 40 米，距大陆最近点 3.59 千米。《广东省海岛、礁、沙洲名录表》（1993）记为 H31。因在龟龄岛旁边，且面积较小，第二次全国海域地名普查时更为今名。岸线长 90 米，面积 574 平方米。基岩岛。

虎头 （Hǔtóu）

北纬 22°39.5′，东经 115°34.3′。位于汕尾市城区遮浪角东北面，距大陆最近点 10 米。该岛主峰形似虎头，故名。又名虎头岛。《中国海洋岛屿简况》（1980）、1984 年登记的《广东省海丰县海域海岛地名卡片》、《广东省海域地名志》（1989）和《广东省海岛、礁、沙洲名录表》（1993）均记为虎头。《全国海岛名称与代码》（2008）记为虎头岛。岸线长 1.02 千米，面积 0.028 平方千米，高 11 米。东北—西南走向。基岩岛，由花岗岩构成，表层为黄沙黏土。

蛤澎仔 （Gépéngzǎi）

北纬 22°39.5′，东经 115°33.9′。位于汕尾市城区遮浪角西北面，距大陆最近点 210 米。该岛形状似青蛙，且突出于海面，故称。又名蛤澎仔岛。《中国海洋岛屿简况》（1980）、1984 年登记的《广东省海丰县海域海岛地名卡片》、《广东省海岛、礁、沙洲名录表》（1993）、《广东省志·海洋与海岛志》（2000）均记为蛤澎仔。《全国海岛名称与代码》（2008）记为蛤澎仔岛。岸线长 113 米，面积 319 平方米，高 2.4 米。基岩岛。

燕坞群滩 (Yànwùqúntān)

北纬 22°39.4′，东经 115°34.0′。位于汕尾市城区遮浪角西北面，距大陆最近点 110 米。该岛由多个岩石组成，常有成群海燕在此栖息，故当地群众取名燕坞群滩。1984 年登记的《广东省海丰县海域海岛地名卡片》、《广东省海域地名志》（1989）、《广东省海岛、礁、沙洲名录表》（1993）均记为燕坞群滩。岸线长 72 米，面积 229 平方米，高约 2 米。基岩岛。

平滩 (Píngtān)

北纬 22°39.4′，东经 115°34.3′。位于汕尾市城区遮浪角东北面，三姐妹石东北侧，距大陆最近点 60 米。该岛靠近海岸，礁石较为平坦，故名。又名平礁、平滩岛。《中国海洋岛屿简况》（1980）记为平礁。1984 年登记的《广东省海丰县海域海岛地名卡片》、《广东省海域地名志》（1989）、《广东省海岛、礁、沙洲名录表》（1993）、《广东省志·海洋与海岛志》（2000）均记为平滩。《全国海岛名称与代码》（2008）记为平滩岛。岸线长 265 米，面积 1 918 平方米，高 1.5 米。基岩岛，由花岗岩石组成。岛上有废弃的潮汐发电水泥桩。

水鸭石 (Shuǐyā Shí)

北纬 22°39.4′，东经 115°32.4′。位于汕尾市城区遮浪街道西侧海域，距大陆最近点 1.2 千米。该岛形似一只水鸭，当地群众称为水鸭石。又名虾飞担。《中国海洋岛屿简况》（1980）、1984 年登记的《广东省海丰县海域海岛地名卡片》、《广东省海域地名志》（1989）、《广东省海岛、礁、沙洲名录表》（1993）、《广东省志·海洋与海岛志》（2000）、《全国海岛名称与代码》（2008）均记为水鸭石。岸线长 220 米，面积 3 473 平方米，高 7.4 米。基岩岛。

三姐妹石 (Sānjiěmèi Shí)

北纬 22°39.3′，东经 115°34.2′。位于汕尾市城区遮浪角南面海域，距大陆最近点 40 米。该岛由三块岩石组成，且连接相依在一起，故名。又名三姐妹。1984 年登记的《广东省海丰县海域海岛地名卡片》记为三姐妹、三姐妹石。《广东省海域地名志》（1989）、《广东省海岛、礁、沙洲名录表》（1993）记为三姐妹石。面积约 38 平方米，高约 1.5 米。基岩岛，由花岗岩组成。

东头尖 (Dōngtóujiān)

北纬 22°39.3′，东经 115°34.1′。位于汕尾市城区遮浪角南面海域，遮浪岩北面 170 米，距大陆最近点 170 米。在表东屿东面，面积较小，呈尖形，当地群众称为东头尖。1984 年登记的《广东省海丰县海域海岛地名卡片》、《广东省海域地名志》（1989）、《广东省海岛、礁、沙洲名录表》（1993）均记为东头尖。岸线长 84 米，面积 241 平方米。基岩岛，由花岗岩组成。

表东屿 (Biǎodōng Yǔ)

北纬 22°39.2′，东经 115°34.1′。位于汕尾市城区遮浪角南面海域，遮浪岩北面 10 米，距大陆最近点 190 米。位于遮浪圩东南海面上，故名。原名东屿，因重名后改为表东屿。《中国海洋岛屿简况》（1980）记为 4893。1984 年登记的《广东省海丰县海域海岛地名卡片》、《广东省海岛、礁、沙洲名录表》（1993）、《广东省志·海洋与海岛志》（2000）、《全国海岛名称与代码》（2008）均记为表东屿。岸线长 686 米，面积 0.010 6 平方千米，高 3.9 米。基岩岛。西南高东北低，中间低凹。

表东屿东岛 (Biǎodōngyǔ Dōngdǎo)

北纬 22°39.2′，东经 115°34.1′。位于汕尾市城区遮浪角南面海域，表东屿东面 40 米，距大陆最近点 220 米。因地处表东屿东面，第二次全国海域地名普查时命今名。面积约 48 平方米。基岩岛。

拦门 (Lánmén)

北纬 22°39.2′，东经 115°34.1′。位于汕尾市城区遮浪角南面海域，表东屿与遮浪岩之间，距大陆最近点 260 米。拦门是当地群众惯称。1984 年登记的《广东省海丰县海域海岛地名卡片》、《广东省海域地名志》（1989）、《广东省海岛、礁、沙洲名录表》（1993）均记为拦门。岸线长 47 米，面积 107 平方米。基岩岛。

遮浪岩 (Zhēlàng Yán)

北纬 22°39.1′，东经 115°34.2′。位于汕尾市城区遮浪角南面海域，距大陆最近点 280 米。该岛位于遮浪圩南面，与遮浪角相对，且由岩石组成，故名。海上船只航行常以该岛为目标，当地人亦称遮浪表。《中国海洋岛屿简况》（1980）、1984 年登记的《广东省海丰县海域海岛地名卡片》、《广东省海域地名志》（1989）、《广东省海岛、礁、沙洲名录表》（1993）、《广东省志·海洋与海岛志》（2000）、《全国海岛名称与代码》（2008）均记为遮浪岩。岸线长 1.5 千米，面积 0.115 平方千米，高 42.5 米。略呈椭圆形。基岩岛，由花岗岩构成。小丘起伏，东南高，西北低。多为石质岸，东南岸较陡。表层为黄沙黏土，有杂草、小灌木等，覆盖率约 60%。岛上建有灯塔、房屋、水文气象站。淡水来自雨水，有蓄水池。无电。

汕尾妈屿 (Shànwěi Māyǔ)

北纬 22°38.3′，东经 115°28.9′。位于汕尾市城区遮浪角西北，红海湾东南角，是菜屿群岛的组成部分，距大陆最近点 5.35 千米。因岛上曾建有妈祖庙，得名妈屿。因省内重名，以其位于汕尾市，第二次全国海域地名普查时更为今名。《中国海洋岛屿简况》（1980）、1984 年登记的《广东省海丰县海域海岛地名卡片》、《广东省海域地名志》（1989）、《广东省海岛、礁、沙洲名录表》（1993）、《广东省志·海洋与海岛志》（2000）、《全国海岛名称与代码》（2008）均记为妈屿。岸线长 1.07 千米，面积 0.033 6 平方千米，高 11.8 米。基岩岛，呈弯月形，由花岗岩构成。南、东北较高，中间低。表层有杂草、小灌木等，覆盖率 60%。岛岸曲折陡峭，多为石质岸。淡水来自雨水，无电。建有两座妈祖庙，有养殖场和气象站。

东屿仔岛 (Dōngyǔzǎi Dǎo)

北纬 22°38.3′，东经 115°29.0′。位于汕尾市城区遮浪角西北，红海湾东南角，是菜屿群岛的组成部分，距大陆最近点 5.53 千米。第二次全国海域地名普查时命今名。岸线长 81 米，面积 466 平方米。基岩岛。

印仔 (Yìnzǎi)

北纬22°38.2′，东经115°28.8′。位于汕尾市城区遮浪角西北，红海湾东南角，是菜屿群岛的组成部分，距大陆最近点5.76千米。该处有二岛相邻，均呈圆形，很像旧时印章，面积较小，取名印仔。又名劳爬礁、印仔岛。《中国海洋岛屿简况》（1980）记为劳爬礁。1984年登记的《广东省海丰县海域海岛地名卡片》、《广东省海域地名志》（1989）、《广东省海岛、礁、沙洲名录表》（1993）、《广东省志·海洋与海岛志》（2000）均记为印仔。《全国海岛名称与代码》（2008）记为印仔岛。岸线长350米，面积2 313平方米，高4.6米。基岩岛。

大印 (Dàyìn)

北纬22°38.1′，东经115°28.8′。位于汕尾市城区遮浪角西北，红海湾东南角，是菜屿群岛的组成部分，距大陆最近点5.88千米。该岛与印仔相邻，呈圆形，很像旧时印章，面积较大，取名大印。又名大礁、大印岛。《中国海洋岛屿简况》（1980）称为大礁。1984年登记的《广东省海丰县海域海岛地名卡片》、《广东省海域地名志》（1989）、《广东省海岛、礁、沙洲名录表》（1993）、《广东省志·海洋与海岛志》（2000）均记为大印。《全国海岛名称与代码》（2008）称为大印岛。岸线长396米，面积8 083平方米，高5米。基岩岛。

竹竿屿 (Zhúgān Yǔ)

北纬22°37.8′，东经115°28.7′。位于汕尾市城区遮浪角西北，红海湾东南角，是菜屿群岛主岛，距大陆最近点6.39千米。曾名菜屿。由大小礁石组成，自西至东呈长条形排列，形状似竹竿，渔民称为竹竿屿。《中国海洋岛屿简况》（1980）记为菜屿。1984年登记的《广东省海丰县海域海岛地名卡片》、《广东省海域地名志》（1989）、《广东省海岛、礁、沙洲名录表》（1993）、《广东省志·海洋与海岛志》（2000）、《全国海岛名称与代码》（2008）均记为竹竿屿。岸线长2.3千米，面积0.129 8平方千米。基岩岛，由花岗岩构成。东西走向，西北较高，东南稍低。表层杂草、灌木丛生。多岩石陡岸，南岸曲折且多峭壁，多岩洞。建有房屋和大地测量控制点3个。有海胆养殖场。广州至汕头航线从岛南侧通过。

竹竿屿西岛 (Zhúgānyǔ Xīdǎo)

北纬 22°37.8′，东经 115°28.5′。位于汕尾市城区遮浪角西北，红海湾东南角，是菜屿群岛的组成部分，距大陆最近点 6.57 千米。在竹竿屿西面，第二次全国海域地名普查时命今名。岸线长 49 米，面积 153 平方米。基岩岛。

内巳仔 (Nèisìzǎi)

北纬 22°37.8′，东经 115°28.4′。位于汕尾市城区遮浪角西北，红海湾东南角，是菜屿群岛的组成部分，距大陆最近点 6.67 千米。该岛以其位置得名内巳仔，是当地惯称。又名内巳岛、内巳屿、内巳仔岛。《中国海洋岛屿简况》（1980）记为4911。1984 年登记的《广东省海丰县海域海岛地名卡片》记为内巳岛。《广东省海域地名志》（1989）、《广东省海岛、礁、沙洲名录表》（1993）称为内巳仔。《广东省志·海洋与海岛志》（2000）记为内巳屿。《全国海岛名称与代码》（2008）记为内巳仔岛。基岩岛。岸线长 442 米，面积 7 174 平方米。

白担 (Báidàn)

北纬 22°37.8′，东经 115°28.2′。位于汕尾市城区遮浪角西北，红海湾东南角，是菜屿群岛的组成部分，距大陆最近点 6.81 千米。该岛岩石顶部光秃，呈白色，故名。"担"指礁石，福佬音读（多啊）。当地群众惯称白礁仔，含义不详。亦称六拔担。《中国海洋岛屿简况》（1980）记为白礁仔。1984 年登记的《广东省海丰县海域海岛地名卡片》、《广东省海域地名志》（1989）、《广东省海岛、礁、沙洲名录表》（1993）、《广东省志·海洋与海岛志》（2000）、《全国海岛名称与代码》（2008）均记为白担。基岩岛。岸线长 337 米，面积 6 891 平方米，高 12.6 米。

白担仔岛 (Báidànzǎi Dǎo)

北纬 22°37.7′，东经 115°28.2′。位于汕尾市城区遮浪角西北，红海湾东南角，是菜屿群岛的组成部分，距大陆最近点 6.83 千米。在白担旁边，且面积较小，第二次全国海域地名普查时命今名。岸线长 42 米，面积 128 平方米。基岩岛。

空壳山 (Kōngké Shān)

北纬 22°51.6′，东经 115°32.0′。位于汕尾市海丰县，狮头山东侧螺河内，距大陆最近点 130 米。该岛岩洞较多，方言谓之"空壳"，故名。1984 年登记的《广东省阳江县海域海岛地名卡片》、《广东省海域地名志》(1989)均记为空壳山。岸线长 347 米，面积 9 051 平方米，高 21.1 米。基岩岛。

东澳角岛 (Dōngàojiǎo Dǎo)

北纬 22°49.2′，东经 115°10.6′。位于汕尾市海丰县梅陇镇南面海域，距大陆最近点 20 米。《广东省海岛、礁、沙洲名录表》（1993）记为 H33。因在东澳角处，第二次全国海域地名普查时更为今名。岸线长 61 米，面积 244 平方米。基岩岛。

大排石 (Dàpái Shí)

北纬 22°48.7′，东经 115°10.3′。位于汕尾市海丰县鲘门镇东侧海域，三堆石山脚下，距大陆最近点 50 米。原称大排。在三堆石山下，且礁石较大，故当地群众称为大排。因重名，改为大排石。1984 年登记的《广东省海丰县海域海岛地名卡片》、《广东省海域地名志》（1989）、《广东省海岛、礁、沙洲名录表》（1993）均记为大排石。岸线长 66 米，面积 160 平方米。基岩岛，由花岗岩组成。

长生石 (Chángshēng Shí)

北纬 22°48.6′，东经 115°33.6′。位于汕尾市海丰县大湖镇东侧海域，距大陆最近点 10 米。该岛露出海面部分状似棺材，故称棺材石。因名称不雅，故改为长生石。1984 年登记的《广东省海丰县海域海岛地名卡片》称为长生石。面积约 64 平方米。基岩岛。

砻齿担 (Lóngchǐdàn)

北纬 22°48.3′，东经 115°33.5′。位于汕尾市海丰县大湖镇东侧海域，距大陆最近点 30 米。该岛状似砻齿（砻是去掉稻谷外壳的一种工具），故名。1984 年登记的《广东省海丰县海域海岛地名卡片》记为砻齿担。岸线长 57 米，面积 245 平方米。基岩岛。

滨奴仔 (Bīnnúzǎi)

北纬 22°48.2′，东经 115°33.6′。位于汕尾市海丰县大湖镇东侧海域，距大陆最近点 120 米。该岛露出海面部分形状似守候在海滨上的奴仆，故当地群众称为滨奴仔。1984 年登记的《广东省海丰县海域海岛地名卡片》记为滨奴仔，名称沿用至今。岸线长 40 米，面积 111 平方米。基岩岛。

逢河岛 (Fénghé Dǎo)

北纬 22°48.1′，东经 115°02.7′。位于汕尾市海丰县小漠镇北面逢河中，汕尾市九龙湾海洋生态自然保护区内，距大陆最近点 220 米。位于逢河入海口，第二次全国海域地名普查时命今名。岸线长 73 米，面积 357 平方米。沙泥岛。岛上有草丛和灌木。

合石 (Hé Shí)

北纬 22°48.0′，东经 115°10.1′。位于汕尾市海丰县鲘门镇东侧海域，距大陆最近点 100 米。在鲘门圩东南面，烟堆山脚下，因有两块礁石上下相叠合，当地群众称为合石。1984 年登记的《广东省海丰县海域海岛地名卡片》、《广东省海域地名志》（1989）、《广东省海岛、礁、沙洲名录表》（1993）均记为合石。岸线长 52 米，面积 100 平方米，高 2.6 米。基岩岛，由花岗岩组成。

雀咀尾 (Quèzuǐwěi)

北纬 22°47.8′，东经 115°09.2′。位于汕尾市海丰县鲘门镇西侧海域，距大陆最近点 30 米。雀咀尾是当地群众惯称。岸线长 169 米，面积 1 834 平方米。基岩岛。岛上有草丛和灌木。

杀猪石 (Shāzhū Shí)

北纬 22°47.2′，东经 115°11.3′。位于汕尾市海丰县鲘门镇东侧海域，距大陆最近点 50 米。杀猪石是当地群众惯称。岸线长 65 米，面积 170 平方米。基岩岛。

杀猪石东岛 (Shāzhūshí Dōngdǎo)

北纬 22°47.2′，东经 115°11.3′。位于汕尾市海丰县鲘门镇东侧海域，杀猪石东面，距大陆最近点 100 米。《广东省海岛、礁、沙洲名录表》（1993）记为 H34。因在杀猪石东面，第二次全国海域地名普查时更为今名。面积约 59 平方米。基岩岛。

鸬鹚洲 (Lúcí Zhōu)

北纬 22°47.1′，东经 115°10.4′。位于汕尾市海丰县鲘门镇百安村西侧，在百安洲南侧，尖礁北面，距大陆最近点 80 米。该岛常年有鸬鹚在礁上栖息，故当地群众称为鸬鹚洲。1984 年登记的《广东省海丰县海域海岛地名卡片》、《广东省海域地名志》（1989）、《广东省海岛、礁、沙洲名录表》（1993）均记为鸬鹚洲。岸线长 80 米，面积 478 平方米，高约 1.5 米。基岩岛，由花岗岩组成。

芒屿岛 (Mángyǔ Dǎo)

北纬 22°46.8′，东经 115°06.4′。位于汕尾市红海湾西北，鲘门镇南面海域，距大陆最近点 1.32 千米。该岛东北侧常年生有成片的芒婆草，故当地群众称为芒屿岛。曾名内岛鸡笼山、白沙山、白藤洲。外地渔民又称为白藤洲，主峰称白沙山，内岛鸡笼山为别称，含义不详。《中国海洋岛屿简况》（1980）、1984 年登记的《广东省海丰县海域海岛地名卡片》、《广东省海域地名志》（1989）、《广东省海岛、礁、沙洲名录表》（1993）、《广东省志·海洋与海岛志》（2000）、《全国海岛名称与代码》（2008）均记为芒屿岛。基岩岛，由砂页岩构成。岸线长 5.24 千米，面积 0.743 1 平方千米，北部白沙山主峰高程 130.3 米。南北走向，地势起伏，北高南低，岛岸陡峭。表层有杂草、树木，植被茂密。建有码头、气象站和房屋。

芒屿南岛 (Mángyǔ Nándǎo)

北纬 22°46.4′，东经 115°06.2′。位于汕尾市海丰县红海湾西北，鲘门镇南面海域，距芒屿岛 20 米，距大陆最近点 2.82 千米。在芒屿岛南面，第二次全国海域地名普查时命今名。面积约 42 平方米。基岩岛。

排尾 (Páiwěi)

北纬 22°46.3′，东经 115°06.0′。位于汕尾市海丰县红海湾西北，鲘门镇南面海域，芒屿岛西南 300 米处，距大陆最近点 2.81 千米。因接近芒屿岛西南端，当地群众称为排尾。又名排尾岛。1984 年登记的《广东省海丰县海域海岛地名卡片》、《广东省海域地名志》（1989）、《广东省海岛、礁、沙洲名录表》（1993）、《广东省志·海洋与海岛志》（2000）均记为排尾。《全国海岛名称与代码》（2008）

记为排尾岛。基岩岛。岸线长 186 米，面积 1 188 平方米，高 3.2 米。

龙虾头岛 (Lóngxiātóu Dǎo)

北纬 22°46.1′，东经 115°02.6′。位于汕尾市海丰县小漠镇小漠港出港口南侧，距大陆最近点 30 米。《广东省海岛、礁、沙洲名录表》（1993）记为 H39。因在龙虾头旁，第二次全国海域地名普查时更为今名。岸线长 47 米，面积 156 平方米。基岩岛。

海刺长岛 (Hǎicìcháng Dǎo)

北纬 22°45.0′，东经 115°02.2′。位于汕尾市海丰县小漠镇南面海域，红海湾西北，距大陆最近点 10 米。《广东省海岛、礁、沙洲名录表》（1993）记为 H41。在海刺长村处，第二次全国海域地名普查时更为今名。岸线长 107 米，面积 776 平方米。基岩岛。

鸡心石一岛 (Jīxīnshí Yīdǎo)

北纬 22°44.6′，东经 115°08.4′。位于汕尾市海丰县鲘门镇南面，红海湾北部海域，距大陆最近点 5.2 千米。周围 5 个海岛由北向南逆时针顺序该岛排第一，第二次全国海域地名普查时命今名。面积约 93 平方米。基岩岛。

鸡心石二岛 (Jīxīnshí Èrdǎo)

北纬 22°44.6′，东经 115°08.4′。位于汕尾市海丰县鲘门镇南面，红海湾北部海域，距大陆最近点 5.21 千米。周围 5 个海岛由北向南逆时针顺序该岛排第二，第二次全国海域地名普查时命今名。面积约 31 平方米。基岩岛。

鸡心石三岛 (Jīxīnshí Sāndǎo)

北纬 22°44.6′，东经 115°08.3′。位于汕尾市海丰县鲘门镇南面，红海湾北部海域，距大陆最近点 5.29 千米。《广东省海岛、礁、沙洲名录表》（1993）记为 H36。周围 5 个海岛由北向南逆时针顺序该岛排第三，第二次全国海域地名普查时更为今名。面积约 67 平方米。基岩岛。

鸡心石四岛 (Jīxīnshí Sìdǎo)

北纬 22°44.6′，东经 115°08.4′。位于汕尾市海丰县鲘门镇南面，红海湾北部海域，距大陆最近点 5.2 千米。周围 5 个海岛由北向南逆时针顺序该岛排第四，第二次全国海域地名普查时命今名。面积约 37 平方米。基岩岛。

鸡心石五岛 (Jīxīnshí Wǔdǎo)

北纬 22°44.5′，东经 115°08.3′。位于汕尾市海丰县鲘门镇南面，红海湾北部海域，距大陆最近点 5.36 千米。《广东省海岛、礁、沙洲名录表》（1993）记为 H37。周围 5 个海岛由北向南逆时针顺序该岛排第五，第二次全国海域地名普查时更为今名。面积约 61 平方米。基岩岛。

了哥咀岛 (Liǎogēzuǐ Dǎo)

北纬 22°42.6′，东经 115°01.7′。位于汕尾市海丰县小漠镇乌山东南面海域，距大陆最近点 40 米。《广东省海岛、礁、沙洲名录表》（1993）记为 H36，《全国海岛名称与代码》（2008）记为 HIF1。因在了哥咀附近，第二次全国海域地名普查时更为今名。岸线长 372 米，面积 8 883 平方米。基岩岛。岛上有草丛和灌木。

了哥咀仔岛 (Liǎogēzuǐzǎi Dǎo)

北纬 22°42.9′，东经 115°01.8′。位于汕尾市海丰县小漠镇乌山东南面海域，距大陆最近点 40 米。因处了哥咀岛附近，且面积较小，第二次全国海域地名普查时命今名。岸线长 55 米，面积 217 平方米。基岩岛。

西碇屿 (Xīdìng Yǔ)

北纬 22°39.2′，东经 115°04.6′。位于汕尾市海丰县小漠镇东南，红海湾西面海域，东南距东碇屿 2.54 千米，距大陆最近点 7.79 千米。大陆乌山形似船，其东南有分处西北、东南两岛，喻为锚。该岛在西北，当地称锚为碇，故名。又名内碇、西虎。《中国海洋岛屿简况》（1980）、1984 年登记的《广东省海丰县海域海岛地名卡片》、《广东省海域地名志》（1989）、《广东省海岛、礁、沙洲名录表》（1993）、《广东省志·海洋与海岛志》（2000）、《全国海岛名称与代码》（2008）均记为西碇屿。岸线长 391 米，面积 9 050 平方米，高 16 米。基岩岛，由花岗岩石组成，表层有黄色沙土。

东碇屿 (Dōngdìng Yǔ)

北纬 22°38.1′，东经 115°05.6′。位于汕尾市海丰县小漠镇东南，红海湾西面海域，距西碇屿 2.54 千米，距大陆最近点 10.46 千米。小漠鸟山形似船，其东南有分处西北、东南两岛，喻为锚。该岛在东南面，当地称锚为碇，故名。又名外碇、东虎。《中国海洋岛屿简况》（1980）、1984 年登记的《广东省海丰县海域海岛地名卡片》、《广东省海域地名志》（1989）、《广东省海岛、礁、沙洲名录表》（1993）、《广东省志·海洋与海岛志》（2000）、《全国海岛名称与代码》（2008）均记为东碇屿。岸线长 312 米，面积 6 496 平方米，高 9.2 米。基岩岛，由花岗岩组成。表层有少量泥土，有杂草等。建有灯塔。

屎蒂礁 (Shǐdì Jiāo)

北纬 22°54.2′，东经 116°12.4′。位于汕尾市陆丰市甲东镇东侧海域，距大陆最近点 90 米。该礁形状奇特，顶端尖小，好像地上粪便一样，当地群众俗称屎蒂礁。1984 年登记的《广东省陆丰县海域海岛地名卡片》、《广东省海域地名志》（1989）、《广东省海岛、礁、沙洲名录表》（1993）均记为屎蒂礁。基岩岛。岸线长 62 米，面积 278 平方米。

青菜礁北岛 (Qīngcàijiāo Běidǎo)

北纬 22°53.9′，东经 116°12.0′。位于汕尾市陆丰市甲东镇东侧海域，距大陆最近点 140 米。第二次全国海域地名普查时命今名。岸线长 51 米，面积 174 平方米。基岩岛。

鸡笼北岛 (Jīlóng Běidǎo)

北纬 22°52.8′，东经 116°11.6′。位于汕尾市陆丰市甲东镇东侧海域，距大陆最近点 550 米。第二次全国海域地名普查时命今名。岸线长 93 米，面积 356 平方米。基岩岛。

鸡笼南岛 (Jīlóng Nándǎo)

北纬 22°52.8′，东经 116°11.6′。位于汕尾市陆丰市甲东镇东侧海域，距大陆最近点 690 米。第二次全国海域地名普查时命今名。面积约 17 平方米。基岩岛。

大母礁 (Dàmǔ Jiāo)

北纬 22°52.8′，东经 116°04.9′。位于汕尾市陆丰市甲子镇东侧海域，距大陆最近点 230 米。大母礁为当地群众惯称。1984 年登记的《广东省陆丰县海域海岛地名卡片》、《广东省海域地名志》（1989）、《广东省海岛、礁、沙洲名录表》（1993）均记为大母礁。岸线长 60 米，面积 268 平方米。基岩岛。

龟石礁 (Guīshí Jiāo)

北纬 22°52.8′，东经 116°11.3′。位于汕尾市陆丰市甲东镇东侧海域，距大陆最近点 290 米。该岛呈圆锥形，高耸而立，顶端突出南面，好像龟头，故当地群众称为龟石礁。1984 年登记的《广东省陆丰县海域海岛地名卡片》、《广东省海域地名志》（1989）、《广东省海岛、礁、沙洲名录表》（1993）均记为龟石礁。岸线长 58 米，面积 249 平方米。基岩岛。

赤褐礁 (Chìhè Jiāo)

北纬 22°52.6′，东经 116°11.5′。位于汕尾市陆丰市甲东镇东侧海域，距大陆最近点 690 米。该岛表层呈赤褐色，故名。1984 年登记的《广东省陆丰县海域海岛地名卡片》、《广东省海域地名志》（1989）、《广东省海岛、礁、沙洲名录表》（1993）均记为赤褐礁。岸线长 98 米，面积 632 平方米，高潮时露出水面约 5 米。基岩岛。

小礁 (Xiǎo Jiāo)

北纬 22°52.6′，东经 116°11.1′。位于汕尾市陆丰市甲东镇东侧海域，距大陆最近点 330 米。该岛与后洋大礁接近，比大礁小，故名。《中国海洋岛屿简况》（1980）记为 4827。1984 年登记的《广东省陆丰县海域海岛地名卡片》、《广东省海域地名志》（1989）、《广东省海岛、礁、沙洲名录表》（1993）均记为小礁。岸线长 67 米，面积 334 平方米，高程 4.5 米。基岩岛。

小礁北岛 (Xiǎojiāo Běidǎo)

北纬 22°52.7′，东经 116°11.1′。位于汕尾市陆丰市甲东镇东侧海域，距小礁 80 米，距大陆最近点 180 米。在小礁北边，第二次全国海域地名普查时命今名。岸线长 193 米，面积 2 697 平方米。基岩岛。岛上有大地控制点。

螺河岛 (Luóhé Dǎo)

北纬 22°51.9′，东经 115°31.9′。位于汕尾市陆丰市上英镇浮头山西侧螺河中，距大陆最近点 200 米。因该岛处于螺河入海口，第二次全国海域地名普查时命今名。岸线长 188 米，面积 2 636 平方米。基岩岛。岛上有一房屋。

尾兴礁 (Wěixīng Jiāo)

北纬 22°51.9′，东经 116°10.5′。位于汕尾市陆丰市甲东镇东侧海域，距大陆最近点 460 米。尾兴礁为当地群众惯称。1984 年登记的《广东省阳江县海域海岛地名卡片》、《广东省海域地名志》（1989）、《广东省海岛、礁、沙洲名录表》（1993）称为尾兴礁。岸线长 75 米，面积 422 平方米。基岩岛。

尾兴西岛 (Wěixīng Xīdǎo)

北纬 22°51.9′，东经 116°10.3′。位于汕尾市陆丰市甲东镇东侧海域，距尾兴礁 230 米，距大陆最近点 250 米。在尾兴礁西面，第二次全国海域地名普查时命今名。岸线长 83 米，面积 494 平方米。基岩岛。

外澳口礁 (Wài'àokǒu Jiāo)

北纬 22°51.8′，东经 116°10.2′。位于汕尾市陆丰市甲东镇东侧海域，距大陆最近点 240 米。位于澳口礁东面，当地人称浅近为内，深远为外，因此礁较远些，故名。1984 年登记的《广东省陆丰县海域海岛地名卡片》、《广东省海域地名志》（1989）、《广东省海岛、礁、沙洲名录表》（1993）均记为外澳口礁。岸线长 127 米，面积 1 212 平方米，高潮时露出约 3 米。基岩岛。

外澳口西岛 (Wài'àokǒu Xīdǎo)

北纬 22°51.7′，东经 116°10.1′。位于汕尾市陆丰市甲东镇东侧海域，距外澳口礁 220 米，距大陆最近点 110 米。因处外澳口礁西边，第二次全国海域地名普查时命今名。岸线长 55 米，面积 207 平方米。基岩岛。

外澳口南岛 (Wài'àokǒu Nándǎo)

北纬 22°51.7′，东经 116°10.2′。位于汕尾市陆丰市甲东镇东侧海域，距外澳口礁 170 米，距大陆最近点 180 米。因处外澳口礁南边，第二次全国海域地名普查时命今名。岸线长 174 米，面积 1 772 平方米。基岩岛。

大平石礁 (Dàpíngshí Jiāo)

北纬 22°51.5′，东经 116°09.9′。位于汕尾市陆丰市，在湾仔礁东面 1 千米处，距大陆最近点 270 米。因该岛大且平坦，故名。1984 年登记的《广东省陆丰县海域海岛地名卡片》、《广东省海域地名志》（1989）、《广东省海岛、礁、沙洲名录表》（1993）均记为大平石礁。岸线长 189 米，面积 880 平方米，高程 2 米。周围海域水深 4～5 米。基岩岛。

青蛙沙 (Qīngwā Shā)

北纬 22°51.5′，东经 116°04.6′。位于汕尾市陆丰市甲子港内，距大陆最近点 110 米。青蛙沙为当地群众惯称。岸线长 673 米，面积 0.031 5 平方千米。岛上有草丛和乔木。沙泥岛。

湾仔礁 (Wānzǎi Jiāo)

北纬 22°51.2′，东经 116°09.4′。位于汕尾市陆丰市甲东镇东侧海域，距大陆最近点 130 米。湾仔礁为当地群众惯称。1984 年登记的《广东省陆丰县海域海岛地名卡片》、《广东省海域地名志》（1989）、《广东省海岛、礁、沙洲名录表》（1993）均记为湾仔礁。岸线长 120 米，面积 1 049 平方米。基岩岛。

湾仔北岛 (Wānzǎi Běidǎo)

北纬 22°51.2′，东经 116°09.5′。位于汕尾市陆丰市甲东镇东侧海域，距湾仔礁 150 米，距大陆最近点 180 米。《中国海洋岛屿简况》（1980）记为4826。因处湾仔礁北面，第二次全国海域地名普查时命今名。面积约 39 平方米。基岩岛。

龟豆礁 (Guīdòu Jiāo)

北纬 22°50.9′，东经 116°09.0′。位于汕尾市陆丰市甲东镇东侧海域，距大陆最近点 140 米。因岛形似龟，紧靠龟豆山，故名。1984 年登记的《广东省陆丰县海域海岛地名卡片》、《广东省海域地名志》（1989）、《广东省海岛、礁、沙洲名录表》（1993）均记为龟豆礁。面积约 18 平方米。基岩岛。

外印礁 (Wàiyìn Jiāo)

北纬 22°50.8′，东经 116°04.7′。位于汕尾市陆丰市甲东镇西侧海域，距大陆最近点 90 米。外印礁为当地群众惯称。1984 年登记的《广东省陆丰县海域海岛地名卡片》、《广东省海域地名志》（1989）、《广东省海岛、礁、沙洲名录表》（1993）均记为外印礁。面积约 12 平方米。基岩岛。建有灯塔。

外下龙礁 (Wàixiàlóng Jiāo)

北纬 22°50.8′，东经 116°08.9′。位于汕尾市陆丰市甲东镇东侧海域，距大陆最近点 120 米。在龙礁之西南部外面，当地群众称外下龙礁。1984 年登记的《广东省陆丰县海域海岛地名卡片》、《广东省海域地名志》（1989）、《广东省海岛、礁、沙洲名录表》（1993）、《广东省志·海洋与海岛志》（2000）、《全国海岛名称与代码》（2008）均记为外下龙礁。岸线长 272 米，面积 4 289 平方米，露出水面约 10 米。基岩岛。周围海域水深约 7 米。

和尚礁 (Héshang Jiāo)

北纬 22°50.5′，东经 115°45.6′。位于汕尾市陆丰市金厢镇高厝村南面海域，距大陆最近点 230 米。传说古时有稳灵寺一和尚云游水月宫与尼姑幽会，不料被南海观音发现而受责罚，化身为石，故称该岛为和尚礁。因该岛由两块岩石重叠形成，又叫叠石。1984 年登记的《广东省陆丰县海域海岛地名卡片》、《广东省海域地名志》（1989）记为和尚礁。《广东省海岛、礁、沙洲名录表》（1993）记为 J10。岸线长 138 米，面积 334 平方米，高潮露出水面 10 米。基岩岛。

和尚礁一岛 (Héshangjiāo Yīdǎo)

北纬 22°50.6′，东经 115°45.6′。位于汕尾市陆丰市金厢镇高厝村南面海域，距大陆最近点 70 米。《广东省海岛、礁、沙洲名录表》（1993）记为 J11。因在和尚礁北面，按逆时针顺序排第一，第二次全国海域地名普查时更为今名。面积约 54 平方米。基岩岛。

和尚礁二岛 (Héshangjiāo Èrdǎo)

北纬 22°50.5′，东经 115°45.6′。位于汕尾市陆丰市金厢镇高厝村南面海域，距大陆最近点 180 米。在和尚礁北面，按逆时针顺序排第二，第二次全国海域地名普查时命今名。岸线长 75 米，面积 228 平方米。基岩岛。

和尚礁三岛 (Héshangjiāo Sāndǎo)

北纬 22°50.5′，东经 115°45.6′。位于汕尾市陆丰市金厢镇高厝村南面海域，距大陆最近点 120 米。在和尚礁北面，按逆时针顺序排第三，第二次全国海域地名普查时命今名。岸线长 56 米，面积 112 平方米。基岩岛。

孔螺礁 (Kǒngluó Jiāo)

北纬 22°50.6′，东经 116°01.5′。位于汕尾市陆丰市甲西镇沙坝岭南面海域，距大陆最近点 80 米。孔螺礁为当地群众惯称。《中国海洋岛屿简况》（1980）记为 4846。岸线长 172 米，面积 2 250 平方米。基岩岛。

宫仔礁 (Gōngzǎi Jiāo)

北纬 22°50.4′，东经 116°01.5′。位于汕尾市陆丰市甲西镇沙坝岭南面海域，距大陆最近点 340 米。宫仔礁为当地群众惯称。《中国海洋岛屿简况》（1980）称为 4847。1984 年登记的《广东省陆丰县海域海岛地名卡片》、《广东省海域地名志》（1989）、《广东省海岛、礁、沙洲名录表》（1993）、《广东省志·海洋与海岛志》（2000）、《全国海岛名称与代码》（2008）均记为宫仔礁。面积约 63 平方米。基岩岛。

雨上礁 (Yǔshàng Jiāo)

北纬 22°50.4′，东经 116°08.4′。位于汕尾市陆丰市甲东镇南面海域，距大陆最近点 160 米。雨上礁为当地群众惯称。岸线长 134 米，面积 782 平方米。基岩岛。

雨上西岛 (Yǔshàng Xīdǎo)

北纬 22°50.4′，东经 116°08.2′。位于汕尾市陆丰市甲东镇南面海域，东距雨上礁 280 米，距大陆最近点 80 米。因地处雨上礁西边，第二次全国海域地名普查时命今名。岸线长 171 米，面积 1 153 平方米。基岩岛。

雨上北岛 (Yǔshàng Běidǎo)

北纬 22°50.4′，东经 116°08.4′。位于汕尾市陆丰市甲东镇南面海域，南距雨上礁 50 米，距大陆最近点 130 米。因地处雨上礁北边，第二次全国海域地名普查时命今名。岸线长 241 米，面积 2 381 平方米。基岩岛。

雨上南岛 (Yǔshàng Nándǎo)

北纬 22°50.3′，东经 116°08.4′。位于汕尾市陆丰市甲东镇南面海域，北距雨上礁 110 米，距大陆最近点 220 米。因地处雨上礁南侧，第二次全国海域地名普查时命今名。岸线长 110 米, 面积 451 平方米。基岩岛。

石城礁 (Shíchéng Jiāo)

北纬 22°50.4′, 东经 115°45.7′。位于汕尾市陆丰市金厢镇高厝村南面海域, 距大陆最近点 330 米。该岛由大小十多块岩石组成, 中间岩石较为突出, 整体好像一座小城, 当地群众惯称石城礁。1984 年登记的《广东省陆丰县海域海岛地名卡片》、《广东省海域地名志》(1989)、《广东省海岛、礁、沙洲名录表》(1993) 均记为石城礁。岸线长 204 米, 面积 544 平方米, 高程 4 米。基岩岛。

石城东岛 (Shíchéng Dōngdǎo)

北纬 22°50.4′, 东经 115°45.8′。位于汕尾市陆丰市金厢镇高厝村南面海域, 西距石城礁 60 米, 距大陆最近点 310 米。因在石城礁东面, 第二次全国海域地名普查时命今名。面积约 84 平方米。基岩岛。

石城东仔岛 (Shíchéng Dōngzǎi Dǎo)

北纬 22°50.3′, 东经 115°45.7′。位于汕尾市陆丰市金厢镇高厝村南面海域, 距石城礁 30 米, 距大陆最近点 380 米。因在石城礁东面, 且较小, 第二次全国海域地名普查时命今名。面积约 33 平方米。基岩岛。

石城南岛 (Shíchéng Nándǎo)

北纬 22°50.2′, 东经 115°45.6′。位于汕尾市陆丰市金厢镇高厝村南面海域, 距石城礁 330 米, 距大陆最近点 710 米。因在石城礁南面, 第二次全国海域地名普查时命今名。岸线长 47 米, 面积 164 平方米。基岩岛。

石城南仔岛 (Shíchéng Nánzǎi Dǎo)

北纬 22°50.1′, 东经 115°45.7′。位于汕尾市陆丰市金厢镇高厝村南面海域, 北距石城南岛 70 米, 距大陆最近点 780 米。因在石城南岛附近, 第二次全国海域地名普查时命今名。岸线长 60 米, 面积 237 平方米。基岩岛。

陆丰乌礁 (Lùfēng Wūjiāo)

北纬 22°50.3′, 东经 116°04.3′。位于汕尾市陆丰市甲子港入海口, 外炮台西南海域, 距大陆最近点 790 米。原名乌礁, 因省内重名, 以其位于陆丰市, 第二次全国海域地名普查时更为今名。1984 年登记的《广东省陆丰县海域海岛地名卡片》、《广东省海岛、礁、沙洲名录表》（1993）、《全国海岛名称与代码》（2008）均记为乌礁。面积约 11 平方米。基岩岛。

鸟屎礁 (Niǎoshǐ Jiāo)

北纬 22°50.3′，东经 116°05.0′。位于汕尾市陆丰市甲东镇水澳西侧海域，距大陆最近点 40 米。礁顶部较为平坦，海鸟长期在此栖息，鸟屎成堆，故名。1984 年登记的《广东省陆丰县海域海岛地名卡片》、《广东省海域地名志》（1989）、《广东省海岛、礁、沙洲名录表》（1993）均记为鸟屎礁。岸线长 66 米，面积 330 平方米，高程 3 米。基岩岛。周围海域水深约 5 米。

鸟屎南岛 (Niǎoshǐ Nándǎo)

北纬 22°50.2′，东经 116°05.0′。位于汕尾市陆丰市甲东镇水澳西侧海域，北距鸟屎礁 270 米，距大陆最近点 80 米。因在鸟屎礁南面，第二次全国海域地名普查时命今名。岸线长 115 米，面积 519 平方米。基岩岛。

白鸟蛋岛 (Báiniǎodàn Dǎo)

北纬 22°50.2′，东经 115°45.9′。位于汕尾市陆丰市金厢镇新村南面海域，距大陆最近点 450 米。《广东省海岛、礁、沙洲名录表》（1993）记为 J7。因岛体呈白色卵形，第二次全国海域地名普查时更为今名。岸线长 62 米，面积 245 平方米。基岩岛。

白鸟蛋东岛 (Báiniǎodàn Dōngdǎo)

北纬 22°50.3′，东经 115°46.1′。位于汕尾市陆丰市金厢镇新村南面海域，西距白鸟蛋岛 290 米，距大陆最近点 230 米。《广东省海岛、礁、沙洲名录表》（1993）记为 J8。因处白鸟蛋岛东面，第二次全国海域地名普查时更为今名。岸线长 37 米，面积 100 平方米。基岩岛。

白鸟蛋北岛 (Báiniǎodàn Běidǎo)

北纬 22°50.5′，东经 115°46.0′。位于汕尾市陆丰市金厢镇新村南面海域，南距白鸟蛋岛 410 米，距大陆最近点 30 米。《广东省海岛、礁、沙洲名录表》记为 J9。因处白鸟蛋岛北边，第二次全国海域地名普查时更为今名。面积约 89 平方米。基岩岛。

白鸟蛋南岛 (Báiniǎodàn Nándǎo)

北纬 22°50.2′，东经 115°46.0′。位于汕尾市陆丰市金厢镇新村南面海域，北距白鸟蛋岛 110 米，距大陆最近点 440 米。因处白鸟蛋岛南面，第二次全国海域地名普查时命今名。面积约 59 平方米。基岩岛。

白鸟蛋中岛 (Báiniǎodàn Zhōngdǎo)

北纬 22°50.3′，东经 115°46.1′。位于汕尾市陆丰市金厢镇新村南面海域，距白鸟蛋岛 350 米，距大陆最近点 230 米。因处在白石蛋东岛和白鸟蛋南岛中间，第二次全国海域地名普查时命今名。岸线长 37 米，面积 100 平方米。基岩岛。

马礁 (Mǎ Jiāo)

北纬 22°50.2′，东经 116°08.1′。位于汕尾市陆丰市甲东镇南面海域，距大陆最近点 120 米。该岛由多个岩石组成，东高西低，形状似马，故名。1984 年登记的《广东省陆丰县海域海岛地名卡片》、《广东省海域地名志》（1989）、《广东省海岛、礁、沙洲名录表》（1993）均记为马礁。岸线长 314 米，面积 4 613 平方米。基岩岛。

马礁西岛 (Mǎjiāo Xīdǎo)

北纬 22°50.2′，东经 116°08.0′。位于汕尾市陆丰市甲东镇南面海域，东距马礁 70 米，距大陆最近点 120 米。因在马礁西面，第二次全国海域地名普查时命今名。岸线长 134 米，面积 1 215 平方米。基岩岛。

马礁外岛 (Mǎjiāo Wàidǎo)

北纬 22°50.1′，东经 116°08.0′。位于汕尾市陆丰市甲东镇南面海域，距马礁 110 米，距大陆最近点 180 米。该岛距马礁较远，第二次全国海域地名普查时命今名。岸线长 394 米，面积 2 463 平方米。基岩岛。

白沙湾岛 (Báishāwān Dǎo)

北纬 22°50.1′，东经 116°07.3′。位于汕尾市陆丰市甲东镇南面海域，距大陆最近点 70 米。因该岛紧靠白沙湾，第二次全国海域地名普查时命今名。岸线长 148 米，面积 1 510 平方米。基岩岛。

水月宫岛 （Shuǐyuègōng Dǎo）

北纬 22°50.1′，东经 115°46.3′。位于汕尾市陆丰市金厢镇水月宫西侧海域，距大陆最近点 90 米。《广东省海岛、礁、沙洲名录表》（1993）记为 J6。因在水月宫附近，第二次全国海域地名普查时更今名。岸线长 40 米，面积 118 平方米。基岩岛。

水月宫北岛 （Shuǐyuègōng Běidǎo）

北纬 22°50.1′，东经 115°46.2′。位于汕尾市陆丰市金厢镇水月宫西侧海域，南距水月宫岛 30 米，距大陆最近点 120 米。因位于水月宫岛北面，第二次全国海域地名普查时命今名。面积约 38 平方米。基岩岛。

水月宫南岛 （Shuǐyuègōng Nándǎo）

北纬 22°50.1′，东经 115°46.3′。位于汕尾市陆丰市金厢镇水月宫西侧海域，北距水月宫岛 40 米，距大陆最近点 70 米。因在水月宫岛南面，第二次全国海域地名普查时命今名。岸线长 45 米，面积 149 平方米。基岩岛。

洋美澳岛 （Yángměi'ào Dǎo）

北纬 22°50.1′，东经 116°07.7′。位于汕尾市陆丰市甲东镇南面海域，距大陆最近点 120 米。因靠近洋美澳，第二次全国海域地名普查时命今名。岸线长 209 米，面积 2 945 平方米。基岩岛。

金狮头 （Jīnshītóu）

北纬 22°50.1′，东经 116°00.6′。位于汕尾市陆丰市甲西镇沙坝岭西南面海域，距大陆最近点 120 米。金狮头为当地群众惯称。亦名菜园礁。《中国海洋岛屿简况》（1980）记为菜园礁。岸线长 103 米，面积 276 平方米。基岩岛。

金狮头南岛 （Jīnshītóu Nándǎo）

北纬 22°50.0′，东经 116°00.6′。位于汕尾市陆丰市甲西镇沙坝岭西南面海域，北距金狮头 30 米，距大陆最近点 170 米。因处金狮头南面，第二次全国海域地名普查时命今名。岸线长 211 米，面积 908 平方米。基岩岛。

石鸟礁 （Shíniǎo Jiāo）

北纬 22°50.0′，东经 116°07.0′。位于汕尾市陆丰市甲东镇南面海域，距大陆最近点 260 米。礁顶端有一小石形似鸟，故名。1984 年登记的《广东省陆丰县海域海岛地名卡片》、《广东省海域地名志》（1989）、《广东省海岛、礁、沙洲名录表》（1993）均记为石鸟礁。基岩岛。面积约 11 平方米。

安龟礁 (Ānguī Jiāo)

北纬 22°50.0′，东经 116°00.5′。位于汕尾市陆丰市甲西镇沙坝岭西南面海域，距大陆最近点 210 米。该岛形似乌龟匍伏海面，故名。《广东省海域地名志》（1989）、《广东省海岛、礁、沙洲名录表》（1993）记为安龟礁。岸线长 106 米，面积 471 平方米。基岩岛。

安龟礁一岛 (Ānguījiāo Yīdǎo)

北纬 22°50.0′，东经 116°00.4′。位于汕尾市陆丰市甲西镇沙坝岭西南面海域，距安龟礁 30 米，距大陆最近点 190 米。在安龟礁旁，按逆时针顺序排第一，第二次全国海域地名普查时命今名。岸线长 66 米，面积 273 平方米。基岩岛。

安龟礁二岛 (Ānguījiāo Èrdǎo)

北纬 22°49.9′，东经 116°00.4′。位于汕尾市陆丰市甲西镇沙坝岭西南面海域，距安龟礁 50 米，距大陆最近点 260 米。在安龟礁旁，按逆时针顺序排第二，第二次全国海域地名普查时命今名。岸线长 118 米，面积 988 平方米。基岩岛。

安龟礁三岛 (Ānguījiāo Sāndǎo)

北纬 22°49.9′，东经 116°00.4′。位于汕尾市陆丰市甲西镇沙坝岭西南面海域，距安龟礁 70 米，距大陆最近点 300 米。在安龟礁旁，按逆时针顺序排第三，第二次全国海域地名普查时命今名。岸线长 80 米，面积 482 平方米。基岩岛。

小娘菜礁 (Xiǎoniángcài Jiāo)

北纬 22°49.9′，东经 116°07.3′。位于汕尾市陆丰市甲东镇南面海域，距大陆最近点 440 米。该岛表层平滑，盛产紫菜且色雅质优，好比温柔的小姑娘，故名。1984 年登记的《广东省陆丰县海域海岛地名卡片》、《广东省海域地名志》（1989）、《广东省海岛、礁、沙洲名录表》（1993）均记为小娘菜礁。面积约 31 平方米，高程 1.1 米。基岩岛。

四角印 (Sìjiǎoyìn)

北纬 22°49.9′，东经 115°46.2′。位于汕尾市陆丰市金厢镇水月宫西侧海域，距大陆最近点 400 米。该岛形状似四角印，当地群众俗称四角印。洲渚乡一带渔民又叫蒸斗嗒，含义不详。1984 年登记的《广东省陆丰县海域海岛地名卡片》、《广东省海域地名志》（1989）、《广东省海岛、礁、沙洲名录表》（1993）均记为四角印。面积约 11 平方米，高潮露出水面 2 米。基岩岛。

四角印东岛 (Sìjiǎoyìn Dōngdǎo)

北纬 22°49.9′，东经 115°46.5′。位于汕尾市陆丰市金厢镇水月宫西侧海域，西距四角印 530 米，距大陆最近点 90 米。因处四角印东面，第二次全国海域地名普查时命今名。面积约 84 平方米。基岩岛。

脚桶礁 (Jiǎotǒng Jiāo)

北纬 22°49.9′，东经 115°44.9′。位于汕尾市陆丰市金厢镇高厝村西南面海域，碣石湾东北面，距大陆最近点 1.73 千米。岛顶表面凹入，形似小孩洗澡用的浴盆，故名。1984 年登记的《广东省陆丰县海域海岛地名卡片》、《广东省海域地名志》（1989）、《广东省海岛、礁、沙洲名录表》（1993）均记为脚桶礁。岸线长 87 米，面积 565 平方米，高程 3.5 米。基岩岛。

长湾礁 (Chángwān Jiāo)

北纬 22°49.7′，东经 116°06.5′。位于汕尾市陆丰市甲东镇新兴村东南面海域，距大陆最近点 90 米。长湾礁为当地群众惯称。岸线长 168 米，面积 532 平方米。基岩岛。

长湾东岛 (Chángwān Dōngdǎo)

北纬 22°49.7′，东经 116°06.5′。位于汕尾市陆丰市甲东镇新兴村东南面海域，西距长湾礁 110 米，距大陆最近点 190 米。在长湾礁东边，第二次全国海域地名普查时命今名。岸线长 202 米，面积 762 平方米。基岩岛。

公鸡礁 (Gōngjī Jiāo)

北纬 22°49.7′，东经 115°46.7′。位于汕尾市陆丰市金厢镇水月宫东南侧海域，距大陆最近点 120 米。因该岛远眺恰似一只雄鸡，故名。又名鸡安嗒。1984 年登记的《广东省陆丰县海域海岛地名卡片》、《广东省海域地名志》（1989）、《广东省海岛、礁、沙洲名录表》（1993）均记为公鸡礁。面积约 14 平方米，高潮露出水面 2 米。基岩岛。

锅头礁 (Guōtóu Jiāo)

北纬 22°49.7′，东经 116°06.7′。位于汕尾市陆丰市甲东镇新兴村东南面海域，距大陆最近点 300 米。该岛与东、西晓二礁石构成三角形，其中一礁石呈圆锥形，似饭锅，渔民俗称锣锅头，故名。《中国海洋岛屿简况》（1980）称为 4831。1984 年登记的《广东省陆丰县海域海岛地名卡片》、《广东省海域地名志》（1989）、《广东省海岛、礁、沙洲名录表》（1993）、《广东省志·海洋与海岛志》（2000）、《全国海岛名称与代码》（2008）均记为锅头礁。岸线长 86 米，面积 526 平方米，高潮露出水面 3 米。基岩岛。

锅头内岛 (Guōtóu Nèidǎo)

北纬 22°49.8′，东经 116°06.8′。位于汕尾市陆丰市甲东镇新兴村东南面海域，距锅头礁 200 米，距大陆最近点 70 米。在锅头礁周围，且离锅头礁较近，第二次全国海域地名普查时命今名。岸线长 207 米，面积 368 平方米。基岩岛。

锅头外岛 (Guōtóu Wàidǎo)

北纬 22°49.9′，东经 116°06.8′。位于汕尾市陆丰市甲东镇新兴村东南面海域，距锅头礁 350 米，距大陆最近点 40 米。在锅头礁周围，且离锅头礁较远，第二次全国海域地名普查时命今名。面积约 86 平方米。基岩岛。

裂礁 (Liè Jiāo)

北纬 22°49.7′，东经 115°45.3′。位于汕尾市陆丰市金厢镇水月宫西侧，碣石湾东侧海域，距大陆最近点 1.71 千米。该岛中间有一裂开的缝，故名裂礁。福佬话"毕"即"裂"，渔民也称为毕仔礁。1984 年登记的《广东省陆丰县海域海岛地名卡片》、《广东省海域地名志》（1989）、《广东省海岛、礁、沙洲名录表》（1993）均记为裂礁。面积约 36 平方米。基岩岛。

象地礁 (Xiàngdì Jiāo)

北纬 22°49.7′，东经 116°05.1′。位于汕尾市陆丰市甲东镇象地山西侧海域，距大陆最近点 50 米。象地礁是当地群众惯称。《中国海洋岛屿简况》（1980）记为 4841。岸线长 126 米，面积 1 033 平方米。基岩岛。

象地东岛 (Xiàngdì Dōngdǎo)

北纬 22°49.7′，东经 116°05.2′。位于汕尾市陆丰市甲东镇象地山西侧海域，西距象地礁 30 米，距大陆最近点 20 米。因处象地礁东面，第二次全国海域地名普查时命今名。岸线长 56 米，面积 234 平方米。基岩岛。

象地北岛 (Xiàngdì Běidǎo)

北纬 22°49.8′，东经 116°05.1′。位于汕尾市陆丰市甲东镇象地山西侧海域，南距象地礁 280 米，距大陆最近点 120 米。因处象地礁北面，第二次全国海域地名普查时命今名。面积约 26 平方米。基岩岛。

腊烛礁 (Làzhú Jiāo)

北纬 22°49.7′，东经 116°06.7′。位于汕尾市陆丰市甲东镇新兴村东南面海域，距大陆最近点 330 米。对面有小庙叫妈宫，当地群众常带香烛去妈宫庙求神拜佛，故名。《中国海洋岛屿简况》（1980）记为 4832。1984 年登记的《广东省陆丰县海域海岛地名卡片》、《广东省海域地名志》（1989）、《广东省海岛、礁、沙洲名录表》（1993）、《广东省志·海洋与海岛志》（2000）、《全国海岛名称与代码》（2008）均记为腊烛礁。岸线长 388 米，面积 6 920 平方米，高程 3.5 米。基岩岛。

腊烛礁北岛 (Làzhújiāo Běidǎo)

北纬 22°49.7′，东经 116°06.7′。位于汕尾市陆丰市甲东镇新兴村东南面海域，南距腊烛礁 10 米，距大陆最近点 340 米。在蜡烛礁北面，第二次全国海域地名普查时命今名。岸线长 92 米，面积 634 平方米。基岩岛。

斧头礁 (Fǔtóu Jiāo)

北纬 22°49.6′，东经 115°46.9′。位于汕尾市陆丰市金厢镇水月宫东南侧海域，距大陆最近点 90 米。该岛紧靠西澳沙，形似斧头状，故名。1984 年登记的

《广东省陆丰县海域海岛地名卡片》、《广东省海域地名志》（1989）、《广东省海岛、礁、沙洲名录表》（1993）均记为斧头礁。面积约 13 平方米。基岩岛。

斧头礁内岛 (Fǔtóujiāo Nèidǎo)

北纬 22°49.6′，东经 115°46.9′。位于汕尾市陆丰市金厢镇水月宫东南侧海域，距斧头礁 50 米，距大陆最近点 120 米。距斧头礁相对较近，第二次全国海域地名普查时命今名。面积约 41 平方米。基岩岛。

斧头礁外岛 (Fǔtóujiāo Wàidǎo)

北纬 22°49.6′，东经 115°46.9′。位于汕尾市陆丰市金厢镇水月宫东南侧海域，距斧头礁 70 米，距大陆最近点 150 米。距斧头礁相对较远，第二次全国海域地名普查时命今名。面积约 10 平方米。基岩岛。

小双礁 (Xiǎoshuāng Jiāo)

北纬 22°49.6′，东经 115°44.2′。位于汕尾市陆丰市金厢镇水月宫西侧，碣石湾东侧海域，距大陆最近点 2.57 千米。因两礁并立，当地群众称为小双礁。亦名黄鸡太礁。《中国海洋岛屿简况》（1980）称为黄鸡太礁。1984 年登记的《广东省陆丰县海域海岛地名卡片》、《广东省海域地名志》（1989）称为小双礁。《广东省海岛、礁、沙洲名录表》（1993）记为 J14。岸线长 77 米，面积 206 平方米，低潮露出水面 1.5 米。基岩岛。

黑大礁 (Hēidà Jiāo)

北纬 22°49.5′，东经 115°43.9′。位于汕尾市陆丰市金厢镇水月宫西侧，碣石湾东侧海域，小双礁西面，距大陆最近点 2.79 千米。该岛表层呈黑色，且面积较大，故名。又名乌礁、西鼓。因该岛表层呈黑色，当地群众也称乌礁。另金厢湾肚的地理形势，东有 1 个龙石，西有 1 座虎尾山，海面有 2 个大礁石，一个叫东锣（白礁），一个叫西鼓（乌礁），故有"东龙、西虎面前有石锣、石鼓"之称。因此称其为西鼓。《中国海洋岛屿简况》（1980）、1984 年登记的《广东省陆丰县海域海岛地名卡片》、《广东省海域地名志》（1989）、《广东省海岛、礁、沙洲名录表》（1993）、《广东省志·海洋与海岛志》（2000）、《全国海岛名称与代码》（2008）均记为黑大礁。岸线长 238 米，面积 3 835 平方米，高程 19 米。基岩岛。岛上有草丛。

观音礁 (Guānyīn Jiāo)

北纬 22°49.5′，东经 116°06.3′。位于汕尾市陆丰市甲东镇麒麟山东侧海域，距大陆最近点 320 米。该岛由多个礁石组成，传说其中有一礁石像庵堂，座上有观音娘，故名。《中国海洋岛屿简况》（1980）称为 4833。1984 年登记的《广东省陆丰县海域海岛地名卡片》、《广东省海域地名志》（1989）、《广东省海岛、礁、沙洲名录表》（1993）、《广东省志·海洋与海岛志》（2000）、《全国海岛名称与代码》（2008）均记为观音礁。岸线长 547 米，面积 6 882 平方米，高程 3.8 米。基岩岛。

观音西岛 (Guānyīn Xīdǎo)

北纬 22°49.5′，东经 116°06.3′。位于汕尾市陆丰市甲东镇麒麟山东侧海域，东距观音礁 70 米，距大陆最近点 220 米。在观音礁西边，第二次全国海域地名普查时命今名。岸线长 146 米，面积 407 平方米。基岩岛。

观音北岛 (Guānyīn Běidǎo)

北纬 22°49.6′，东经 116°06.4′。位于汕尾市陆丰市甲东镇麒麟山东侧海域，南距观音礁 60 米，距大陆最近点 280 米。在观音礁北边，第二次全国海域地名普查时命今名。岸线长 132 米，面积 694 平方米。基岩岛。

象石礁 (Xiàngshí Jiāo)

北纬 22°49.5′，东经 115°47.5′。位于汕尾市陆丰市碣石内港西北角，距大陆最近点 40 米。该岛位置突出，形状似大象，故名。1984 年登记的《广东省陆丰县海域海岛地名卡片》称为象石礁。岸线长 93 米，面积 257 平方米，高潮露出水面 7 米。基岩岛。

大礁 (Dà Jiāo)

北纬 22°49.5′，东经 116°05.2′。位于汕尾市陆丰市甲东镇象地山西侧海域，距大陆最近点 90 米。该岛由多块面积较大的礁石组成，故名。1984 年登记的《广东省陆丰县海域海岛地名卡片》、《广东省海域地名志》（1989）、《广东省海岛、礁、沙洲名录表》（1993）均记为大礁。岸线长 170 米，面积 1 961 平方米。基岩岛。

大礁东岛 （Dàjiāo Dōngdǎo）

北纬 22°49.5′，东经 116°05.3′。位于汕尾市陆丰市甲东镇象地山西侧海域，西距大礁 20 米，距大陆最近点 40 米。因在大礁东边，第二次全国海域地名普查时命今名。岸线长 148 米，面积 1 579 平方米。基岩岛。

长礁 （Cháng Jiāo）

北纬 22°49.5′，东经 116°06.1′。位于汕尾市陆丰市甲东镇麒麟山东侧海域，距大陆最近点 110 米。因该岛石大而长，故名。1984 年登记的《广东省陆丰县海域海岛地名卡片》、《广东省海域地名志》（1989）、《广东省海岛、礁、沙洲名录表》（1993）均记为长礁。面积约 27 平方米，高程 2 米。基岩岛。

赤礁东 （Chìjiāodōng）

北纬 22°49.4′，东经 115°60.0′。位于汕尾市陆丰市甲西镇定壮村东南面海域，距大陆最近点 1 千米。该岛由灰色和赤色岩石组成，四周岩峰林立，当地群众惯称赤礁。且地图上名称赤礁东，沿用至今，故名。又名大石母。《中国海洋岛屿简况》（1980）称为大石母。1984 年登记的《广东省陆丰县海域海岛地名卡片》、《广东省海域地名志》（1989）、《广东省海岛、礁、沙洲名录表》（1993）、《广东省志·海洋与海岛志》（2000）、《全国海岛名称与代码》（2008）均记为赤礁东。岸线长 530 米，面积 6 358 平方米，高程 5.3 米。基岩岛。

鸟粪礁 （Niǎofèn Jiāo）

北纬 22°49.4′，东经 115°44.0′。位于汕尾市陆丰市金厢镇水月宫西侧，碣石湾东侧海域，黑大礁东南面 210 米，距大陆最近点 3.03 千米。因该岛常有海鸟栖息，粪便成堆而得名。1984 年登记的《广东省陆丰县海域海岛地名卡片》、《广东省海域地名志》（1989）、《广东省海岛、礁、沙洲名录表》（1993）均记为鸟粪礁。岸线长 73 米，面积 381 平方米，低潮露出水面 1.5 米。基岩岛。

狮球礁 （Shīqiú Jiāo）

北纬 22°49.4′，东经 116°05.5′。位于汕尾市陆丰市甲东镇麒麟山西侧海域，距大陆最近点 60 米。岛呈圆形似球，西北面有狮地山，形似狮子戏球，故名。1984 年登记的《广东省陆丰县海域海岛地名卡片》、《广东省海域地名志》（1989）、

《广东省海岛、礁、沙洲名录表》（1993）均记为狮球礁。岸线长 78 米，面积 396 平方米。基岩岛。

犯船礁 (Fànchuán Jiāo)

北纬 22°49.3′，东经 116°06.0′。位于汕尾市陆丰市甲东镇麒麟山东侧海域，距大陆最近点 40 米。犯船礁为当地群众惯称。《广东省海域地名志》（1989）、《广东省海岛、礁、沙洲名录表》（1993）均记为犯船礁。岸线长 11 米，面积 8 平方米。基岩岛。

犯船礁东岛 (Fànchuánjiāo Dōngdǎo)

北纬 22°49.3′，东经 116°06.0′。位于汕尾市陆丰市甲东镇麒麟山东侧海域，西距犯船礁 110 米，距大陆最近点 30 米。在犯船礁东面，第二次全国海域地名普查时命今名。面积约 60 平方米。基岩岛。

头礁 (Tóu Jiāo)

北纬 22°49.3′，东经 115°45.7′。位于汕尾市陆丰市金厢镇水月宫西侧，碣石湾东侧海域，距大陆最近点 1.91 千米。该岛周围连着三块礁石，在水月宫前，东起排第一，故称头礁。1984 年登记的《广东省陆丰县海域海岛地名卡片》、《广东省海域地名志》（1989）、《广东省海岛、礁、沙洲名录表》（1993）均记为头礁。岸线长 39 米，面积 114 平方米，高潮露出水面 3.2 米。基岩岛。

头礁内岛 (Tóujiāo Nèidǎo)

北纬 22°49.3′，东经 115°45.6′。位于汕尾市陆丰市金厢镇水月宫西侧，碣石湾东侧海域，距头礁 80 米，距大陆最近点 1.89 千米。头礁附近有两个海岛，该岛距头礁较近，第二次全国海域地名普查时命今名。岸线长 61 米，面积 271 平方米。基岩岛。

头礁外岛 (Tóujiāo Wàidǎo)

北纬 22°49.3′，东经 115°45.7′。位于汕尾市陆丰市金厢镇水月宫西侧，碣石湾东侧海域，距头礁 190 米，距大陆最近点 1.82 千米。头礁附近有两个海岛，该岛距头礁较远，第二次全国海域地名普查时命今名。岸线长 60 米，面积 246 平方米。基岩岛。

刺礁 (Cì Jiāo)

北纬 22°49.2′，东经 115°47.1′。位于汕尾市陆丰市碣石镇乌泥港北侧，碣石内港入口西北侧海域，距大陆最近点 360 米。位于碣石港右侧，位置如咽喉，船只往返如门户，状似刺胆（方言，指海胆），故名。《中国海洋岛屿简况》（1980）、1984 年登记的《广东省陆丰县海域海岛地名卡片》、《广东省海域地名志》（1989）、《广东省海岛、礁、沙洲名录表》（1993）、《广东省志·海洋与海岛志》（2000）、《全国海岛名称与代码》（2008）均记为刺礁。岸线长 369 米，面积 5 035 平方米，高程 7.1 米。基岩岛。

刺剑太礁 (Cìjiàntài Jiāo)

北纬 22°49.2′，东经 115°45.0′。位于汕尾市陆丰市金厢镇水月宫西侧，碣石湾东侧海域，距大陆最近点 2.79 千米。该岛中间有一条整齐的裂缝，像被刺剑所砍，分成二段，故名刺剑太礁。洲渚一带渔民惯称刺剑礁，十二岗乡一带渔民惯称断礁，又称试剑礁。1984 年登记的《广东省陆丰县海域海岛地名卡片》、《广东省海域地名志》（1989）、《广东省海岛、礁、沙洲名录表》（1993）均记为刺剑太礁。岸线长 53 米，面积 212 平方米，高潮露出水面 6 米。基岩岛。

小白礁 (Xiǎobái Jiāo)

北纬 22°49.2′，东经 115°45.4′。位于汕尾市陆丰市金厢镇水月宫西侧，碣石湾东侧海域，东北距大陆最近点 2.33 千米。该岛在白礁东面，礁体比白礁小，当地群众称为小白礁。又名锅子太。《中国海洋岛屿简况》（1980）称为锅子太。1984 年登记的《广东省陆丰县海域海岛地名卡片》、《广东省海域地名志》（1989）、《广东省海岛、礁、沙洲名录表》（1993）均记为小白礁。岸线长 145 米，面积 1 363 平方米，高潮露出水面 5 米。基岩岛，由花岗岩构成。表面呈弧形，岛岸陡峭，周围多礁。

小白礁北岛 (Xiǎobáijiāo Běidǎo)

北纬 22°49.2′，东经 115°45.3′。位于汕尾市陆丰市金厢镇水月宫西侧，碣石湾东侧海域，南距小白礁 10 米，距大陆最近点 2.35 千米。在小白礁北面，第二次全国海域地名普查时命今名。岸线长 64 米，面积 313 平方米。基岩岛。

小龟礁 (Xiǎoguī Jiāo)

北纬 22°49.2′，东经 115°44.5′。位于汕尾市陆丰市金厢镇水月宫西侧，碣石湾东侧海域，距大陆最近点 3.21 千米。岛形似龟，面积较小，故名。又名龟礁。1984 年登记的《广东省陆丰县海域海岛地名卡片》、《广东省海域地名志》（1989）、《广东省海岛、礁、沙洲名录表》（1993）均记为小龟礁。面积约 54 平方米。基岩岛。

三礁北岛 (Sānjiāo Běidǎo)

北纬 22°49.2′，东经 115°47.1′。位于汕尾市陆丰市碣石镇乌泥港北侧，碣石内港入口西北侧海域，距大陆最近点 520 米。第二次全国海域地名普查时命今名。面积约 7 平方米。基岩岛。

三礁南岛 (Sānjiāo Nándǎo)

北纬 22°49.1′，东经 115°47.1′。位于汕尾市陆丰市碣石镇乌泥港北侧，碣石内港入口西北侧海域，距大陆最近点 600 米。第二次全国海域地名普查时命今名。面积约 6 平方米。基岩岛。

三礁中岛 (Sānjiāo Zhōngdǎo)

北纬 22°49.1′，东经 115°47.1′。位于汕尾市陆丰市碣石镇乌泥港北侧，碣石内港入口西北侧海域，距大陆最近点 560 米。第二次全国海域地名普查时命今名。面积约 6 平方米。基岩岛。

旗杆夹礁 (Qígānjiá Jiāo)

北纬 22°49.1′，东经 115°44.3′。位于汕尾市陆丰市金厢镇水月宫西侧，碣石湾东侧海域，距大陆最近点 3.36 千米。有两块石柱立在海面，形似旗杆夹，故名。该岛远望像两只企鹅蹲着，又有"企鹅礁"之称。《中国海洋岛屿简况》（1980）记为 4865。1984 年登记的《广东省陆丰县海域海岛地名卡片》、《广东省海域地名志》（1989）、《广东省海岛、礁、沙洲名录表》（1993）均记为旗杆夹礁。岸线长 77 米，面积 421 平方米，高潮露出水面 14 米。基岩岛。

旗杆夹南岛 (Qígānjiá Nándǎo)

北纬 22°49.1′，东经 115°44.3′。位于汕尾市陆丰市金厢镇水月宫西侧，碣石湾东侧海域，北距旗杆夹礁 160 米，距大陆最近点 3.4 千米。在旗杆夹礁南面，第二次全国海域地名普查时命今名。岸线长 47 米，面积 161 平方米。基岩岛。

晒网礁 (Shàiwǎng Jiāo)

北纬 22°49.1′，东经 115°45.4′。位于汕尾市陆丰市金厢镇水月宫西南侧，碣石湾东侧海域，小白礁南面 160 米，距大陆最近点 2.44 千米。又名平礁。该岛表面平坦，渔民常在此礁休息、晒网，故有晒网礁、平礁之称。1984 年登记的《广东省陆丰县海域海岛地名卡片》称为晒网礁、平礁。《广东省海域地名志》（1989）、《广东省海岛、礁、沙洲名录表》（1993）记为晒网礁。岸线长 116 米，面积 991 平方米，高潮露出水面 2.2 米。基岩岛。

牵宫门礁 (Qiāngōngmén Jiāo)

北纬 22°49.0′，东经 115°45.5′。位于汕尾市陆丰市金厢镇水月宫西南侧，碣石湾东侧海域，晒网礁东南面 130 米，距大陆最近点 2.4 千米。礁石相连，渔民捕鱼以水月宫大门和此礁成直线作为标志，故名。1984 年登记的《广东省陆丰县海域海岛地名卡片》、《广东省海域地名志》（1989）、《广东省海岛、礁、沙洲名录表》（1993）均记为牵宫门礁。岸线长 77 米，面积 434 平方米，高潮露出水面 2 米。基岩岛。

勺子礁 (Sháozi Jiāo)

北纬 22°48.9′，东经 116°05.9′。位于汕尾市陆丰市甲东镇麒麟山南面，甲子屿西北面海域，距甲子屿 140 米，距大陆最近点 540 米。该岛形似勺子，当地群众惯称勺子礁。面积约 23 平方米。基岩岛。

甲子屿 (Jiǎzi Yǔ)

北纬 22°48.9′，东经 116°06.0′。位于汕尾市陆丰市甲东镇麒麟山南面海域，北距大陆最近点 660 米。该岛临近甲子港，故名。又名草屿。《中国海洋岛屿简况》（1980）、1984 年登记的《广东省陆丰县海域海岛地名卡片》、《广东省海域地名志》（1989）、《广东省海岛、礁、沙洲名录表》（1993）、《广东省志·海洋与海岛志》（2000）、《全国海岛名称与代码》（2008）均记为甲子屿。岸线长 1.18 千米，面积 0.031 平方千米，高程 21.6 米。基岩岛，由花岗岩构成。

岛形似乌龟，东西走向。东高西低，北陡南缓。表层为黄沙黏土。有泉水。石质岸，沿岸多岩石滩。岛上建有铁塔、测风仪、气象观测塔等。岛周水深 7 ～ 13 米。

甲子屿东岛 (Jiǎzǐyǔ Dōngdǎo)

北纬 22°48.9′，东经 116°06.1′。位于汕尾市陆丰市甲东镇麒麟山南面海域，西距甲子屿 20 米，距大陆最近点 810 米。因处甲子屿东面，第二次全国海域地名普查时命今名。面积约 48 平方米。基岩岛。

甲子屿南岛 (Jiǎzǐyǔ Nándǎo)

北纬 22°48.8′，东经 116°06.0′。位于汕尾市陆丰市甲东镇麒麟山南面海域，北距甲子屿 30 米，距大陆最近点 720 米。因处甲子屿南面，第二次全国海域地名普查时命今名。岸线长 106 米，面积 388 平方米。基岩岛。

新剑牙礁 (Xīnjiànyá Jiāo)

北纬 22°48.8′，东经 115°45.3′。位于汕尾市陆丰市金厢镇水月宫西南侧，碣石湾东侧，距大陆最近点 2.84 千米。新剑牙礁是当地群众惯称。1984 年登记的《广东省陆丰县海域海岛地名卡片》、《广东省海域地名志》（1989）、《广东省海岛、礁、沙洲名录表》（1993）、《广东省志·海洋与海岛志》（2000）、《全国海岛名称与代码》（2008）均记为新剑牙礁。岸线长 195 米，面积 743 平方米。基岩岛。

溪心 (Xīxīn)

北纬 22°48.6′，东经 116°06.1′。位于汕尾市陆丰市甲东镇麒麟山南面，甲子屿南面海域，北距甲子屿 310 米，距大陆最近点 1.22 千米。溪心为当地群众惯称。《中国海洋岛屿简况》（1980）称为 4835。岸线长 39 米，面积 104 平方米。基岩岛。

五耳礁 (Wǔ'ěr Jiāo)

北纬 22°48.6′，东经 115°56.4′。位于汕尾市陆丰市湖东镇西南海域，距湖东镇 1.1 千米，距大陆最近点 90 米。五耳礁为当地群众惯称。《广东省海域地名志》（1989）、《广东省海岛、礁、沙洲名录表》（1993）均记为五耳礁。面积约 72 平方米。基岩岛。

磨盘岛 (Mòpán Dǎo)

北纬 22°48.5′，东经 115°56.8′。位于汕尾市陆丰市湖东镇湖东港入口北面海域，距大陆最近点 20 米。因岛呈圆柱状，形似磨盘，第二次全国海域地名普查时命今名。面积约 94 平方米。基岩岛。

雌礁 (Cí Jiāo)

北纬 22°48.5′，东经 116°06.2′。位于汕尾市陆丰市甲东镇麒麟山南面，甲子屿东南面海域，距甲子屿 560 米，距大陆最近点 1.61 千米。雌礁是当地群众惯称。又名刺嗒。该岛由十多块岩石形成一礁盘，呈长形，有一个较大明礁，顶小，下部大，尖形锋利。在此曾发生过多宗碰船事故，是船舶航行危险区，当地群众又称为刺嗒。《中国海洋岛屿简况》（1980）记为雌礁。1984 年登记的《广东省陆丰县海域海岛地名卡片》称为刺嗒。《广东省海域地名志》（1989）、《广东省海岛、礁、沙洲名录表》（1993）均记为雌礁。岸线长 83 米，面积 211 平方米。基岩岛。

雌礁北岛 (Cíjiāo Běidǎo)

北纬 22°48.5′，东经 116°06.2′。位于汕尾市陆丰市甲东镇麒麟山南面，甲子屿东南面海域，南距雌礁 70 米，距大陆最近点 1.48 千米。因处雌礁北边，第二次全国海域地名普查时命今名。岸线长 110 米，面积 463 平方米。基岩岛。

土鸡石 (Tǔjī Shí)

北纬 22°48.4′，东经 115°56.8′。位于汕尾市陆丰市湖东镇湖东港入口，长湖村西南面，距大陆最近点 70 米。土鸡石是当地群众惯称。岸线长 61 米，面积 133 平方米。岛上有草丛和灌木。基岩岛。

猪肝石 (Zhūgān Shí)

北纬 22°48.4′，东经 115°56.8′。位于汕尾市陆丰市湖东镇湖东港入口，长湖村西南面，距大陆最近点 90 米。岛似猪肝，故称猪肝石。又名连肩。1984 年登记的《广东省陆丰县海域海岛地名卡片》、《广东省海域地名志》（1989）、《广东省海岛、礁、沙洲名录表》（1993）均记为猪肝石。岸线长 37 米，面积 99 平方米，高潮露出水面 4 米。基岩岛。岛上有房屋。

麒麟礁 (Qílín Jiāo)

北纬 22°48.4′，东经 115°47.6′。位于汕尾市陆丰市碣石镇乌泥港南侧，大山西侧海域，东距碣石镇 2.2 千米，距大陆最近点 50 米。此礁近东面的山岗麒麟地，故名。因该岛比外候龙靠近陆岸，别名"内候龙"。1984 年登记的《广东省陆丰县海域海岛地名卡片》、《广东省海域地名志》（1989）、《广东省海岛、礁、沙洲名录表》（1993）均记为麒麟礁。面积约 86 平方米，露出水面 1.2 米。基岩岛。

港口岛 (Gǎngkǒu Dǎo)

北纬 22°48.4′，东经 115°56.8′。位于汕尾市陆丰市湖东镇湖东港入口，长湖村西南面，距大陆最近点 90 米。该岛在湖东港口处，第二次全国海域地名普查时命今名。岸线长 302 米，面积 2 579 平方米。基岩岛。岛上有草丛和灌木。

港口南岛 (Gǎngkǒu Nándǎo)

北纬 22°48.4′，东经 115°56.8′。位于汕尾市陆丰市湖东镇湖东港入口，长湖村西南面，北距港口岛 20 米，距大陆最近点 80 米。因处港口岛南面，第二次全国海域地名普查时命今名。岸线长 39 米，面积 108 平方米。基岩岛。

中士 (Zhōngshì)

北纬 22°48.3′，东经 115°56.7′。位于汕尾市陆丰市湖东镇湖东港入口，长湖村西南面，距大陆最近点 170 米。因处大士与北士之间，故称中士。1984 年登记的《广东省陆丰县海域海岛地名卡片》、《广东省海域地名志》（1989）、《广东省海岛、礁、沙洲名录表》（1993）均记为中士。岸线长 62 米，面积 268 平方米，高潮露出水面约 10 米。基岩岛。

头干岛 (Tóugān Dǎo)

北纬 22°48.3′，东经 115°45.9′。位于汕尾市陆丰市碣石湾东侧，乌泥港西南侧，距大陆最近点 2.89 千米。头干岛为当地群众惯称。又名头礁、头嗒、研嗒、牛粪嗒。该岛石头重叠，好像牛屎一样，底大顶尖，碣石一带渔民叫头嗒。十二岗乡一带渔民叫研嗒。当地多数群众惯称牛粪嗒。《中国海洋岛屿简况》（1980）称为头礁。1984 年登记的《广东省陆丰县海域海岛地名卡片》、《广东省海域地名志》（1989）、《广东省海岛、礁、沙洲名录表》（1993）、《广东省志·海洋与海岛志》（2000）、《全国海岛名称与代码》（2008）均记为头干岛。岸线长 366 米，面积 2 072 平方米，高潮露出水面 13 米。呈半球状。基岩岛，由花岗岩构成，表面呈白色。

六耳礁 (Liù'ěr Jiāo)

北纬 22°48.3′，东经 116°5.8′。位于汕尾市陆丰市甲东镇麒麟山南面，甲子屿西南面海域，距甲子屿 1.1 千米，距大陆最近点 1.69 千米。该岛由 6 个礁石组成，故名。1984 年登记的《广东省陆丰县海域海岛地名卡片》、《广东省海域地名志》（1989）、《广东省海岛、礁、沙洲名录表》（1993）均记为六耳礁。岸线长 51 米，面积 184 平方米，低潮露出水面约 4.8 米。基岩岛。

鲎壳礁 (Hòuké Jiāo)

北纬 22°48.2′，东经 115°56.8′。位于汕尾市陆丰市湖东镇湖东港入口南面，长湖村西南面海域，距大陆最近点 80 米。岛体近似圆锥形，像鲎背状，故名。1984 年登记的《广东省陆丰县海域海岛地名卡片》、《广东省海域地名志》（1989）、《广东省海岛、礁、沙洲名录表》（1993）均记为鲎壳礁。岸线长 70 米，面积 367 平方米，高潮露出水面约 2 米。基岩岛。

鲎壳礁东岛 (Hòukéjiāo Dōngdǎo)

北纬 22°48.2′，东经 115°56.9′。位于汕尾市陆丰市湖东镇湖东港入口南面，长湖村西南面海域，西距鲎壳礁 20 米，距大陆最近点 40 米。因在鲎壳礁东面，第二次全国海域地名普查时命今名。岸线长 68 米，面积 342 平方米。基岩岛。

双仁礁 (Shuāngrén Jiāo)

北纬 22°48.2′，东经 116°06.0′。位于汕尾市陆丰市甲东镇麒麟山南面，甲子屿南面海域，距甲子屿 1.17 千米，距大陆最近点 1.94 千米。曾名刺礁、六耳礁。有两块较大岩石分立两处，相距较近，且形状平滑，呈圆形，故称双仁礁。1984 年登记的《广东省陆丰县海域海岛地名卡片》、《广东省海域地名志》（1989）、《广东省海岛、礁、沙洲名录表》（1993）均记为双仁礁。岸线长 62 米，面积 138 平方米，高程 1.8 米。基岩岛。

插箕石 (Chājī Shí)

北纬 22°48.2′，东经 115°57.0′。位于汕尾市陆丰市湖东镇长湖村南面海域，距大陆最近点 70 米。该岛呈凹形，好似农家用具"插箕"，故名。1984 年登记的《广东省陆丰县海域海岛地名卡片》、《广东省海域地名志》(1989)、《广东省海岛、礁、沙洲名录表》(1993) 均记为插箕石。岸线长 50 米，面积 174 平方米。基岩岛。

插箕石南岛 (Chājīshí Nándǎo)

北纬 22°48.1′，东经 115°57.0′。位于汕尾市陆丰市湖东镇长湖村南面海域，北距插箕石 30 米，距大陆最近点 110 米。在插箕石南面，第二次全国海域地名普查时命今名。岸线长 49 米，面积 168 平方米。基岩岛。

后湖岛 (Hòuhú Dǎo)

北纬 22°48.2′，东经 115°57.2′。位于汕尾市陆丰市湖东镇长湖村南面，湖东白礁东面海域，距湖东白礁 130 米，距大陆最近点 70 米。因在后湖村处，第二次全国海域地名普查时命今名。岸线长 57 米，面积 231 平方米。基岩岛。

湖东白礁 (Húdōng Báijiāo)

北纬 22°48.1′，东经 115°57.1′。位于汕尾市陆丰市湖东镇长湖村南面海域，距大陆最近点 90 米。原名白礁。《中国海洋岛屿简况》(1980) 称为 4866。1984 年登记的《广东省陆丰县海域海岛地名卡片》、《广东省海域地名志》(1989)、《广东省海岛、礁、沙洲名录表》(1993)、《广东省志·海洋与海岛志》(2000)、《全国海岛名称与代码》(2008) 均记为白礁。因省内重名，以其位于湖东镇，第二次全国海域地名普查时更为今名。岸线长 220 米，面积 1 049 平方米，高程 6.1 米。基岩岛。

牛头礁 (Niútóu Jiāo)

北纬 22°48.0′，东经 115°47.7′。位于汕尾市陆丰市碣石镇刣人山西侧海域，距大陆最近点 200 米。该岛形似牛头，故名。1984 年登记的《广东省陆丰县海域海岛地名卡片》、《广东省海域地名志》(1989)、《广东省海岛、礁、沙洲名录表》(1993) 均记为牛头礁。岸线长 68 米，面积 303 平方米，高潮露出水面 14 米。基岩岛。

候涌礁 (Hòuyǒng Jiāo)

北纬 22°47.9′，东经 115°47.8′。位于汕尾市陆丰市碣石镇刣人山西侧海域，距大陆最近点 120 米。在此渔民驾船常要等候波浪平静，才能辨认标志，故称候涌礁。1984 年登记的《广东省陆丰县海域海岛地名卡片》、《广东省海域地名志》（1989）、《广东省海岛、礁、沙洲名录表》（1993）均记为候涌礁。岸线长 56 米，面积 200 平方米，露出水面 0.5 米。基岩岛。

东白礁 (Dōngbái Jiāo)

北纬 22°47.9′，东经 116°05.8′。位于汕尾市陆丰市甲东镇麒麟山南面，甲子屿南面海域，距甲子屿 1.68 千米，距大陆最近点 2.28 千米。该岛在甲子角较深海处，浪大流急，海浪冲击时溅起白色水花，故名。又名白礁、鳌岩。《中国海洋岛屿简况》（1980）记为鳌岩。1984 年登记的《广东省汕头市海域海岛地名卡片》中记为白礁、东白礁。《广东省海域地名志》（1989）、《广东省海岛、礁、沙洲名录表》（1993）、《广东省志·海洋与海岛志》（2000）、《全国海岛名称与代码》（2008）均记为东白礁。岸线长 394 米，面积 3 425 平方米，高程 11.8 米。基岩岛，由花岗岩构成。岛上数岩相连，西北—东南走向，表面光滑呈白色。建有电信发射天线。东北侧礁石密布，附近海域水深 10～15 米。广州至汕头航线从岛南侧通过。

猪头石 (Zhūtóu Shí)

北纬 22°47.9′，东经 115°56.8′。位于汕尾市陆丰市湖东镇长湖村南面海域，距大陆最近点 510 米。该岛形状似圆盘上猪头，故名。1984 年登记的《广东省陆丰县海域海岛地名卡片》、《广东省海域地名志》（1989）、《广东省海岛、礁、沙洲名录表》（1993）均记为猪头石。岸线长 83 米，面积 254 平方米，高潮露出水面 2.5 米。基岩岛。

四方礁 (Sìfāng Jiāo)

北纬 22°47.9′，东经 115°47.4′。位于汕尾市陆丰市碣石镇刣人山西侧海域，距大陆最近点 670 米。该岛呈四方形似刀削，顶端平坦，当地群众称为四方礁。1984 年登记的《广东省陆丰县海域海岛地名卡片》、《广东省海域地名志》（1989）、《广东省海岛、礁、沙洲名录表》（1993）均记为四方礁。岸线长 60 米，面积 272 平方米，高程 4.6 米。基岩岛。

滨毛头 (Bīnmáotóu)

北纬 22°47.9′，东经 115°47.8′。位于汕尾市陆丰市碣石镇刣人山西侧海域，距大陆最近点 210 米。该岛在滨毛礁东南侧，单独出现，当地群众惯称滨毛头。1984 年登记的《广东省陆丰县海域海岛地名卡片》、《广东省海域地名志》（1989）、《广东省海岛、礁、沙洲名录表》（1993）均记为滨毛头。面积约 54 平方米，高潮露出水面 3.5 米。基岩岛。

断石岛 (Duànshí Dǎo)

北纬 22°47.9′，东经 115°57.9′。位于汕尾市陆丰市湖东镇长湖村东南侧海域，距长湖村 1.51 千米，距大陆最近点 1.02 千米。该岛由两块石头组成，且前面一块断开，故名。岸线长 186 米，面积 1 124 平方米。基岩岛。

滨毛礁 (Bīnmáo Jiāo)

北纬 22°47.9′，东经 115°47.9′。位于汕尾市陆丰市碣石镇刣人山西侧海域，距大陆最近点 120 米。该岛在滨毛只澳北面，渔民惯称滨毛礁。1984 年登记的《广东省陆丰县海域海岛地名卡片》、《广东省海域地名志》（1989）、《广东省海岛、礁、沙洲名录表》（1993）均记为滨毛礁。岸线长 354 米，面积 835 平方米，高潮露出水面 2 米。基岩岛。

羊仔 (Yángzǎi)

北纬 22°47.8′，东经 115°58.2′。位于汕尾市陆丰市湖东镇长湖村东南侧海域，距长湖村 2.09 千米，距大陆最近点 1.51 千米。该岛高耸而立，远看活像面朝东南的山羊，俗称羊仔。又名羊仔岛。《中国海洋岛屿简况》（1980）、1984 年登记的《广东省陆丰县海域海岛地名卡片》、《广东省海域地名志》（1989）、《广东省海岛、礁、沙洲名录表》（1993）、《广东省志·海洋与海岛志》（2000）均记为羊仔。《全国海岛名称与代码》（2008）记为羊仔岛。岸线长 263 米，面积 3 617 平方米，高 9.1 米。基岩岛，由花岗岩构成，表面呈白色。

羊仔西岛 (Yángzǎi Xīdǎo)

北纬 22°47.7′，东经 115°58.1′。位于汕尾市陆丰市湖东镇长湖村东南侧海域，东距羊仔 230 米，距大陆最近点 1.5 千米。因在羊仔西面，第二次全国海域地名普查时命今名。岸线长 120 米，面积 928 平方米。基岩岛。

鸟石礁 (Niǎoshí Jiāo)

北纬 22°47.7′，东经 115°53.5′。位于汕尾市陆丰市湖东镇三洲澳西侧海域，距大陆最近点 310 米。该岛中间突出处似海鸟，故名。《广东省海域地名志》（1989）、《广东省海岛、礁、沙洲名录表》（1993）均记为鸟石礁。基岩岛。岸线长 97 米，面积 387 平方米。

三洲澳岛 (Sānzhōu'ào Dǎo)

北纬 22°47.7′，东经 115°53.6′。位于汕尾市陆丰市湖东镇三洲澳西侧海域，距大陆最近点 140 米。因该岛紧靠三洲澳，第二次全国海域地名普查时命今名。岸线长 148 米，面积 261 平方米。基岩岛。

三洲澳西岛 (Sānzhōu'ào Xīdǎo)

北纬 22°47.7′，东经 115°53.6′。位于汕尾市陆丰市湖东镇三洲澳西侧海域，东距三洲澳岛 40 米，距大陆最近点 180 米。因在三洲澳岛西面，第二次全国海域地名普查时命今名。岸线长 83 米，面积 176 平方米。基岩岛。

三洲澳东岛 (Sānzhōu'ào Dōngdǎo)

北纬 22°47.7′，东经 115°53.7′。位于汕尾市陆丰市湖东镇三洲澳西侧海域，西距三洲澳岛 90 米，距大陆最近点 80 米。因在三洲澳岛东面，第二次全国海域地名普查时命今名。岸线长 61 米，面积 103 平方米。基岩岛。

三洲澳南岛 (Sānzhōu'ào Nándǎo)

北纬 22°47.7′，东经 115°53.7′。位于汕尾市陆丰市湖东镇三洲澳西侧海域，北距三洲澳岛 120 米，距大陆最近点 30 米。因在三洲澳岛南面，第二次全国海域地名普查时命今名。岸线长 67 米，面积 188 平方米。基岩岛。

红厝礁 (Hóngcuò Jiāo)

北纬 22°47.7′，东经 115°54.6′。位于汕尾市陆丰市湖东镇三洲澳东侧海域，距大陆最近点 170 米。该岛表面呈赤红色，形状如屋，当地群众称为红厝礁。1984 年登记的《广东省陆丰县海域海岛地名卡片》、《广东省海域地名志》（1989）、《广东省海岛、礁、沙洲名录表》（1993）均记为红厝礁。面积约 35 平方米，高 2 米。基岩岛。

大士 (Dàshì)

北纬 22°47.7′，东经 115°57.9′。位于汕尾市陆丰市湖东镇长湖村东南侧海域，距大陆最近点 1.29 千米。大士是当地群众惯称。又名大士岛。《中国海洋岛屿简况》（1980）、1984 年登记的《广东省陆丰县海域海岛地名卡片》、《广东省海域地名志》（1989）、《广东省海岛、礁、沙洲名录表》（1993）、《广东省志·海洋与海岛志》（2000）均记为大士。《全国海岛名称与代码》（2008）记为大士岛。岸线长 441 米，面积 2 539 平方米，高程 15.9 米。基岩岛，由花岗岩构成。东西走向，中间高，东部低，顶部有杂草。近岸多礁。

小士岛 (Xiǎoshì Dǎo)

北纬 22°47.7′，东经 115°57.9′。位于汕尾市陆丰市湖东镇长湖村东南侧海域，距大士 48 米，距大陆最近点 1.36 千米。该岛在大士旁边，且面积较小，第二次全国海域地名普查时命今名。岸线长 78 米，面积 445 平方米。基岩岛。

大马礁 (Dàmǎ Jiāo)

北纬 22°47.5′，东经 115°53.8′。位于汕尾市陆丰市湖东镇石角尾山西侧海域，距大陆最近点 160 米。该岛形状似马背，故名。又称大马石。1984 年登记的《广东省陆丰县海域海岛地名卡片》、《广东省海域地名志》（1989）、《广东省海岛、礁、沙洲名录表》（1993）均记为大马礁。岸线长 150 米，面积 788 平方米，高潮露出水面 2.5 米。基岩岛。

大马南一岛 (Dàmǎ Nányī Dǎo)

北纬 22°47.4′，东经 115°53.8′。位于汕尾市陆丰市湖东镇石角尾山西侧海域，北距大马礁 190 米，距大陆最近点 380 米。在大马礁南面有 2 个海岛，按逆时针顺序，该岛排第一，第二次全国海域地名普查时命今名。岸线长 47 米，面积 166 平方米。基岩岛。

大马南二岛 (Dàmǎ Nánèr Dǎo)

北纬 22°47.4′，东经 115°53.8′。位于汕尾市陆丰市湖东镇石角尾山西侧海域，北距大马礁 180 米，距大陆最近点 350 米。在大马礁南 2 个海岛按逆时针顺序，该岛排第二，第二次全国海域地名普查时命今名。岸线长 103 米，面积 211 平方米。基岩岛。

马屎礁 (Mǎshǐ Jiāo)

北纬 22°47.4′，东经 115°48.0′。位于汕尾市陆丰市碣石镇碣石湾油库码头西南面海域，距碣石湾油库码头 360 米，距大陆最近点 100 米。该岛在大马礁后面散乱分布，似马屎堆，故名。1984 年登记的《广东省陆丰县海域海岛地名卡片》、《广东省海域地名志》（1989）、《广东省海岛、礁、沙洲名录表》（1993）均记为马屎礁。面积约 76 平方米，高潮露出水面 1 米。基岩岛。

水牛坟角 (Shuǐniúfénjiǎo)

北纬 22°47.3′，东经 115°54.2′。位于汕尾市陆丰市湖东镇石角尾山南面海域，距大陆最近点 40 米。水牛坟角为当地群众惯称。广东省海域海岛地名图（1973）标注为水牛坟角。面积约 17 平方米。基岩岛。

北士一岛 (Běishì Yīdǎo)

北纬 22°47.3′，东经 115°54.3′。位于汕尾市陆丰市湖东镇石角尾山南面海域，距大陆最近点 190 米。周围 4 个海岛按自北向南逆时针顺序，该岛排第一，第二次全国海域地名普查时命今名。岸线长 155 米，面积 1 697 平方米。基岩岛。

北士二岛 (Běishì Èrdǎo)

北纬 22°47.2′，东经 115°54.3′。位于汕尾市陆丰市湖东镇石角尾山南面海域，距大陆最近点 280 米。邻近 4 个海岛按自北向南逆时针顺序，该岛排第二，第二次全国海域地名普查时命今名。岸线长 164 米，面积 1 837 平方米。基岩岛。

北士三岛 (Běishì Sāndǎo)

北纬 22°47.2′，东经 115°54.3′。位于汕尾市陆丰市湖东镇石角尾山南面海域，距大陆最近点 290 米。邻近 4 个海岛按自北向南逆时针顺序，该岛排第三，第二次全国海域地名普查时命今名。岸线长 220 米，面积 3 263 平方米。基岩岛。

北士四岛 (Běishì Sìdǎo)

北纬 22°47.2′，东经 115°54.3′。位于汕尾市陆丰市湖东镇石角尾山南面海域，距大陆最近点 320 米。周围 4 个海岛按自北向南逆时针顺序，该岛排第四，第二次全国海域地名普查时命今名。岸线长 127 米，面积 1 164 平方米。基岩岛。

锣锅头 (Luóguōtóu)

北纬 22°47.2′，东经 115°54.3′。位于汕尾市陆丰市湖东镇石角尾山南面，距大陆最近点 390 米。因表层呈黑色，形似饭锅，当地群众惯称锣锅头。1984 年登记的《广东省陆丰县海域海岛地名卡片》、《广东省海域地名志》（1989）、《广东省海岛、礁、沙洲名录表》（1993）均记为锣锅头。岸线长 52 米，面积 203 平方米。基岩岛。

椭礁 (Tuǒ Jiāo)

北纬 22°47.1′，东经 115°47.8′。位于汕尾市陆丰市碣石镇角西村西南面海域，距角西村 980 米，距大陆最近点 110 米。椭礁是当地群众惯称。岸线长 45 米，面积 137 平方米。基岩岛。

椭礁西岛 (Tuǒjiāo Xīdǎo)

北纬 22°47.1′，东经 115°47.8′。位于汕尾市陆丰市碣石镇角西村西南面海域，东距椭礁 50 米，距大陆最近点 150 米。因在椭礁西面，第二次全国海域地名普查时命今名。线长 76 米，面积 421 平方米。基岩岛。岸

椭礁东岛 (Tuǒjiāo Dōngdǎo)

北纬 22°47.1′，东经 115°47.9′。位于汕尾市陆丰市碣石镇角西村西南面海域，西距椭礁 30 米，距大陆最近点 60 米。因在椭礁东面，第二次全国海域地名普查时命今名。岸线长 77 米，面积 365 平方米。基岩岛。

沙毛礁 (Shāmáo Jiāo)

北纬 22°46.6′，东经 115°47.9′。位于汕尾市陆丰市碣石镇角西村西南面海

域，距角西村 1.37 千米，距大陆最近点 150 米。常有成群沙毛鱼洄游此礁周围，当地群众称之为沙毛礁。1984 年登记的《广东省陆丰县海域海岛地名卡片》、《广东省海域地名志》（1989）、《广东省海岛、礁、沙洲名录表》（1993）均记为沙毛礁。岸线长 74 米，面积 391 平方米，高潮露出水面 8.7 米。基岩岛。

沙毛礁南岛 (Shāmáojiāo Nándǎo)

北纬 22°46.6′，东经 115°47.9′。位于汕尾市陆丰市碣石镇角西村西南面海域，北距沙毛礁 50 米，距大陆最近点 170 米。在沙毛礁南面，第二次全国海域地名普查时命今名。面积约 16 平方米。基岩岛。

鸟咀礁 (Niǎozuǐ Jiāo)

北纬 22°45.7′，东经 115°47.7′。位于汕尾市陆丰市碣石镇田尾山西北面海域，距大陆最近点 120 米。该岛因形似鸟嘴而得名。1984 年登记的《广东省陆丰县海域海岛地名卡片》称为鸟咀礁。岸线长 55 米，面积 218 平方米，高程 2.9 米。基岩岛。

花园礁 (Huāyuán Jiāo)

北纬 22°45.6′，东经 115°47.7′。位于汕尾市陆丰市碣石镇田尾山西北面海域，距大陆最近点 100 米。此处礁石集中分布，石面似花瓣，中间一块直竖，薄如镜，有仙女下凡赏花照镜之传说，因此渔民惯称花园礁。1984 年登记的《广东省陆丰县海域海岛地名卡片》、《广东省海域地名志》（1989）、《广东省海岛、礁、沙洲名录表》（1993）均记为花园礁。岸线长 52 米，面积 125 平方米，高潮露出水面 8.4 米。基岩岛。

花园礁南岛 (Huāyuánjiāo Nándǎo)

北纬 22°45.5′，东经 115°47.8′。位于汕尾市陆丰市碣石镇田尾山西北面海域，北距花园礁 250 米，距大陆最近点 50 米。《中国海洋岛屿简况》（1980）记为 J1。因处花园礁南面，第二次全国海域地名普查时更为今名。面积约 26 平方米。基岩岛。

纺车篮 (Fǎngchēlán)

北纬 22°45.4′，东经 115°47.7′。位于汕尾市陆丰市碣石镇田尾山西侧海域，距大陆最近点 300 米。该岛处于急流之中，中间有一块圆形石，被波浪冲击时微微摆动并有响声，因此而得名纺车篮。1984 年登记的《广东省陆丰县海域海岛地名卡片》、《广东省海域地名志》（1989）、《广东省海岛、礁、沙洲名录表》（1993）均记为纺车篮。面积约 29 平方米，高程 1.7 米。基岩岛。

篮尾礁 (Lánwěi Jiāo)

北纬 22°45.3′，东经 115°47.8′。位于汕尾市陆丰市碣石镇田尾山西侧海域，距大陆最近点 270 米。该岛接近纺车篮，面积略小，当地群众惯称篮尾礁。1984 年登记的《广东省陆丰县海域海岛地名卡片》、《广东省海域地名志》（1989）、《广东省海岛、礁、沙洲名录表》（1993）均记为篮尾礁。面积约 17 平方米。基岩岛。

后耳礁 (Hòu'ěr Jiāo)

北纬 22°45.3′，东经 115°50.1′。位于汕尾市陆丰市碣石镇后埔村东南海域，距后埔村 1.52 千米，距大陆最近点 30 米。后耳礁为当地群众惯称。岸线长 174 米，面积 2 253 平方米。基岩岛。

公子帽 (Gōngzǐmào)

北纬 22°45.3′，东经 115°47.9′。位于汕尾市陆丰市碣石镇田尾山西侧海域，距大陆最近点 50 米。从西南方望去，该岛露出水面部分状似古代公子帽，故名。又名状元帽。1984 年登记的《广东省陆丰县海域海岛地名卡片》、《广东省海域地名志》（1989）、《广东省海岛、礁、沙洲名录表》（1993）均记为公子帽。面积约 32 平方米，露出水面 1.2 米。基岩岛。

蚊帐礁 (Wénzhàng Jiāo)

北纬 22°45.2′，东经 115°49.5′。位于汕尾市陆丰市碣石镇后埔村东南海域，距后埔村 1.18 千米，距大陆最近点 70 米。该岛形似四方形蚊帐，当地群众惯称蚊帐礁。1984 年登记的《广东省陆丰县海域海岛地名卡片》、《广东省海域地名志》（1989）、《广东省海岛、礁、沙洲名录表》（1993）均记为蚊帐礁。面积约 64 平方米。基岩岛。

浪泡石 (Làngpào Shí)

北纬 22°45.0′，东经 115°48.1′。位于汕尾市陆丰市碣石镇田尾山西侧海域，距大陆最近点 20 米。该岛受波浪不停冲击激起浪花和水泡，故名。1984 年登记的《广东省陆丰县海域海岛地名卡片》、《广东省海域地名志》（1989）、《广东省海岛、礁、沙洲名录表》（1993）均记为浪泡石。岸线长 82 米，面积 486 平方米，高程 4.5 米。基岩岛。

渔翁礁 (Yúwēng Jiāo)

北纬 22°44.7′，东经 115°49.5′。位于汕尾市陆丰市碣石镇后埔村东南海域，距后埔村 1.88 千米，距大陆最近点 370 米。该岛四周岩石高低不平，中间屹立的石峰很像渔翁站着钓鱼，故名。1984 年登记的《广东省陆丰县海域海岛地名卡片》、《广东省海域地名志》（1989）、《广东省海岛、礁、沙洲名录表》（1993）、《广东省志·海洋与海岛志》（2000）、《全国海岛名称与代码》（2008）均记为渔翁礁。岸线长 544 米，面积 0.017 9 平方千米，高程 12.9 米。基岩岛，由多块礁石组成，花岗岩岸，侵蚀地貌发育。该岛是国家公布的第一批开发利用无居民海岛，主要用途为交通与工业用岛。

眠礁 (Mián Jiāo)

北纬 22°44.6′，东经 115°49.6′。位于汕尾市陆丰市碣石镇后埔村东南，渔翁礁东南面海域，距渔翁礁 150 米，距大陆最近点 510 米。该岛顶部平坦似床板，当地群众惯称眠礁。传说因眠礁与渔翁礁接近，是钓鱼翁的眠床。1984 年登记的《广东省陆丰县海域海岛地名卡片》、《广东省海域地名志》（1989）、《广东省海岛、礁、沙洲名录表》（1993）、《广东省志·海洋与海岛志》（2000）、《全国海岛名称与代码》（2008）均记为眠礁。岸线长 176 米，面积 675 平方米，高 5.7 米。基岩岛，由多块花岗岩礁石组成，具花岗岩侵蚀地貌。该岛是国家公布的第一批开发利用无居民海岛，主要用途为交通与工业用岛。

两峡礁 (Liǎngxiá Jiāo)

北纬 22°44.6′，东经 115°49.2′。位于汕尾市陆丰市碣石镇后埔村南面，渔翁礁西面海域，距渔翁礁 430 米，距大陆最近点 120 米。该岛由 3 块礁石排列形成，中间有两条缝隙，渔民称两峡礁。又称双峡塔。1984 年登记的《广东省陆丰县海域海岛地名卡片》、《广东省海域地名志》（1989）、《广东省海岛、礁、沙洲名录表》（1993）均记为两峡礁。岸线长 71 米，面积 317 平方米。基岩岛。

牛屎礁 (Niúshǐ Jiāo)

北纬 22°44.5′，东经 115°49.0′。位于汕尾市陆丰市碣石镇田尾山东南面海域，距大陆最近点 50 米。该岛表面呈青黄色，像几堆牛屎，当地群众俗称牛屎礁。1984 年登记的《广东省陆丰县海域海岛地名卡片》、《广东省海域地名志》（1989）、《广东省海岛、礁、沙洲名录表》（1993）均记为牛屎礁。岸线长 42 米，面积 125 平方米，露出水面 1.9 米。基岩岛。

东桔礁 (Dōngjú Jiāo)

北纬 22°43.5′，东经 115°49.8′。位于汕尾市陆丰市碣石镇田尾山东南面海域，距大陆最近点 2.05 千米。在西桔礁东面，当地群众惯称东桔礁或东礁。《中国海洋岛屿简况》（1980）、1984 年登记的《广东省陆丰县海域海岛地名卡片》、《广东省海域地名志》（1989）、《广东省海岛、礁、沙洲名录表》（1993）、《广东省志·海洋与海岛志》（2000）、《全国海岛名称与代码》（2008）均记为东桔礁。岸线长 254 米，面积 2 114 平方米，高程 6.9 米。基岩岛。

东桔东岛 (Dōngjú Dōngdǎo)

北纬 22°43.5′，东经 115°49.8′。位于汕尾市陆丰市碣石镇田尾山东南面海域，西距东桔礁 90 米，距大陆最近点 2.15 千米。因地处东桔礁东边，第二次全国海域地名普查时命今名。岸线长 122 米，面积 611 平方米。基岩岛。

西桔礁 (Xījú Jiāo)

北纬 22°42.3′，东经 115°46.6′。位于汕尾市陆丰市碣石镇田尾山西南面，东桔礁西南面海域，距东桔礁 5.93 千米，距大陆最近点 5.6 千米。从北面望去形似一对桔子，且在东桔礁西面，故名。该岛从北面望去似一对桔子，历来渔民又惯称南桔礁。《中国海洋岛屿简况》（1980）、1984 年登记的《广东省陆丰县海域海岛地名卡片》、《广东省海域地名志》（1989）、《广东省海岛、礁、沙洲名录表》（1993）、《广东省志·海洋与海岛志》（2000）、《全国海岛名称与代码》（2008）均记为西桔礁。岸线长 377 米，面积 0.010 2 平方千米，高程 15.2 米。基岩岛。岛上有国家大地控制点等。

大镬岛 (Dàhuò Dǎo)

北纬 21°38.5′，东经 112°07.0′。位于阳江市东平镇，南鹏列岛东北端，东北距东平镇 13.01 千米。在南鹏列岛海洋生态自然保护区内。因岛形似锤，面积大于东南 3 千米外的二镬岛，故名。《中国海洋岛屿简况》（1980）、1984 年登记的《广东省阳江县海域海岛地名卡片》、《广东省海域地名志》（1989）、《广东省海岛、礁、沙洲名录表》（1993）、《广东省志·海洋与海岛志》（2000）、《全国海岛名称与代码》（2008）均记为大镬岛。岸线长 5.04 千米，面积 0.791 4 平方千米，最高点位于东北部大镬山，高程 104.1 米。基岩岛。岛体由寒武系变质岩砂页岩构成。四周高中间低，西北部和中部为滨海平地，表层为黄土，厚 0.2～0.4 米。岛中部有水田 667 平方米。岛西北面有质量较好的沙滩，长 1 千米，宽 30～60 米，潮间带宽 20～30 米，余为傍山海岸。岛上有石洞 2 个，泉水 6 处。岛上植被以灌木草丛为主，覆盖率较高。常有人登岛游玩垂钓。

二镬岛 (Èrhuò Dǎo)

北纬 21°36.6′，东经 112°08.4′。位于阳江市东平镇，东北距东平镇 14.45 千米，西北距大镬岛 3.2 千米。在南鹏列岛海洋生态自然保护区内。因该岛两端高，中间低，形状像镬，且面积小于西北的大镬岛，故名。《中国海洋岛屿简况》（1980）、1984 年登记的《广东省阳江县海域海岛地名卡片》、《广东省海域地名志》（1989）、《广东省海岛、礁、沙洲名录表》（1993）、《广东省志·海洋与海岛志》（2000）、《全国海岛名称与代码》（2008）均记为二镬岛。岸线长 4.48 千米，面积 0.542 5 平方千米。基岩岛。岛体由砂页岩构成，南北高中间低，北部最高点二镬顶海拔 121.5 米。表层为黄土，厚 0.2～0.4 米。岛上有洞穴 3 个，泉水 3 处、四周皆为陡壁。东、南、西各有 1 个小海湾。

二镬仔岛 (Èrhuòzǎi Dǎo)

北纬 21°37.0′，东经 112°08.2′。位于阳江市东平镇，东北距东平镇 14.43 千米，南距二镬岛 124 米。因位于二镬岛北端，面积较小，故名。岸线长 240 米，面积 2 502 平方米。基岩岛。

虎仔 (Hǔzǎi)

北纬 21°36.3′，东经 112°09.6′。位于阳江市东平镇，东北距东平镇 13.81 千米，西距二镬岛 1.45 千米。在南鹏列岛海洋生态自然保护区内。因该岛形似老虎卧在海上，故名。因附近有大镬岛、二镬岛，该岛最小，故又名镬仔。《中国海洋岛屿简况》（1980）、1984 年登记的《广东省阳江县海域海岛地名卡片》、《广东省海域地名志》（1989）、《广东省海岛、礁、沙洲名录表》（1993）、《广东省志·海洋与海岛志》（2000）、《全国海岛名称与代码》（2008）均记为虎仔。岸线长 1.28 千米，面积 0.059 平方千米，海拔 81.2 米。基岩岛，由砂页岩构成。表层为沙石土，长有茅草。四周皆为陡壁。

黄程山 (Huángchéng Shān)

北纬 21°33.3′，东经 112°06.7′。位于阳江市东平镇，东北距东平镇 20.97 千米，西北距海陵岛 12.79 千米。在南鹏列岛海洋生态自然保护区内。因岛上岩石呈黄色，且有一口由青砖砌成的水井，形似当地人盛水之"程"，故名黄程山。又名镬仔，因其面积小于附近的大镬岛、二镬岛，故名。《中国海洋岛屿简况》（1980）、1984 年登记的《广东省阳江县海域海岛地名卡片》、《广东省海域地名志》（1989）、《广东省海岛、礁、沙洲名录表》（1993）、《广东省志·海洋与海岛志》（2000）、《全国海岛名称与代码》（2008）均记为黄程山。岸线长 1.57 千米，面积 0.120 9 平方千米，海拔 87.5 米。基岩岛。岛体由砂页岩构成，表层为沙石土，岛岸陡峭。长有草丛和灌木。建有灯塔 1 座。

黄程山一岛 (Huángchéngshān Yīdǎo)

北纬 21°33.2′，东经 112°06.7′。位于阳江市东平镇，东北距东平镇 21.42 千米，西北距海陵岛 13.06 千米。黄程山周围有 3 个海岛，按自北向南的顺序，该岛排第一，第二次全国海域地名普查时命今名。岸线长 61 米，面积 233 平方米。基岩岛。

黄程山二岛 (Huángchéngshān Èrdǎo)

北纬 21°33.2′，东经 112°06.8′。位于阳江市东平镇，东北距东平镇 21.34

千米，西北距海陵岛 13.15 千米。黄程山周围 3 个海岛自北向南排序，该岛排第二，第二次全国海域地名普查时命今名。岸线长 42 米，面积 119 平方米。基岩岛。

黄程山三岛 (Huángchéngshān Sāndǎo)

北纬 21°33.2′，东经 112°06.8′。位于阳江市东平镇，东北距东平镇 21.31 千米，西北距海陵岛 13.17 千米。黄程山周围 3 个海岛自北向南排序，该岛排第三，第二次全国海域地名普查时命今名。岸线长 47 米，面积 146 平方米。基岩岛。

南鹏岛 (Nánpéng Dǎo)

北纬 21°33.1′，东经 112°11.0′。位于阳江市东平镇，东北距东平镇 16.96 千米。在南鹏列岛海洋生态自然保护区内。因在阳江市大陆以南，且常有许多海鸟飞来居住，其中以大鹏鸟居住较多，故名。《中国海洋岛屿简况》（1980）、1984 年登记的《广东省阳江县海域海岛地名卡片》、《广东省海域地名志》（1989）、《广东省海岛、礁、沙洲名录表》（1993）、《广东省志·海洋与海岛志》（2000）、《全国海岛名称与代码》（2008）均记为南鹏岛。岸线长 8.91 千米，面积 1.6398 平方千米，海拔 209.8 米。基岩岛。岛上岩石，东部主要为砂岩、页岩，西部主要为花岗岩。岛屿西部面积大、地势高，在西部中央顶端可望全岛及周围海面。东部窄而长，面积小，地势低。东西间鞍部为低平沙地，台风大潮时常被淹没。岛岸陡峭，无海滩，尤以南岸险要，陡壁高达 100 米。表层为黄土，厚 0.2～0.4 米。

该岛 200 多年前已有渔民居住。1938 年在该岛西部发现中型钨矿床，居民骤增。1939 年 5 月该岛被日军侵占，岛上居民遭到掠夺和残杀，至 1946 年仅剩民工 10 余人，有一处悬崖被人们命名为砍头崖，流传至今。中华人民共和国成立后，采矿实现机械化，年产钨矿约 1 000 吨。1975 年后为集体开采。现主要矿体采掘殆尽，建筑废弃，矿坑遍布西部山腰及山脚。2011 年岛上常住人口 2 人，看守废弃的采矿设施。该岛已初步开展旅游开发，常有人登岛游玩垂钓。位于岛东北部的南鹏湾水面宽阔，湾内建有渔船码头 1 座，码头处有立碑篆文。湾内沙滩上建有若干简易房屋，游客可在此休憩。采矿时建造的蓄水池可提供淡水，供近百人饮用。2010 年年初地震局在岛上安装了地震监测设施。岛上有开垦的农田。海拔最高处建有 191.5 米高通信发射塔，并建有灯塔 1 座。

鸡脚碰 (Jījiǎopèng)

北纬 21°32.9′，东经 112°11.5′。位于阳江市东平镇，东北距东平镇 17.88 千米，西距南鹏岛 69 米。鸡脚碰为当地群众惯称，含义不详。岸线长 146 米，面积 1 124 平方米。基岩岛。

大西帆石 (Dàxīfān Shí)

北纬 21°31.6′，东经 112°05.8′。位于阳江市东平镇，东北距东平镇 24.68 千米，西北距海陵岛 13.91 千米。在南鹏列岛海洋生态自然保护区内。因岛形似帆船，在南鹏岛西南，面积大于东北 1 千米的小西帆石，故名。《中国海洋岛屿简况》（1980）、1984 年登记的《广东省阳江县海域海岛地名卡片》、《广东省海域地名志》（1989）、《广东省海岛、礁、沙洲名录表》（1993）、《广东省志·海洋与海岛志》（2000）、《全国海岛名称与代码》（2008）均记为大西帆石。岸线长 262 米，面积 4 206 平方米，海拔 15.3 米。基岩岛。岛上建有圆柱形地震监测设施。

小西帆石 (Xiǎoxīfān Shí)

北纬 21°31.9′，东经 112°06.3′。位于阳江市东平镇，东北距东平镇 23.7 千米，西北距海陵岛 14.14 千米。在南鹏列岛海洋生态自然保护区内。岛形似船帆，位于南鹏岛西侧，面积小于西南 1 千米的大西帆石，故名。1984 年登记的《广东省阳江县海域海岛地名卡片》、《广东省海域地名志》（1989）、《广东省海岛、礁、沙洲名录表》（1993）、《广东省志·海洋与海岛志》（2000）、《全国海岛名称与代码》（2008）均记为小西帆石。岸线长 192 米，面积 2 488 平方米，海拔 6.4 米。基岩岛。

小西帆东岛 (Xiǎoxīfān Dōngdǎo)

北纬 21°31.9′，东经 112°06.4′。位于阳江市东平镇，东北距东平镇 23.72 千米，西北距海陵岛 14.19 千米。在南鹏列岛海洋生态自然保护区内。原小西帆石由西北、东南两块岩石组成，因东南岩石小于西北岩石，第二次全国海域地名普查时命今名。岸线长 124 米，面积 862 平方米。基岩岛。

漠阳岛 (Mòyáng Dǎo)

北纬 21°46.6′，东经 111°59.9′。位于阳江市江城区，北津港以西，北距江城区 170 米。位于漠阳江内，且比较显著，第二次全国海域地名普查时命今名。岸线长 5.57 千米，面积 1.185 3 平方千米。沙泥岛。该岛以前属低潮高地，后经人工填海挖塘形成人工岛。有虾塘，有暂住居民。淡水来自江水，无电力。

漠阳西岛 (Mòyáng Xīdǎo)

北纬 21°46.9′，东经 111°58.9′。位于阳江市江城区，北津港以西，北距江城区 1.89 千米。因位于漠阳岛西部，第二次全国海域地名普查时命今名。岸线长 30 米，面积 63 平方米。基岩岛。

东港岛 (Dōnggǎng Dǎo)

北纬 21°45.7′，东经 112°00.6′。位于阳江市江城区，北津港以西，西距阳江市埠场镇 240 米。因位于东港沿岸，第二次全国海域地名普查时命今名。岸线长 931 米，面积 0.034 2 平方千米。沙泥岛。已填海连陆，附近有虾塘。

东港沙岛 (Dōnggǎng Shādǎo)

北纬 21°45.8′，东经 112°00.9′。位于阳江市江城区，北津港以西，西距阳江市埠场镇 140 米。因位于东港附近，且地质为沙质，第二次全国海域地名普查时命今名。岸线长 2.33 千米，面积 0.104 8 平方千米。沙泥岛。已填海连陆，附近有虾塘。

黄屋寨岛 (Huángwūzhài Dǎo)

北纬 21°44.7′，东经 111°58.0′。位于阳江市，西距埠场镇 730 米。《中国海洋岛屿简况》（1980）记为 5473。因位于黄屋寨村附近，第二次全国海域地名普查时更为今名。岸线长 2.88 千米，面积 0.130 4 平方千米。沙泥岛。岛上长有草丛和灌木。已填海连陆，周边有虾塘。

洲仔 (Zhōuzǎi)

北纬 21°44.7′，东经 111°47.7′。位于阳江市丰头河，北距阳江市程村镇 1.58 千米。洲仔为当地群众惯称，含义不详。岸线长 421 米，面积 0.010 2 平方千米。基岩岛。岛上长有草丛和灌木。现岛已被海堤围于围塘内。

骑鳌岛 (Qí'áo Dǎo)

北纬 21°44.5′，东经 111°48.2′。位于阳江市丰头河，北距阳江市程村镇 520 米。岛上有一村名骑鳌村，故此得名骑鳌岛。岸线长 6.33 千米，面积 1.539 4 平方千米。基岩岛。岛上有骑鳌村村委会，是一自然村，属平冈镇东二村管辖。2011 年有户籍人口 2 366 人，常住人口 1 800 人。主要产业为交通运输、渔业和农林牧业。虾、蚝养殖是岛上居民主要经济来源。岛上有种植业及养牛羊等。该岛已连陆，无渡船码头，有两条道路通往平冈镇。淡水来自地下水和雨水，有高架电缆通往平冈镇。

黄屋岛 (Huángwū Dǎo)

北纬 21°43.1′，东经 111°56.0′。位于阳江市埠场镇，西距埠场镇 140 米。《中国海洋岛屿简况》（1980）记为 5474。因位于黄屋村沿海地带，第二次全国海域地名普查时更为今名。沙泥岛。岸线长 1 千米，面积 0.03 平方千米。岛上长有草丛和灌木。已填海连陆，周边是虾塘，有养虾者暂住。

大岛 (Dà Dǎo)

北纬 21°40.3′，东经 111°55.5′。位于阳江市平岗镇南 2.44 千米，南距海陵岛 562 米。因该岛面积大于附近诸岛礁，故名。《中国海洋岛屿简况》（1980）记为 5475。1984 年登记的《广东省阳江县海域海岛地名卡片》、《广东省海域地名志》（1989）、《广东省海岛、礁、沙洲名录表》（1993）、《广东省志·海洋与海岛志》（2000）、《全国海岛名称与代码》（2008）均记为大岛。基岩岛。岸线长 718 米，面积 9 490 平方米，海拔 10.9 米。该岛表层长有杂草，四周礁石遍布，尤以南侧为多。岛上有石英矿开采。现已填海连陆，用于围塘养殖。岛旁建有风标塔。

大岛南岛 (Dàdǎo Nándǎo)

北纬 21°40.1′，东经 111°55.6′。位于阳江市平岗镇南 2.88 千米，南距海陵岛 360 米。因位于大岛南部，第二次全国海域地名普查时命今名。基岩岛。岸线长 75 米，面积 321 平方米。

大岛西岛 (Dàdǎo Xīdǎo)

北纬 21°40.1′，东经 111°55.3′。位于阳江市平岗镇南 2.56 千米，南距海陵岛 270 米。因位于大岛西部,第二次全国海域地名普查时命今名。岸线长 38 米,面积 104 平方米。基岩岛。

江城大洲 (Jiāngchéng Dàzhōu)

北纬 21°40.2′,东经 111°56.1′。位于阳江市平岗镇南 3.23 千米,南距海陵岛 911 米。该岛为五大洲之大洲,当地群众惯称大洲。因省内重名,以其位于阳江市,第二次全国海域地名普查时更为今名。岸线长 88 米,面积 394 平方米。基岩岛。

江城二洲 (Jiāngchéng Èrzhōu)

北纬 21°40.3′,东经 111°56.3′。位于阳江市平岗镇南 3.42 千米,南距海陵岛 1.21 千米。该岛与二洲北岛合称为五大洲之二洲,当地群众惯称二洲。因省内重名,以其位于阳江市,第二次全国海域地名普查时更为今名。岸线长 78 米,面积 424 平方米。基岩岛。

二洲北岛 (Èrzhōu Běidǎo)

北纬 21°40.3′,东经 111°56.3′。位于阳江市平岗镇南 3.39 千米,南距海陵岛 1.31 千米。该岛与江城二洲在当地合称为五大洲之二洲,当地群众惯称二洲。位于江城二洲北面,第二次全国海域地名普查时命今名。面积约 97 平方米。基岩岛。

阳江三洲 (Yángjiāng Sānzhōu)

北纬 21°40.2′,东经 111°56.2′。位于阳江市平岗镇南 1.05 千米,南距海陵岛 1.05 千米。该岛为五大洲之三洲,当地群众惯称三洲。因省内重名,以其位于阳江市,第二次全国海域地名普查时更为今名。岸线长 83 米,面积 494 平方米,高 2 米。基岩岛。

四洲 (Sì Zhōu)

北纬 21°40.4′,东经 111°56.1′。位于阳江市平岗镇南 1.21 千米,南距海陵岛 1.2 千米。《中国海洋岛屿简况》(1980)记为 Y7。该岛为五大洲之四洲,当地群众惯称四洲。面积约 67 平方米。基岩岛。

小洲 (Xiǎo Zhōu)

北纬 21°40.2′，东经 111°56.0′。位于阳江市平岗镇南 810 米，南距海陵岛 816 米。该岛为五大洲之小洲，当地群众惯称小洲。岸线长 79 米，面积 347 平方米。基岩岛。

小洲南一岛 (Xiǎozhōu Nányī Dǎo)

北纬 21°39.8′，东经 111°56.2′。位于阳江市平岗镇南 520 米，南距海陵岛 518 米。该岛是位于小洲南部第一个海岛，第二次全国海域地名普查时命今名。岸线长 96 米，面积 408 平方米。基岩岛。

小洲南二岛 (Xiǎozhōu Nán'èr Dǎo)

北纬 21°39.8′，东经 111°56.1′。位于阳江市平岗镇南 380 米，南距海陵岛 385 米。该岛是位于小洲南部第二个海岛，第二次全国海域地名普查时命今名。面积约 93 平方米。基岩岛。

上麻篮陡 (Shàngmálándǒu)

北纬 21°39.5′，东经 111°50.5′。位于阳江市平岗镇海陵湾，北距平岗镇 2.86 千米，东南距海陵岛 536 米。上麻篮陡为当地群众惯称。1984 年登记的《广东省阳江县海域海岛地名卡片》、《广东省海域地名志》（1989）、《广东省海岛、礁、沙洲名录表》（1993）均记为上麻篮陡。岸线长 9 米，面积 6 平方米。基岩岛。岛顶部用水泥加高成圆锥形，顶平，并插有一面旗子作为航标。

下麻篮陡 (Xiàmálándǒu)

北纬 21°39.1′，东经 111°50.1′。位于阳江市平岗镇海陵湾，北距平岗镇 3.82 千米，东距海陵岛 514 米。下麻篮陡为当地群众惯称。1984 年登记的《广东省阳江县海域海岛地名卡片》、《广东省海域地名志》（1989）、《广东省海岛、礁、沙洲名录表》（1993）均记为下麻篮陡。面积约 26 平方米。基岩岛。顶部有人工水泥加高成圆锥形，作为航标。

老鼠山 (Lǎoshǔ Shān)

北纬 21°39.5′，东经 111°58.4′。位于阳江市平岗镇南 7.08 千米，南距海陵岛 680 米。因该岛形似卧鼠，故名。《中国海洋岛屿简况》（1980）、

1984 年登记的《广东省阳江县海域海岛地名卡片》、《广东省海域地名志》（1989）、《广东省海岛、礁、沙洲名录表》（1993）、《广东省志·海洋与海岛志》（2000）、《全国海岛名称与代码》（2008）均记为老鼠山。岸线长 1.25 千米，面积 0.068 2 平方千米，海拔 44.3 米。基岩岛。岛表层长有杂草和灌木。南侧沙滩、西南侧砾滩与海陵岛相连，落潮时干出。

阳江观音石 (Yángjiāng Guānyīn Shí)

北纬 21°39.3′，东经 111°57.3′。位于阳江市平岗镇南 6.75 千米，南距海陵岛 95 米。因形似观音，当地群众惯称观音石。因省内重名，以其位于阳江市，第二次全国海域地名普查时更为今名。岸线长 46 米，面积 120 平方米。基岩岛。

寺仔山 (Sìzǎi Shān)

北纬 21°39.2′，东经 112°00.3′。位于阳江市平岗镇东南 9.63 千米，南距海陵岛 437 米。宋太傅张士杰葬于海陵岛东端历岸村，墓前建有寺庙。昔日，大陆村民因受潮水所阻，常于此岛向南祭奠太傅，故名寺仔山。"子"通"寺"，故又名子仔山。《中国海洋岛屿简况》（1980）记为子仔山。1984 年登记的《广东省阳江县海域海岛地名卡片》、《广东省海域地名志》（1989）、《广东省海岛、礁、沙洲名录表》（1993）、《广东省志·海洋与海岛志》（2000）、《全国海岛名称与代码》（2008）均记为寺仔山。岸线长 975 米，面积 0.031 9 平方千米，海拔 33.2 米。基岩岛。岛表层长有稀疏杂草。顶端有泉水分流南北，南至西南沿岸有干出沙滩连接海陵岛，其余为砾石滩。

西寺仔山 (Xīsìzǎi Shān)

北纬 21°37.6′，东经 111°49.8′。位于阳江市溪头镇海陵湾，西距溪头镇 4.49 千米，东距海陵岛 2.11 千米。因该岛位于海陵岛西部，且北汀村处建有方观寺，故名。又名子仔，曾名铁帽山、寺仔山。《中国海洋岛屿简况》（1980）称为子仔，名称含义无载。宋称铁帽山，因岛呈圆形似铁帽，故名。清乾隆年间（1736—1768 年）于海陵岛西部北汀村建方观寺，附近村民常在此岛向东焚香祷告平安，更名为寺仔山。后因与海陵岛东侧之寺仔山重名，遂改名为西寺仔山。1984 年登记的《广东省阳江县海域海岛地名卡片》、《广东省海域地名志》（1989）、《广东省海岛、礁、沙洲名录表》（1993）、《广东省志·海洋与海岛志》（2000）、《全国海岛名称与代码》（2008）均记为西寺仔山。岸线长 252 米，面积 3 629 平方米，海拔 15.6 米。基岩岛，由页岩夹砂岩构成。岛上长有草丛和灌木。

白礁石 (Báijiāo Shí)

北纬 21°38.6′，东经 111°50.0′。位于阳江市溪头镇海陵湾，西距溪头镇 3.96 千米，东距海陵岛 631 米。曾名白岛。因岛表面岩呈白色，故名。《中国海洋岛屿简况》（1980）、1984 年登记的《广东省阳江县海域海岛地名卡片》、《广东省海域地名志》（1989）、《广东省海岛、礁、沙洲名录表》（1993）、《广东省志·海洋与海岛志》（2000）、《全国海岛名称与代码》（2008）均记为白礁石。岸线长 92 米，面积 465 平方米，海拔 4.6 米。基岩岛，岛体由页岩夹砂岩构成。东侧沙滩与海陵岛相连，东、北侧多礁。岛上长有草丛和灌木。已填海连岸，建有堤坝。

海陵岛 (Hǎilíng Dǎo)

北纬 21°37.5′，东经 111°54.0′。位于阳江市海域，北距平岗镇 1.75 千米。曾名螺岛、海陵山岛。1984 年登记的《广东省阳江县海域海岛地名卡片》载：因为该岛形状像海中角螺，南宋之前称为螺岛。南宋年间，张太傅尸骨葬于该岛。人民为了纪念这位忠臣，将螺岛更名为海陵山岛。另有一说，此处原为大海，后随地理变化，该岛渐渐从海上浮起，变成名副其实的"海中丘陵"，即海陵岛。《广东省海域地名志》（1989）、《广东省海岛、礁、沙洲名录表》（1993）、《全国海岛名称与代码》（2008）均记为海陵岛。基岩岛，是广东省第四大岛。岸线长 81.78 千米，面积 102.995 3 平方千米。属亚热带海洋气候，年均气温 22.3℃，年降雨量 1 816 毫米，年晴天 310 天。

有居民海岛，隶属于阳江市。1992 年 6 月 18 日海陵岛经济开发试验区正式成立，设海陵、闸坡二镇。2011 年有户籍人口 94 486 人，常住人口 95 000 人。岛上自然景观和人文景观，有宋太傅张世杰庙址和陵墓、古炮台、镇海亭、北帝庙、灵谷庙、观音岩、新石器文化遗址等，还有大角湾、马尾岛风景区、十里银滩风景区、金沙滩风景区。该岛有"南方北戴河"和"东方夏威夷"之称，2005—2007年连续三年被中国国家地理杂志社评为中国十大最美海岛之一。渔业资源丰富，素有"广东鱼仓"之称。闸坡渔港是全国十大渔港之一。现已填海连陆。岛上有中巴、电瓶车、黄包车，以及载人机动艇、快艇等交通工具。

龟山 (Guī Shān)

北纬21°37.2′，东经112°00.8′。位于阳江市埠场镇南12.66千米，西北距海陵岛434米。该岛因形似龟，故名。《中国海洋岛屿简况》（1980）、1984年登记的《广东省阳江县海域海岛地名卡片》、《广东省海域地名志》（1989）、《广东省海岛、礁、沙洲名录表》（1993）、《广东省志·海洋与海岛志》（2000）、《全国海岛名称与代码》（2008）均记为龟山。岸线长1.53千米，面积0.105 6平方千米，海拔39.3米。基岩岛，由砂页岩构成。表层长有稀疏杂草。顶部有泉水东流入海，岛周多礁。

鸭嬷排 (Yā'nǎ Pái)

北纬21°36.4′，东经111°49.3′。位于阳江市海陵湾，西北距溪头镇1.23千米，东距海陵岛1.19千米。鸭嬷排为当地群众惯称。《广东省海域地名志》（1989）、《广东省海岛、礁、沙洲名录表》（1993）均记为鸭嬷排。岸线长80米，面积340平方米。基岩岛。

鸦洲 (Yā Zhōu)

北纬21°36.4′，东经111°50.6′。位于阳江市海陵湾，西北距溪头镇5.9千米，东距海陵岛381米。因夜间常有乌鸦于此栖息，故名鸦洲。曾名亚山，含义不详。《中国海洋岛屿简况》（1980）称为亚山。1984年登记的《广东省阳江县海域海岛地名卡片》、《广东省海域地名志》（1989）、《广东省海岛、礁、沙洲名录表》（1993）、《广东省志·海洋与海岛志》（2000）、《全国海岛名称与代码》（2008）均记为鸦洲。岛长310米，宽210米。岸线长690米，面积0.031 4平方千米，海拔34.1米。基岩岛。顶部有数块大石，四周为泥滩，落潮时南侧干出与海陵岛相连。历史上曾有石英矿开采。

鸦洲西岛 （Yāzhōu Xīdǎo）

北纬21°36.2′，东经111°50.2′。位于阳江市海陵湾，西北距溪头镇850米，东距海陵岛77米。因位于鸦洲西部，第二次全国海域地名普查时命今名。岸线长178米，面积2 163平方米。基岩岛。岛上长有草丛。

大碰礁 （Dàpèng Jiāo）

北纬21°36.3′，东经112°00.2′。位于阳江市平岗镇，北距平岗镇13.37千米、海陵岛1.49千米。大碰礁为当地群众惯称。《广东省海域地名志》（1989）、《广东省海岛、礁、沙洲名录表》（1993）均记为大碰礁。岸线长204米，面积1 661平方米，海拔3米。基岩岛。有1座灯塔。

三山 （Sān Shān）

北纬21°35.8′，东经111°56.1′。位于阳江市平岗镇，北距平岗镇9.97千米、海陵岛1.24千米。该岛上有三座小丘，故名。《中国海洋岛屿简况》（1980）、1984年登记的《广东省阳江县海域海岛地名卡片》、《广东省海域地名志》（1989）、《广东省海岛、礁、沙洲名录表》（1993）、《广东省志·海洋与海岛志》（2000）、《全国海岛名称与代码》（2008）均记为三山。岸线长1.69千米，面积0.061 6平方千米，高34.9米。基岩岛，岛体由页岩夹砂岩构成。南部较陡，北部较缓。有一洞穴，口朝南，常有海鸟栖息。表层长低矮杂草。有泉水一处。东、南、北为石质岸，西侧沙滩长26米。四周礁石散布。南面风浪甚大。岛上建有灯塔和房屋1座，无常住人。

三山东岛 （Sānshān Dōngdǎo）

北纬21°36.3′，东经111°56.8′。位于阳江市，北距平岗镇9.91千米、海陵岛44米。因位于三山东侧山角处，第二次全国海域地名普查时命今名。岸线长337米，面积4 010平方米。基岩岛。

蝴蝶洲 （Húdié Zhōu）

北纬21°34.8′，东经111°49.1′。位于阳江市闸北港，西北距溪头镇5.46千米，东距海陵岛闸坡镇108米。岛形似蝴蝶，故名。别名洲仔，含义不详。《中国海洋岛屿简况》（1980）、1984年登记的《广东省阳江县海域海岛地名卡片》、

《广东省海域地名志》（1989）、《广东省海岛、礁、沙洲名录表》（1993）、《广东省志·海洋与海岛志》（2000）、《全国海岛名称与代码》（2008）均记为蝴蝶洲。岸线长1.23千米，面积0.063平方千米，海拔23.9米。基岩岛，岛体由页岩夹砂岩构成。岛上有3座圆形小丘，分处东北、西北、西南。东部坡缓，西部较陡。表层为黄沙土质，间有露岩，鞍部绿树成荫。沿岸为砾石滩。东北、西南有礁石散布。

2011年岛上常住人口100人。主要产业为工业、渔业和交通运输业。该岛建有海陵石化气库及闸坡油库，占地约2.2万平方米。渔民王允建房约446平方米，出租经营饲料、小卖部及机械维修等。建有一个海洋监测站。东南方有长118米的蝴蝶洲堤连接陆地，供车辆及渔民通行。西面有油库丁字码头。北面建有渔港防波堤。

北洛湾岛 (Běiluòwān Dǎo)

北纬21°33.7′，东经111°49.0′。位于阳江市，西北距溪头镇7.17千米、海陵岛5米。因位于北洛湾，第二次全国海域地名普查时命今名。岸线长60米，面积255平方米。基岩岛。

马尾大洲 (Mǎwěi Dàzhōu)

北纬21°33.6′，东经111°48.4′。位于阳江市闸北港以南，西北距溪头镇6.81千米，东距海陵岛252米。该岛形似马尾，面积大于西北的马尾洲仔，故名马尾大洲。又名马尾洲、马尾大排，简称大洲。《中国海洋岛屿简况》（1980）称为马尾洲。1984年登记的《广东省阳江县海域海岛地名卡片》称为马尾大洲。《广东省海域地名志》（1989）、《广东省海岛、礁、沙洲名录表》（1993）、《广东省志·海洋与海岛志》（2000）、《全国海岛名称与代码》（2008）均记为马尾大排。岸线长989米，面积0.050 1平方千米，海拔31.9米。基岩岛，岛体由寒武系变质页岩夹砂岩构成。两岸陡峭。东北侧干出砂砾混合滩与海陵岛相连，落潮时可由西北端涉水上马尾洲仔。自清朝起岛上就建有灯塔。1975年5月建成的灯塔列入国际航标灯。

马尾洲仔 (Mǎwěi Zhōuzǎi)

北纬 21°33.7′，东经 111°48.2′。位于阳江市闸北港以南，西北距溪头镇 6.57 千米，东距海陵岛 435 米。因岛形似马尾，且面积小于马尾大洲，故名。简称洲仔。《中国海洋岛屿简况》（1980）称为獭咀山，但当地并无此称呼。1984 年登记的《广东省阳江县海域海岛地名卡片》、《广东省海域地名志》（1989）、《广东省海岛、礁、沙洲名录表》（1993）、《广东省志·海洋与海岛志》（2000）、《全国海岛名称与代码》（2008）均记为马尾洲仔。岸线长 760 米，面积 0.035 7 平方千米，海拔 24.2 米。基岩岛，岛体由页岩夹砂岩构成。两岸为岩石陡岸。东侧干出沙滩与海陵岛相连，落潮时可由东南端涉水上马尾大洲。

犁壁岭 (Líbì Lǐng)

北纬 21°45.9′，东经 111°42.7′。位于阳江市阳西县，东距程村镇 70 米。犁壁岭为当地群众惯称。《广东省海岛、礁、沙洲名录表》（1993）、《全国海岛名称与代码》（2008）均记为犁壁岭。岸线长 1.17 千米，面积 0.091 2 平方千米。基岩岛。岛上建有房屋和简易棚，有一口水井。该岛西北、东南两侧均有堤坝与陆相连，形成围海养殖堤。周围水域蚝桩密布。

龟岭 (Guī Lǐng)

北纬 21°45.6′，东经 111°42.9′。位于阳江市阳西县，北距程村镇 240 米。龟岭是当地群众惯称。《广东省海岛、礁、沙洲名录表》（1993）、《全国海岛名称与代码》（2008）均记为龟岭。岸线长 1.43 千米，面积 0.089 5 平方千米。基岩岛。岛上长有草丛和灌木。岛东侧已建围堤用于养殖，沿岸长有红树林。周围水域蚝桩密布，均被开发为养殖区域。

鸡母岭 (Jīmǔ Lǐng)

北纬 21°45.5′，东经 111°42.2′。位于阳江市阳西县，西距织篢（lǒng）镇 160 米。该岛位于鸡母嶂村附近，故名。《广东省海岛、礁、沙洲名录表》（1993）、《全国海岛名称与代码》（2008）均记为鸡母岭。基岩岛。岸线长 661 米，面积 0.026 7 平方千米。该岛东西两侧均有堤坝与陆相连，用于围海养殖。西侧堤坝处有房屋和水闸各一座。

阳西大洲 (Yángxī Dàzhōu)

北纬 21°45.5′，东经 111°42.3′。位于阳江市阳西县，西距织篢镇 270 米。原名大洲，因省内重名，以其位于阳西县，第二次全国海域地名普查时更为今名。沙泥岛。岸线长 1.29 千米，面积 0.111 3 平方千米。岛上长有草丛。现已填海连陆，周围有水道。

骑鳌西岛 (Qí'áo Xīdǎo)

北纬 21°43.6′，东经 111°45.4′。位于阳江市阳西县，西距阳西大陆 270 米。位于骑鳌岛西部，第二次全国海域地名普查时命今名。岸线长 67 米，面积 290 平方米。基岩岛。岛上长有草丛和灌木。

丰头岛 (Fēngtóu Dǎo)

北纬 21°41.4′，东经 111°47.9′。位于阳江市阳西县，西距溪头镇 210 米。又名风头岛。因该岛东海面风浪较大，故名风头岛。"风"与"丰"谐音，1958 年改为丰头岛。《中国海洋岛屿简况》（1980）、1984 年登记的《广东省阳江县海域海岛地名卡片》、《广东省海域地名志》（1989）、《广东省海岛、礁、沙洲名录表》（1993）、《全国海岛名称与代码》（2008）均记为丰头岛。岸线长 9.51 千米，面积 3.463 1 平方千米。基岩岛，岛体由砂页岩构成。岛上散布小丘近 10 座。南部地势较高，最高峰大计岭海拔 94.7 米。北部稍低，东西濒海区为低平地。四周为泥滩，东南侧大片泥滩，落潮时部分干出。

有居民海岛，隶属于阳江市阳西县。有 8 个自然村，2011 年共有 892 户人家，有户籍人口 3 881 人，常住人口 3 791 人。岛上主要产业为工业、渔业和交通运输业。岛东南面有海砂开采活动。沿岸多渔网，周边浅水区蚝桩密布，养殖业发达。岛上有山塘 1 个，水井 12 口。该岛西部填海连陆，1972 年由大陆筑堤分别连接岛西北、西南端。东南建有丰头客运渡口、货运码头。

丰头北岛 (Fēngtóu Běidǎo)

北纬 21°43.1′，东经 111°46.5′。位于阳江市阳西县，西距溪头镇 10 米。位于丰头岛北部，第二次全国海域地名普查时命今名。岸线长 151 米，面积 1 595 平方米。基岩岛。岛上长有草丛。

石巷岛 (Shíxiàng Dǎo)

北纬 21°33.7′，东经 111°40.3′。位于阳江市阳西县面前海，西距上洋镇 160 米。因位于石巷村沿海地带，第二次全国海域地名普查时命今名。岸线长 207 米，面积 3 093 平方米。基岩岛。

卧蚕岛 (Wòcán Dǎo)

北纬 21°33.6′，东经 111°40.3′。位于阳江市阳西县面前海，西距上洋镇 130 米。因形似蚕卧在水中，第二次全国海域地名普查时命今名。岸线长 45 米，面积 131 平方米。基岩岛。

石康环 (Shíkānghuán)

北纬 21°33.3′，东经 111°40.3′。位于阳江市阳西县面前海，西距上洋镇 160 米。石康环为当地群众惯称。岸线长 64 米，面积 316 平方米。基岩岛。

石康环一岛 (Shíkānghuán Yīdǎo)

北纬 21°33.4′，东经 111°40.4′。位于阳江市阳西县面前海，西距上洋镇 200 米。《广东省海岛、礁、沙洲名录表》（1993）记为 Y9。因位于石康环岛周围，按自北向南顺序排第一，第二次全国海域地名普查时更为今名。岸线长 43 米，面积 130 平方米。基岩岛。

石康环二岛 (Shíkānghuán Èrdǎo)

北纬 21°33.4′，东经 111°40.4′。位于阳江市阳西县面前海，西距上洋镇 180 米。《广东省海岛、礁、沙洲名录表》（1993）记为 Y10。因位于石康环岛周围，按自北向南顺序排第二，第二次全国海域地名普查时更为今名。岸线长 46 米，面积 149 平方米。基岩岛。

石康环三岛 (Shíkānghuán Sāndǎo)

北纬 21°33.3′，东经 111°40.3′。位于阳江市阳西县面前海，西距上洋镇 240 米。因位于石康环岛周围，按自北向南顺序排第三，第二次全国海域地名普查时命今名。面积约 53 平方米。基岩岛。

鸟岛 (Niǎo Dǎo)

北纬 21°33.3′，东经 111°40.3′。位于阳江市阳西县面前海，西距上洋镇

120 米。该岛常有小鸟停留，第二次全国海域地名普查时命今名。面积约 36 平方米。基岩岛。

鸟仔岛 (Niǎozǎi Dǎo)

北纬 21°33.3′，东经 111°40.2′。位于阳江市阳西县面前海，西距上洋镇 90 米。因位于鸟岛旁，且比鸟岛小，第二次全国海域地名普查时命今名。面积约 19 平方米。基岩岛。

屋仔石 (Wūzǎi Shí)

北纬 21°33.3′，东经 111°40.6′。位于阳江市阳西县面前海，西距上洋镇 720 米。因该岛在海中突出，形似小屋，故名。《广东省海域地名志》（1989）、《广东省海岛、礁、沙洲名录表》（1993）均记为屋仔石。岸线长 93 米，面积 606 平方米，高 4.5 米。基岩岛。

大双山岛 (Dàshuāngshān Dǎo)

北纬 21°32.5′，东经 111°41.3′。位于阳江市阳西县，西距上洋镇 1.49 千米。因该岛属双山岛且面积较大，故名。曾名下士、下树。又名双山、下峙。据《广东省海域地名志》（1989）载，该岛附近有 2 岛，分处东北、西南，相距 200 米。该岛在西南，原称下峙。当地"峙"与"士"、"树"谐音后写为下士，又作下树。中华人民共和国成立后，依其属双山岛且面积较大改名为大双山岛。《中国海洋岛屿简况》（1980）称为双山。1984 年登记的《广东省阳江县海域海岛地名志》（1984）、《广东省海岛、礁、沙洲名录表》（1993）、《广东省志·海洋与海岛志》（2000）、《全国海岛名称与代码》（2008）均记为大双山岛。岸线长 1.46 千米，面积 0.101 7 平方千米。基岩岛，岛体由花岗岩构成。表层为黄土，长有低矮杂草。有泉水 1 处。南岸为岩石陡岸，四周有砾石滩。东北与小双山岛间有暗礁散布。

小双山岛 (Xiǎoshuāngshān Dǎo)

北纬 21°32.8′，东经 111°41.6′。位于阳江市阳西县，西距上洋镇 2.06 千米，西南距大双山岛 200 米。因该岛属双山岛且面积较小，故名。曾名上士、上树。又名双山、上峙。据《广东省海域地名志》（1989）载，该岛附近有 2 岛，分处东北、西南，相距 200 米，该岛在东北，原称上峙。当地"峙"与"士"、"树"谐音，后改为上士，又作上树。中华人民共和国成立后，依其属双山岛且面积较小改今名。《中国海洋岛屿简况》（1980）称为双山。1984 年登记的《广东省阳江县海域海岛地名卡片》、《广东省海岛、礁、沙洲名录表》（1993）、《广东省志·海洋与海岛志》（2000）、《全国海岛名称与代码》（2008）均记为小双山岛。岸线长 1.31 千米，面积 0.089 1 平方千米。基岩岛，岛体由花岗岩构成。表层为黄土，长有低矮杂草。有泉水 1 处。南岸为岩石陡岸，北侧有砾石滩，西南与大双山岛间有暗礁散布。北侧沙滩处有房屋 1 间，供钓鱼者休憩。

长石礁 (Chángshí Jiāo)

北纬 21°31.9′，东经 111°38.0′。位于阳江市阳西县，东距上洋镇 230 米。长石礁为当地群众惯称，含义不详。岸线长 46 米，面积 127 平方米。基岩岛。岛顶建有航标 1 座。

青角西岛 (Qīngjiǎo Xīdǎo)

北纬 21°31.8′，东经 111°39.6′。位于阳江市阳西县，西北距上洋镇 90 米。因位于青角湾西部，第二次全国海域地名普查时命今名。面积约 45 平方米。基岩岛。

东流石 (Dōngliú Shí)

北纬 21°31.1′，东经 111°38.3′。位于阳江市阳西县，东距上洋镇 130 米。东流石为当地群众惯称。《广东省海岛、礁、沙洲名录表》（1993）记为 Y15。岸线长 58 米，面积 240 平方米。基岩岛。

阳西蟾蜍石 (Yángxī Chánchú Shí)

北纬 21°31.1′，东经 111°38.2′。位于阳江市阳西县，东距上洋镇 80 米。因该岛形似蟾蜍坐卧，当地群众惯称蟾蜍石。因省内重名，以其位于阳西县，第二次全国海域地名普查时更为今名。面积约 4 平方米。基岩岛。

鲨鱼嘴岛 (Shāyúzuǐ Dǎo)

北纬 21°31.0′，东经 111°38.2′。位于阳江市阳西县，东距上洋镇 90 米。《广东省海岛、礁、沙洲名录表》（1993）记为 Y16。因岛形似鲨鱼嘴，第二次全国海域地名普查时更为今名。面积约 58 平方米。基岩岛。

大门石 (Dàmén Shí)

北纬 21°30.9′，东经 111°38.2′。位于阳江市阳西县，东距上洋镇 150 米。因该岛在双鱼咀与大树岛之中间，船舶出入主航道，形似大门，故名。《广东省海域地名志》（1989）、《广东省海岛、礁、沙洲名录表》（1993）均记为大门石。岸线长 132 米，面积 834 平方米。基岩岛。

风裂岛 (Fēngliè Dǎo)

北纬 21°30.9′，东经 111°38.0′。位于阳江市阳西县，东距上洋镇 470 米。因该岛表面风化严重，处处裂痕，第二次全国海域地名普查时命今名。岸线长 150 米，面积 869 平方米。基岩岛。

大树岛 (Dàshù Dǎo)

北纬 21°30.7′，东经 111°38.0′。位于阳江市阳西县，东北距上洋镇 340 米。因该处附近有 3 岛，东北至西南排列，形似三棵树屹立海中。该岛在东北，面积最大，故名。《中国海洋岛屿简况》（1980）、1984 年登记的《广东省阳江县海域海岛地名卡片》、《广东省海域地名志》（1989）、《广东省海岛、礁、沙洲名录表》（1993）、《广东省志·海洋与海岛志》（2000）、《全国海岛名称与代码》（2008）均记为大树岛。岸线长 2.11 千米，面积 0.169 平方千米，海拔 68.1 米。基岩岛，岛体由燕山三期花岗岩构成。岛上有 2 小丘。地势两头高中间稍低，表层杂草丛生。岩石岸，东、南岸陡峭。西北沿岸有沙滩，西南侧干出砂砾混合滩与中树岛相连。

2011 年岛上常住人口 2 人。岛北部沙滩西侧有一座洪胜庙，为当地人纪念义士洪胜所建，香火不断。现岛已开发旅游，在岛北部沙滩处种植一片椰林，建有若干房屋，并开辟一片农田。岛上有 1 口水井，可以满足岛上看守人和游客用水。山顶部建有小型风力发电机 1 座，为岛上看守人员供电。沙滩处有简易码头 1 座，可停靠快艇。

中树岛 (Zhōngshù Dǎo)

北纬 21°30.6′，东经 111°37.8′。位于阳江市阳西县，东北距上洋镇 1.1 千米。

因该处附近有 3 岛，东北至西南排列，形若 3 棵树屹立海中，该岛居中，故名。又名中树、中间洲。《中国海洋岛屿简况》（1980）、1984 年登记的《广东省阳江县海域海岛地名卡片》、《广东省海域地名志》（1989）、《广东省海岛、礁、沙洲名录表》（1993）、《广东省志·海洋与海岛志》（2000）、《全国海岛名称与代码》（2008）均记为中树岛。岸线长 402 米，面积 0.010 5 平方千米，海拔 22 米。基岩岛，岛体由花岗岩构成。表层杂草丛生。东北侧干出砂砾混合滩与大树岛相连。岛上有大王庙 1 座。

树尾岛 (Shùwěi Dǎo)

北纬 21°30.5′，东经 111°37.6′。位于阳江市阳西县，东北距上洋镇 1.47 千米。因该处附近有 3 岛，东北至西南排列，形若 3 棵树屹立海中。该岛处西南，在大树岛、中树岛以外，故名。又名树尾、三树。《中国海洋岛屿简况》（1980）、1984 年登记的《广东省阳江县海域海岛地名卡片》、《广东省海域地名志》（1989）、《广东省海岛、礁、沙洲名录表》（1993）、《广东省志·海洋与海岛志》（2000）、《全国海岛名称与代码》（2008）均记为树尾岛。岸线长 547 米，面积 0.020 1 平方千米。基岩岛，岛体由花岗岩构成。中间高东西稍低，表层杂草丛生。四周多礁。岛上有灯塔 1 座。

树尾西岛 (Shùwěi Xīdǎo)

北纬 21°30.4′，东经 111°37.5′。位于阳江市阳西县，东北距上洋镇 1.76 千米。因在树尾岛西边，第二次全国海域地名普查时命今名。岸线长 66 米，面积 316 平方米。基岩岛。

树尾东岛 (Shùwěi Dōngdǎo)

北纬 21°30.4′，东经 111°37.7′。位于阳江市阳西县，东北距上洋镇 1.48 千米。《广东省海岛、礁、沙洲名录表》（1993）记为 Y17。因位于树尾岛东边，第二次全国海域地名普查时更为今名。岸线长 98 米，面积 540 平方米。基岩岛。

白洲岛 (Báizhōu Dǎo)

北纬 21°30.3′，东经 111°27.7′。位于阳江市阳西县，北距沙扒镇 1.06 千米。因该岛石头色泽呈白色，故名。俗称白洲。因该岛比较圆，又名圆屿仔。

《中国海洋岛屿简况》（1980）、《全国海岛名称与代码》（2008）称为白洲。1984年登记的《广东省阳江县海域海岛地名卡片》、《广东省海域地名志》（1989）、《广东省海岛、礁、沙洲名录表》（1993）、《广东省志·海洋与海岛志》（2000）均记为白洲岛。岸线长229米，面积2 637平方米，海拔16.3米。基岩岛。岛体由花岗岩构成。东西陡，南北较缓。岛上长有草丛。建有灯塔1座。

牛鼻孔 (Niúbíkǒng)

北纬21°29.6′，东经111°28.2′。位于阳江市阳西县，北距沙扒镇1.42千米。因岛形似牛鼻，且中部有孔，故名。1984年登记的《广东省阳江县海域海岛地名卡片》、《广东省海岛、礁、沙洲名录表》（1993）、《广东省志·海洋与海岛志》（2000）、《全国海岛名称与代码》（2008）均记为牛鼻孔。岸线长251米，面积3 704平方米，低潮时露出水面10.7米。基岩岛。岛上长有草丛。建有灯塔1座。

珍珠排 (Zhēnzhū Pái)

北纬21°28.8′，东经111°27.7′。位于阳江市阳西县，北距沙扒镇3.15千米。珍珠排为当地群众惯称。岸线长123米，面积1 067平方米。基岩岛。

东头岛 (Dōngtóu Dǎo)

北纬21°47.8′，东经112°06.9′。位于阳江市阳东县海头湾，北距大沟镇170米。因位于石塘村、华洞村一带礁群的最东边，第二次全国海域地名普查时命今名。面积约76平方米。基岩岛。

田头屋岛 (Tiántóuwū Dǎo)

北纬21°47.7′，东经112°12.2′。位于阳江市阳东县三丫港，东距东平镇130米。因位于田头屋村附近，第二次全国海域地名普查时命今名。岸线长367米，面积4 790平方米。沙泥岛。岛上长有草丛和灌木。岛东部有堤坝连陆，用于虾塘养殖。

交衣骑 (Jiāoyīqí)

北纬21°47.6′，东经112°06.9′。位于阳江市阳东县海头湾，北距大沟镇540米。交衣骑为当地群众惯称。岸线长37米，面积98平方米。基岩岛。

和草堆礁 (Hécǎoduī Jiāo)

北纬 21°47.4′，东经 112°05.8′。位于阳江市阳东县海头湾，北距大沟镇 140 米。和草堆礁为当地群众惯称。岸线长 99 米，面积 646 平方米。基岩岛。

冲口礁 (Chōngkǒu Jiāo)

北纬 21°47.4′，东经 112°05.9′。位于阳江市阳东县海头湾，北距大沟镇 180 米。冲口礁为当地群众惯称。岸线长 91 米，面积 618 平方米。基岩岛。

双乞人石 (Shuāngqǐrén Shí)

北纬 21°47.3′，东经 112°06.2′。位于阳江市阳东县海头湾，北距大沟镇 640 米。双乞人石为当地群众惯称。岸线长 46 米，面积 147 平方米。基岩岛。

盘蛇岛 (Pánshé Dǎo)

北纬 21°47.1′，东经 112°05.3′。位于阳江市阳东县北津港以东，北距雅韶镇 190 米。因该岛形似一条蛇盘在水中间，头部翘起，第二次全国海域地名普查时命今名。岸线长 88 米，面积 567 平方米。基岩岛。

双龟岛 (Shuāngguī Dǎo)

北纬 21°47.1′，东经 112°05.2′。位于阳江市阳东县北津港以东，北距雅韶镇 220 米。因形似两头海龟在戏水，第二次全国海域地名普查时命今名。岸线长 77 米，面积 404 平方米。基岩岛。

狗坐头 (Gǒuzuò Tóu)

北纬 21°47.1′，东经 112°05.3′。位于阳江市阳东县北津港以东，北距雅韶镇 250 米。因该岛形似一只狗坐立，故名。《中国海洋岛屿简况》（1980）称为 5464。1984 年登记的《广东省阳江县海域海岛地名卡片》、《广东省海域地名志》（1989）、《广东省海岛、礁、沙洲名录表》（1993）、《广东省志·海洋与海岛志》（2000）、《全国海岛名称与代码》（2008）均记为狗坐头。岸线长 105 米，面积 817 平方米。基岩岛。

赤岩 (Chì Yán)

北纬 21°47.1′，东经 112°04.9′。位于阳江市阳东县北津港以东，北距雅韶镇 170 米。因该岛表面呈红色，故名。面积约 10 平方米。基岩岛。

石栏岛 (Shílán Dǎo)

北纬 21°47.1′，东经 112°05.1′。位于阳江市阳东县北津港以东，北距雅韶镇 230 米。因岛上由堆石堆积形成栅栏，第二次全国海域地名普查时命今名。岸线长 110 米，面积 861 平方米。基岩岛。

双石岛 (Shuāngshí Dǎo)

北纬 21°47.1′，东经 112°05.0′。位于阳江市阳东县北津港以东，北距雅韶镇 240 米。因该岛由两块礁石组成，第二次全国海域地名普查时命今名。岸线长 75 米，面积 338 平方米。基岩岛。

鳌头岛 (Áotóu Dǎo)

北纬 21°47.1′，东经 112°04.8′。位于阳江市阳东县北津港以东，北距雅韶镇 140 米。因该岛形状独特，似独占鳌头，第二次全国海域地名普查时命今名。岸线长 65 米，面积 280 平方米。基岩岛。

鱼龙岛 (Yúlóng Dǎo)

北纬 21°47.0′，东经 112°05.1′。位于阳江市阳东县北津港以东，北距雅韶镇 330 米。从岛的一侧看去，仿佛一条鲤鱼跳龙门，第二次全国海域地名普查时命今名。岸线长 60 米，面积 259 平方米。基岩岛。

白帽岛 (Báimào Dǎo)

北纬 21°47.0′，东经 112°05.3′。位于阳江市阳东县北津港以东，北距雅韶镇 470 米。因岛呈白色，形似帽子，第二次全国海域地名普查时命今名。岸线长 61 米，面积 252 平方米。基岩岛。

奇石岛 (Qíshí Dǎo)

北纬 21°46.9′，东经 112°05.3′。位于阳江市阳东县北津港以东，北距雅韶镇 530 米。《中国海洋岛屿简况》（1980）记为5463。因该岛外观奇特，引人入胜，第二次全国海域地名普查时更为今名。岸线长 152 米，面积 1 410 平方米。基岩岛。

虎干岩 （Hǔgān Yán）

北纬 21°46.9′，东经 112°04.6′。位于阳江市阳东县北津港以东，北距雅韶镇 180 米。虎干岩为当地群众惯称。岸线长 180 米，面积 2 144 平方米。基岩岛。

大钩岩 （Dàgōu Yán）

北纬 21°46.9′，东经 112°04.1′。位于阳江市阳东县北津港以东，北距雅韶镇 200 米。大钩岩为当地群众惯称。面积约 19 平方米。基岩岛。

虎门西 （Hǔménxī）

北纬 21°46.9′，东经 112°04.5′。位于阳江市阳东县北津港以东，北距雅韶镇 200 米。虎门西为当地群众惯称。面积约 50 平方米。基岩岛。

阳东独石 （Yángdōng Dúshí）

北纬 21°46.9′，东经 112°01.4′。位于阳江市阳东县北津港西南部，北距雅韶镇 1.1 千米。因在北津港旁边耸起一大石，长 7 米，宽 4 米，此处为最高处，古人惯称独石，取独立鳌头之意。1984 年登记的《广东省阳江县海域海岛地名卡片》、《广东省海域地名志》（1989）、《广东省海岛、礁、沙洲名录表》（1993）均记为独石。因省内重名，以其位于阳东县，第二次全国海域地名普查时更为今名。岸线长 229 米，面积 3 328 平方米，高 28.5 米。基岩岛。岛上长有草丛和灌木。明朝时期在独石上建立石塔，便于航海船只引航之用。曾为旅游地，现位于填海形成的虾塘内。

僚骑石 （Liáoqí Shí）

北纬 21°46.8′，东经 112°05.3′。位于阳江市阳东县北津港以东，北距雅韶镇 790 米。僚骑石为当地群众惯称，含义不详。岸线长 77 米，面积 425 平方米。基岩岛。

林立岛 （Línlì Dǎo）

北纬 21°46.8′，东经 112°04.0′。位于阳江市阳东县北津港以东，北距雅韶镇 470 米。该岛形似 3 个人排成一行站立，第二次全国海域地名普查时命今名。面积约 37 平方米。基岩岛。

蛤岛 (Gé Dǎo)

北纬 21°46.7′，东经 112°04.5′。位于阳江市阳东县北津港以东，北距雅韶镇 630 米。该岛形似 1 只海蛤，第二次全国海域地名普查时命今名。岸线长 46 米，面积 128 平方米。基岩岛。

五狼排 (Wǔláng Pái)

北纬 21°45.7′，东经 112°02.6′。位于阳江市阳东县北津港以南，北距雅韶镇 3 千米。因岛上有五石直立，形似 5 只狼，故名。1984 年登记的《广东省阳江县海域海岛地名卡片》、《广东省海域地名志》（1989）、《广东省海岛、礁、沙洲名录表》（1993）均记为五狼排。面积约 62 平方米。基岩岛。

珍珠湾岛 (Zhēnzhūwān Dǎo)

北纬 21°44.6′，东经 112°12.0′。位于阳江市阳东县三丫港以南，东距东平镇 570 米。因位于东平镇珍珠湾浴场附近，第二次全国海域地名普查时命今名。岸线长 79 米，面积 417 平方米。基岩岛。

钓鱼台 (Diàoyútái)

北纬 21°44.2′，东经 112°11.8′。位于阳江市阳东县三丫港以南，东距东平镇 550 米。因经常有人乘船在此岛附近钓鱼而得名。《中国海洋岛屿简况》（1980）记为 5462。1984 年登记的《广东省阳江县海域海岛地名卡片》、《广东省海域地名志》（1989）、《广东省海岛、礁、沙洲名录表》（1993）均记为钓鱼台。岸线长 119 米，面积 857 平方米，低潮时高出水面 6.5 米。基岩岛。岛上有灯塔 1 座。

长尾丝 (Chángwěisī)

北纬 21°43.7′，东经 112°14.2′。位于阳江市阳东县，北距东平镇 580 米。因岛形长而窄似蒲鱼尾，故名。《中国海洋岛屿简况》（1980）称为 5456。1984 年登记的《广东省阳江县海域海岛地名卡片》、《广东省海域地名志》（1989）、《广东省海岛、礁、沙洲名录表》（1993）、《广东省志·海洋与海岛志》（2000）、《全国海岛名称与代码》（2008）均记为长尾丝。岸线长 236 米，面积 3 742 平方米，高程 5.1 米。基岩岛。四周散岩密布，东侧泥沙滩与大陆相连，落潮时部分干出。

岛上长有草丛和灌木。2002 年在该岛偏北和东南面分别建成长 760 米和 600 米的允泊护岸堤。堤北、南两端与岸相连，可通行车辆人员。属东平渔港基础设施。

鸡心仔 (Jīxīnzǎi)

北纬 21°43.6′，东经 112°14.3′。位于阳江市阳东县，东距东平镇 310 米。因岛呈圆形似鸡心，且面积较小，故名。《中国海洋岛屿简况》（1980）称为 5458。1984 年登记的《广东省阳江县海域海岛地名卡片》、《广东省海域地名志》（1989）、《广东省海岛、礁、沙洲名录表》（1993）、《广东省志·海洋与海岛志》（2000）、《全国海岛名称与代码》（2008）均记为鸡心仔。岸线长 267 米，面积 3 939 平方米，高程 2 米。基岩岛。

鸡心仔北岛 (Jīxīnzǎi Běidǎo)

北纬 21°43.6′，东经 112°14.2′。位于阳江市阳东县，东距东平镇 420 米。因位于鸡心仔北部，第二次全国海域地名普查时命今名。岸线长 50 米，面积 184 平方米。基岩岛。

葛洲 (Gé Zhōu)

北纬 21°43.5′，东经 112°13.3′。位于阳江市阳东县，东平港大港环西南端，飞鹅咀东南 800 米，北距东平镇 810 米，东南距大澳咀 2.1 千米。因岛上曾长有葛（一种多年生草本植物），故名。图上误把"葛"写成"觉"，故曾误称觉洲。《中国海洋岛屿简况》（1980）、1984 年登记的《广东省阳江县海域海岛地名卡片》、《广东省海域地名志》（1989）、《广东省海岛、礁、沙洲名录表》（1993）、《广东省志·海洋与海岛志》（2000）、《全国海岛名称与代码》（2008）均记为葛洲。岸线长 1.82 千米，面积 0.197 6 平方千米，高程 68 米。基岩岛。岛西岸为岩石陡岸，东南、西北有岩石滩，北为砂砾混合滩。岛上有泉水 2 处。1975 年，岛东面海上建成 530 米长东防波堤，与小葛洲相连。1996 年，岛西北角建成 360 米长西防波堤。两座防波堤均属东平渔港基础设施。广东石油企业集团阳东县公司在该岛北侧岸边建有贮油库和供油码头。岛西端建有灯塔 1 座。

小葛洲 (Xiǎogé Zhōu)

北纬 21°43.6′，东经 112°13.8′。位于阳江市阳东县，北距东平镇 930 米。曾名小觉洲，又名鬼仔洲。岛上曾长有葛，面积小于葛洲，故名小葛洲。因岛周多礁，落潮时礁石时隐时现，又称鬼仔洲。海图上误把"葛"写成"觉"，称为小觉洲。《中国海洋岛屿简况》（1980）、1984 年登记的《广东省阳江县海域海岛地名卡片》、《广东省海域地名志》（1989）、《广东省海岛、礁、沙洲名录表》（1993）、《全国海岛名称与代码》（2008）均记为小葛洲。岸线长 340 米，面积 7 267 平方米，高程 13 米。基岩岛。岛上长有草丛和灌木。岛周多礁。岛上有凉亭 1 座，西端有堤坝与葛洲相连。

小葛洲南岛 (Xiǎogézhōu Nándǎo)

北纬 21°43.5′，东经 112°13.9′。位于阳江市阳东县，北距东平镇 780 米。因位于小葛洲南部，第二次全国海域地名普查时命今名。岸线长 63 米，面积 271 平方米。基岩岛。

涌口沙 (Yǒngkǒu Shā)

北纬 23°03.1′，东经 113°31.7′。位于东莞市麻涌镇西侧，东南距大陆 970 米。涌口沙为当地群众惯称。中国人民解放军海军司令部航海保证部海图记为涌口沙。岛呈柳叶形，东北—西南走向，长约 780 米，宽约 150 米。岸线长 1.63 千米，面积 0.082 1 平方千米。沙泥岛。岛上长有草丛。种有少量香蕉等农作物。建有棚屋 1 座，无人居住。

威远岛 (Wēiyuǎn Dǎo)

北纬 22°48.7′，东经 113°39.1′。位于东莞市虎门镇海域，东距大陆 100 米，南侧与东莞黄唇鱼市级自然保护区毗邻。又名亚娘鞋岛、南北面。该岛地势险要，山上有鸦片战争所建城垣、威远炮台等遗址，1987 年因岛上有威远炮台而改名为威远岛。1984 年登记的《广东省东莞市海域海岛地名卡片》、《广东省海域地名志》（1989）、《广东省海岛、礁、沙洲名录表》（1993）和《全国海岛名称与代码》（2008）均记为威远岛。岸线长 19.8 千米，面积 19.649 4 平方千米，海拔 177.7 米。基岩岛。

有居民海岛，隶属于东莞市虎门镇。岛上有多个居民社区，设南面、北面、武山沙、九门寨 4 个管理区，22 个自然村。2011 年有户籍人口 10 853 人，常住人口 15 000 人。工业以船厂、灯饰厂、电子厂等为主。仓储业为沙堆等。养殖业以鱼塘为主。种植业以甘蔗、稻谷等为主。建有码头、医院、学校、派出所等公共服务设施。依托威远炮台、海战博物馆、威远孔阳祖祠等多处历史文化遗迹大力发展旅游业。目前炮台遗址尚存，为全国重点文物保护单位。岛上交通便利，虎门大桥从岛上通过。水库蓄水量 3 万立方米，电自大陆接入。

木棉山岛 (Mùmiánshān Dǎo)

北纬 22°46.9′，东经 113°39.8′。位于东莞市虎门镇海域，东距大陆 140 米。因岛上种有木棉树，故名。又名木棉山、猪婆山。1984 年登记的《广东省东莞市海域海岛地名卡片》称为木棉山，别名猪婆山。《广东省海域地名志》（1989）、《广东省海岛、礁、沙洲名录表》（1993）和《全国海岛名称与代码》（2008）称为木棉山岛。岸线长 2.08 千米，面积 0.203 4 平方千米。基岩岛。

有居民海岛，隶属于东莞市虎门镇。2011 年有户籍人口 77 人，常住人口 80 人。建有别墅和高档生活小区，已有居民落户。建有油库、建材堆场、油库码头和建材码头。岛上水电均来自大陆。有 1 座桥梁与大陆相连。

虾缯排 (Xiāzēng Pái)

北纬 22°45.0′，东经 113°39.6′。位于东莞市虎门镇西南侧，虎门水道东侧，东距大陆 230 米。亦名虾绘排。因岛形似虾缯（一种捕虾渔具），故名。1984 年登记的《广东省东莞市海域海岛地名卡片》、《广东省海域地名志》（1989）和《广东省海岛、礁、沙洲名录表》（1993）均记为虾缯排。岸线长 180 米，面积 823 平方米。基岩岛。

下沙 (Xià Shā)

北纬 22°43.2′，东经 113°27.7′。位于中山市三角镇，西南距三角镇 230 米。该岛与上沙同为洪奇沥水道中的 2 个沙洲，该岛地处下游，故名。广东省国土资源厅地形图（1995）标注为下沙。岸线长 1.1 千米，面积 0.034 3 平方千米。沙泥岛。岛上长有草丛和灌木。2011 年岛上常住人口 3 人。建有简易码头，主要种植香蕉、莲藕。

横门岛 (Héngmén Dǎo)

北纬 22°34.2′，东经 113°34.6′。位于中山市横门镇海域，西南距大陆 180 米。因该岛横卧于横门河口中，故名。又名牛岗。《中国海洋岛屿简况》（1980）称为牛岗。1984 年登记的《广东省中山市海域海岛地名卡片》、《广东省海域地名志》（1989）、《广东省海岛、礁、沙洲名录表》（1993）和《全国海岛名称与代码》（2008）均记为横门岛。岸线长 21.59 千米，面积 18.168 1 平方千米，海拔 105 米。基岩岛。

有居民海岛，隶属于中山市横门镇。有 1 个自然村，名为马安村，人口约 784 人。2011 年有户籍人口 863 人，常住人口 1 830 人。2002 年，中山市在该岛成立临海工业园。2004 年被确定为国家火炬计划中山（临海）装备制造产业基地。建有修船厂及用于存沙的房屋。岛上交通方便，由横门大桥可通往南朗镇等。

中山石排 (Zhōngshān Shípái)

北纬 22°30.0′，东经 113°36.4′。位于中山市东侧海域，西距大陆 3.12 千米。由于该岛像一个竹排在海上，且是石头的，故称石排。1984 年登记的《广东省中山市海域海岛地名卡片》、《广东省海域地名志》（1989）和《广东省海岛、礁、沙洲名录表》（1993）均记为石排。因省内重名，以其位于中山市，第二次全国海域地名普查时更为今名。岸线长 156 米，面积 1 450 平方米，海拔 2 米。基岩岛。岛上长有草丛。

黄岗沙洲岛 (Huánggǎng Shāzhōu Dǎo)

北纬 23°39.4′，东经 117°01.1′。位于潮州市饶平县柘林湾北部，黄岗河口，东北距大陆 90 米。因处黄岗河口，由泥沙构成，第二次全国海域地名普查时命今名。岸线长 71 米，面积 284 平方米。沙泥岛。岛上有草丛和灌木。

碧洲南岛 (Bìzhōu Nándǎo)

北纬 23°37.0′，东经 117°01.7′。位于潮州市饶平县柘林湾北部，黄岗河出海口西南，西北距大陆 80 米。在碧洲村南面，第二次全国海域地名普查时命今名。面积约 12 平方米。基岩岛。

白礁仔 (Bái Jiāozǎi)

北纬 23°36.9′，东经 117°00.7′。位于潮州市饶平县柘林湾北部，碧洲村西南，东距大陆 430 米。《中国海洋岛屿简况》（1980）记为白礁仔。白礁仔是当地群众惯称。岸线长 99 米，面积 409 平方米。基岩岛。岛上有破旧房屋。

鸟屿 (Niǎo Yǔ)

北纬 23°36.9′，东经 117°04.3′。位于潮州市饶平县柘林湾东北部，东距大陆 150 米。鸟屿是当地群众惯称。岸线长 89 米，面积 550 平方米。基岩岛。

更屿 (Gēng Yǔ)

北纬 23°36.6′，东经 117°01.3′。位于潮州市饶平县柘林湾北部，饭包山南，北距大陆 410 米。岛上有一块大石，形似古时的更鼓，故名。《中国海洋岛屿简况》（1980）、1984 年登记的《广东省饶平县海域海岛地名卡片》、《广东省海域地名志》（1989）、《广东省海岛、礁、沙洲名录表》（1993）、《广东省志·海洋与海岛志》（2000）、《全国海岛名称与代码》（2008）均记为更屿。岸线长 215 米，面积 619 平方米，高 10.2 米。基岩岛。岛上长有草丛。

更屿北岛 (Gēngyǔ Běidǎo)

北纬 23°36.8′，东经 117°01.3′。位于潮州市饶平县柘林湾北部，饭包山南，北距大陆 70 米。因处更屿北面，第二次全国海域地名普查时命今名。岸线长 70 米，面积 111 平方米。基岩岛。

卢礁 (Lú Jiāo)

北纬 23°36.4′，东经 117°04.3′。位于潮州市饶平县所城西，柘林湾东北部，东距大陆 20 米。卢礁是当地群众惯称。面积约 46 平方米。基岩岛。

二石 (Èr Shí)

北纬 23°35.8′，东经 116°58.6′。位于潮州市饶平县柘林湾西北端，南距大陆 10 米。《中国海洋岛屿简况》（1980）记为 4747。二石是当地群众惯称。岸线长 77 米，面积 222 平方米。基岩岛。岛上长有草丛。

饶平三石 (Ráopíng Sānshí)

北纬 23°35.8′，东经 116°58.6′。位于潮州市饶平县柏林湾西部，东洋港北部，西距大陆 20 米。当地群众惯称三石。因省内重名，以其位于饶平县，第二次全国海域地名普查时更为今名。面积约 31 平方米。基岩岛。

四石 (Sì Shí)

北纬 23°35.8′，东经 116°58.6′。位于潮州市饶平县柏林湾西部，东洋港北部，西距大陆 20 米。四石是当地群众惯称。面积约 45 平方米。基岩岛。

五石 (Wǔ Shí)

北纬 23°35.8′，东经 116°58.6′。位于潮州市饶平县柏林湾西部，东洋港西北部，西距大陆 40 米。五石是当地群众惯称。面积约 27 平方米。基岩岛。

马嘴礁 (Mǎzuǐ Jiāo)

北纬 23°35.8′，东经 117°04.6′。位于潮州市饶平县所城西，柏林湾西端，东距大陆 50 米。马嘴礁是当地群众惯称。岸线长 70 米，面积 272 平方米。基岩岛。岛上有草丛和灌木。有小庙 1 座。

饶平猪母石 (Ráopíng Zhūmǔ Shí)

北纬 23°34.7′，东经 116°57.7′。位于潮州市饶平县柏林湾西部，东洋港西部，西距大陆 20 米。猪母石是当地群众惯称。因省内重名，以其位于饶平县，第二次全国海域地名普查时更为今名。面积约 24 平方米。基岩岛。

蛇屿 (Shé Yǔ)

北纬 23°34.7′，东经 117°04.6′。位于潮州市饶平县柏林湾东南部，西澳岛北 410 米，东距大陆 350 米。因岛形似蛇而得名。别名蛇塔、大麦塔。因岛顶部建有一石塔，也称蛇塔。《中国海洋岛屿简况》（1980）记为大麦塔。1984 年登记的《广东省饶平县海域海岛地名卡片》、《广东省海域地名志》（1989）、《广东省海岛、礁、沙洲名录表》（1993）、《广东省志·海洋与海岛志》（2000）、《全国海岛名称与代码》（2008）均记为蛇屿。岸线长 60 米，面积 215 平方米，高 8.2 米。基岩岛。有石塔石屋，系清代中期建造。

鸟头礁 (Niǎotóu Jiāo)

北纬 23°34.7′，东经 117°02.3′。位于潮州市饶平县林湾中部，汛洲岛东北 22 米，东北距大陆 4.08 千米。礁形似鸟头，当地群众惯称鸟头礁。面积约 50 平方米。基岩岛。

大麦礁 (Dàmài Jiāo)

北纬 23°34.6′，东经 117°04.6′。位于潮州市饶平县柘林湾东南部，西澳岛东北 380 米，东北距大陆 190 米。该岛由多块形似麦穗的岩石组成，故名。又名小麦礁。《中国海洋岛屿简况》（1980）记为小麦礁。1984 年登记的《广东省饶平县海域海岛地名卡片》、《广东省海域地名志》（1989）、《广东省海岛、礁、沙洲名录表》（1993）、《全国海岛名称与代码》（2008）均记为大麦礁。岸线长 140 米，面积 322 平方米。基岩岛。

大麦礁北岛 (Dàmàijiāo Běidǎo)

北纬 23°34.7′，东经 117°04.6′。位于潮州市饶平县柘林湾东南部，西澳岛东北 400 米，大麦礁北 33 米，东北距大陆 240 米。原与大麦礁、大麦礁东岛统称为大麦礁，因处在大麦礁北边，第二次全国海域地名普查时命今名。面积约 10 平方米。基岩岛。

大麦礁东岛 (Dàmàijiāo Dōngdǎo)

北纬 23°34.6′，东经 117°04.7′。位于潮州市饶平县柘林湾东南部，西澳岛东北 480 米，大麦礁东南 140 米，东北距大陆 40 米。原与大麦礁、大麦礁北岛统称为大麦礁，因处大麦礁东面，第二次全国海域地名普查时命今名。面积约 39 平方米。基岩岛。

饶平圆礁 (Ráopíng Yuánjiāo)

北纬 23°34.6′，东经 116°57.8′。位于潮州市饶平县柘林湾西部，东洋港西南部，西距大陆 130 米。因该岛呈圆形而得名圆礁。因省内重名，以其位于饶平县，第二次全国海域地名普查时更为今名。面积约 46 平方米。基岩岛。

散龙礁 (Sǎnlóng Jiāo)

北纬 23°34.5′，东经 116°57.7′。位于潮州市饶平县柘林湾西部，东洋港西部，西距大陆 110 米。散龙礁是当地群众惯称。面积约 41 平方米。基岩岛。

顶香炉 (Dǐngxiānglú)

北纬 23°34.5′，东经 117°01.0′。位于潮州市饶平县柘林湾中部，汛洲岛西 340 米，北距大陆 4.18 千米。该岛东面一巨石形似香炉，故名。1984 年登记的《广东省饶平县海域海岛地名卡片》记为顶香炉。岸线长 110 米，面积 228 平方米，高 4.5 米。基岩岛。

饶平东礁 (Ráopíng Dōngjiāo)

北纬 23°34.4′，东经 116°57.7′。位于潮州市饶平县柘林湾西部，东洋港西部，西距大陆 170 米。当地群众惯称东礁。因省内重名，以其位于饶平县，第二次全国海域地名普查时更为今名。面积约 33 平方米。基岩岛。岛上有 1 座已废弃破旧瓦屋。

大屿西岛 (Dàyǔ Xīdǎo)

北纬 23°34.4′，东经 117°04.7′。位于潮州市饶平县柘林湾东南部，西澳岛东北 200 米，东北距大陆 50 米。因处大屿西侧，第二次全国海域地名普查时命今名。岸线长 272 米，面积 3 060 平方米。基岩岛。岛上有草丛和灌木。2011 年常住人口 3 人。岛上有房屋、小型渔船修理所。岛周是养殖场。由大陆引电。

汛洲岛 (Xùnzhōu Dǎo)

北纬 23°34.4′，东经 117°01.7′。位于潮州市饶平县柘林湾中部，扼柘林湾咽喉，海山岛东北 780 米，北距大陆 3.6 千米。古时称讯洲。该岛有一烟墩山，古时设有烟火台，是饶平讯地之一，故有讯洲之称。岛上群众多从事渔业，注重鱼汛，改为汛洲岛。《中国海洋岛屿简况》（1980）、1984 年登记的《广东省饶平县海域海岛地名卡片》、《广东省海域地名志》（1989）、《广东省海岛、礁、沙洲名录表》（1993）、《广东省志·海洋与海岛志》（2000）、《全国海岛名称与代码》（2008）均记为汛洲岛。岸线长 8.9 千米，面积 2.241 9 平方千米，高 144 米。东部高，西部较低，中部为滨海平地。基岩岛。东部山地有大块岩石出露，西部表层为黄沙土及零星岩石。东部是石质岸，其余为沙岸。

有居民海岛，隶属潮州市饶平县。岛上有村委会，包括 2 个自然村，2011 年有户籍人口 2 641 人，常住人口 2 000 人。岛上有环岛公路、小学、码头、球场、文化场所等。有天后宫、郑氏宗祠、烟墩山、脚桶石、锣鼓石和三叠石等景点。有鱼、虾养殖基地，沿岸部分浅滩已辟为牡蛎、蚶养殖场。捕捞为岛上主要经济来源。作物种植有水稻、番薯、蔬菜。有供客运、货运、渔业使用的渡船码头。淡水来自地下水及水库，建有抽水机井。电能来自大陆，通过海底电缆输送。

汛洲南岛 (Xùnzhōu Nándǎo)

北纬 23°33.8′，东经 117°02.0′。位于潮州市饶平县柘林湾中部，汛洲岛南 49 千米，北距大陆 4.35 千米。原与汛洲岛统称为汛洲岛，因处汛洲岛南面，第二次全国海域地名普查时命今名。岸线长 85 米，面积 417 平方米。基岩岛。

西澳岛 (Xī'ào Dǎo)

北纬 23°34.1′，东经 117°04.2′。位于潮州市饶平县柘林湾东南部，汛洲岛东侧，东距大陆 250 米。该岛在柘林镇西南，沿岸多湾，岛岸停泊船只较多，故名西澳岛。又名西林岛、柘林岛。因岛上多树木，故名西林岛。1974 年版海图上亦称柘林岛。《中国海洋岛屿简况》（1980）、1984 年登记的《广东省饶平县海域海岛地名卡片》、《广东省海域地名志》（1989）、《广东省海岛、礁、沙洲名录表》（1993）、《广东省志·海洋与海岛志》（2000）、《全国海岛名称与代码》（2008）均记为西澳岛。岸线长 7.57 千米，面积 2.084 3 平方千米，高 96.8 米。基岩岛，由燕山三期花岗岩构成。岛上丘陵起伏，西部较高，东部次之，中间低平。表层为砂砾土，竹林成荫。西岸是石质岸，其余为沙质岸。

有居民海岛，隶属于潮州市饶平县。岛上有新乡、旧乡、花园 3 个自然村，2011 年有户籍人口 1 330 人，常住人口 1 300 人。相传早年福建姓林人移居旧乡以钓鱼为生，相继而来的有李、方、练、游等姓氏移居岛上。居民原只有放蓬等落后浅海捕捞作业。1980 年后逐步实现浅海作业半机械化和机械化生产，海水养殖方式有吊式、底播式，养殖品种主要有美国红鱼、石斑鱼等。种植花生、番薯、水稻等农作物。岛上有学校、球场等公共设施。历史文化遗址有崇政古庙和李氏宗祠。岛上淡水来自地下水，建有水井。电能来自大陆，通过架设电缆输入，主要用于居民生活照明。建有渡船码头，柘林—西澳渡船是主要交通工具。

西澳东岛 (Xī'ào Dōngdǎo)

北纬 23°33.8′，东经 117°04.7′。位于潮州市饶平县柘林湾东南部，西澳岛东南 29 米，东北距大陆 290 米。原与西澳岛统称为西澳岛，因处西澳岛东面，第二次全国海域地名普查时命今名。面积约 68 平方米。基岩岛。

内外浮礁 (Nèiwàifú Jiāo)

北纬 23°34.1′，东经 117°00.8′。位于潮州市饶平县柘林湾西南部，海山岛东北 31 米，西距大陆 4.61 千米。该岛由两块花岗岩石组成，离海山岛近的称内浮，较远的称外浮，故名。《广东省海域地名志》（1989）、《广东省海岛、礁、沙洲名录表》（1993）均记为内外浮礁。岸线长 112 米，面积 145 平方米。基岩岛。

龙屿 (Lóng Yǔ)

北纬 23°34.0′，东经 117°07.8′。位于潮州市饶平县所城南，大埕湾西南端，西距鸡笼角 410 米。曾名骊屿、鸡簟屿，又名虎屿。《中国海洋岛屿简况》（1980）记为虎屿。1984 年登记的《广东省饶平县海域海岛地名卡片》、《广东省海域地名志》（1989）、《广东省海岛、礁、沙洲名录表》（1993）、《广东省志·海洋与海岛志》（2000）、《全国海岛名称与代码》（2008）均记为龙屿。岸线长 889 米，面积 0.030 5 平方千米，高 39.4 米。基岩岛。沿岸为海蚀残丘或礁石，无淤涨。岛上植被以灌木丛为主。有渡船码头，供附近油库运油船使用。最高处建堡垒，已废弃。该岛是国家公布的第一批开发利用无居民海岛，主要用途为交通与工业用岛。

开礁 (Kāi Jiāo)

北纬 23°34.0′，东经 117°07.9′。位于潮州市饶平县所城南，大埕湾西南端，西北距大陆 680 米。开礁是当地群众惯称。《广东省海域地名志》（1989）、《广东省海岛、礁、沙洲名录表》（1993）均记为开礁。基岩岛。面积约 12 平方米。巨砾岸滩，无淤涨。该岛是国家公布的第一批开发利用无居民海岛，主导用途为交通与工业用岛。

斗笠礁 (Dǒulì Jiāo)

北纬 23°33.9′，东经 116°59.6′。位于潮州市饶平县柘林湾西南部，东洋港南部，海山岛北 140 米，西距大陆 3.05 千米。该岛因形似斗笠，当地群众惯称斗笠礁。岸线长 11 米，面积 9 平方米。基岩岛。

狗沙岛 (Gǒushā Dǎo)

北纬 23°33.9′，东经 116°59.9′。位于潮州市饶平县柘林湾西南部，东洋港南部，海山岛北 83 米，西距大陆 3.43 千米。相传在沙鱼（鲨鱼）盛产季节，常有狗沙鱼（鲨鱼的一种）在此群集，故名。1984 年登记的《广东省饶平县海域海岛地名卡片》、《广东省海域地名志》（1989）均记该岛为狗沙礁。因与饶平县狗沙礁（低潮高地）重名，第二次全国海域地名普查时更名为狗沙岛。面积约 31 平方米。基岩岛。

北三礁 (Běisān Jiāo)

北纬 23°33.9′，东经 116°59.7′。位于潮州市饶平县柘林湾西南部，东洋港南部，海山岛北 97 米，西距大陆 3.09 千米。又名三礁。因该岛由三块独立的礁石组成，故名。1984 年登记的《广东省饶平县海域海岛地名卡片》、《广东省海域地名志》（1989）、《广东省海岛、礁、沙洲名录表》（1993）均记为三礁。因海山岛南面也有三礁，此礁在海山岛北面，故更名为北三礁。面积约 28 平方米。基岩岛。

龟屿 (Guī Yǔ)

北纬 23°33.9′，东经 117°04.8′。位于潮州市饶平县柘林湾东南部，西澳岛东 48 米，东距大陆 330 米。因岛形似龟而得名。别名龟塔。岛上建有 1 座石塔，又名鬼塔。《中国海洋岛屿简况》（1980）、1984 年登记的《广东省饶平县海域海岛地名卡片》、《广东省海域地名志》（1989）、《广东省海岛、礁、沙洲名录表》（1993）、《广东省志·海洋与海岛志》（2000）、《全国海岛名称与代码》（2008）均记为龟屿。岸线长 169 米，面积 1 745 平方米，高约 20.3 米。基岩岛，由花岗岩构成，中间高南北低，石质岸。岛上长草丛和灌木。最高处有一座建于清中期的石塔，名为龟塔。

龟屿北岛 (Guīyǔ Běidǎo)

北纬 23°33.9′，东经 117°04.8′。位于潮州市饶平县柘林湾东南部，西澳岛东 71 米，龟屿北 10 米，东北距大陆 340 米。原与龟屿、龟屿东岛、龟屿南岛统称为龟屿，因处龟屿北面，第二次全国海域地名普查时命今名。面积约 10 平方米。基岩岛。

龟屿南岛 (Guīyǔ Nándǎo)

北纬 23°33.9′，东经 117°04.8′。位于潮州市饶平县柘林湾东南部，西澳岛东 70 米，龟屿南 16 米，东北距大陆 340 米。原与龟屿、龟屿北岛、龟屿东岛统称为龟屿，因处龟屿南面，第二次全国海域地名普查时命今名。面积约 8 平方米。基岩岛。

龟屿东岛 (Guīyǔ Dōngdǎo)

北纬 23°33.9′，东经 117°04.8′。位于潮州市饶平县柘林湾东南部，西澳岛东 94 米，龟屿东南 11 米，东北距大陆 320 米。原与龟屿、龟屿北岛、龟屿南岛统称为龟屿，因处龟屿东面，第二次全国海域地名普查时命今名。面积约 31 平方米。基岩岛。有拴船桩。

三叠石 (Sāndié Shí)

北纬 23°33.9′，东经 117°01.7′。位于潮州市饶平县柘林湾中部，汛洲岛西南 18 米，北距大陆 4.89 千米。岛上有几块叠加的大岩石，当地群众称三叠石。又名栏门石、烂门石。《广东省海域地名志》(1989) 记为栏门石。《广东省海岛、礁、沙洲名录表》(1993) 记为烂门石。该岛由两组礁石组成，涨潮时其间可通小船，似敞开的小门，故名栏门石。烂应为栏的字误。岸线长 230 米，面积 2 232 平方米。基岩岛。岛上长草丛和灌木。

三叠石西岛 (Sāndiéshí Xīdǎo)

北纬 23°33.9′，东经 117°01.7′。位于潮州市饶平县柘林湾中部，汛洲岛西南 110 米，三叠石西南 48 米，北距大陆 4.99 千米。原与三叠石统称三叠石。因处三叠石西面，第二次全国海域地名普查时命今名。面积约 59 平方米。基岩岛。

牛牯礁 (Niúgǔ Jiāo)

北纬 23°33.8′，东经 117°01.9′。位于潮州市饶平县柘林湾中部，汛洲岛南 65 米，北距大陆 4.52 千米。该岛形似牯牛的背部，故名。1984 年登记的《广东省饶平县海域海岛地名卡片》记为牛牯礁，属于明礁。《广东省海域地名志》（1989）记为牛牯礁，属于暗礁。面积约 79 平方米，高 2.2 米。基岩岛。

割下尾 (Gēxiàwěi)

北纬 23°33.8′，东经 117°04.1′。位于潮州市饶平县柘林湾东南部，西澳岛西南 11 米，东北距大陆 1.06 千米。割下尾是当地群众惯称。岸线长 66 米，面积 194 平方米。基岩岛。

割下屿 (Gēxià Yǔ)

北纬 23°33.8′，东经 117°04.1′。位于潮州市饶平县柘林湾东南部，西澳岛西南 32 米，东北距大陆 1.01 千米。割下屿是当地群众惯称。面积约 28 平方米。基岩岛。

割下石 (Gēxià Shí)

北纬 23°33.8′，东经 117°04.3′。位于潮州市饶平县柘林湾东南部，西澳岛南 58 米，东北距大陆 770 米。割下石为当地群众惯称。岸线长 110 米，面积 310 平方米。基岩岛。

狗鞭石 (Gǒubiān Shí)

北纬 23°33.8′，东经 117°04.4′。位于潮州市饶平县柘林湾东南部，西澳岛南 36 米，东北距大陆 630 米。该岛形似狗鞭，当地群众称为狗鞭石。面积约 14 平方米。基岩岛。

赤礁北岛 (Chìjiāo Běidǎo)

北纬 23°33.8′，东经 117°02.1′。位于潮州市饶平县柘林湾中部，汛洲岛东南 140 米，北距大陆 4.27 千米。第二次全国海域地名普查时命名为赤礁北岛。岸线长 104 米，面积 327 平方米。基岩岛。

赤礁南岛 (Chìjiāo Nándǎo)

北纬 23°33.7′，东经 117°02.1′。位于潮州市饶平县柘林湾中部，汛洲岛东南 290 米，北距大陆 4.19 千米。第二次全国海域地名普查时命名为赤礁南岛。面积约 23 平方米。基岩岛。

双抱石 (Shuāngbào Shí)

北纬 23°33.6′，东经 117°04.6′。位于潮州市饶平县柘林湾东南部，西澳岛南 82 米，东北距大陆 140 米。该岛上面有两块相抱的大石，故名。1984 年登记的《广东省饶平县海域海岛地名卡片》、《广东省海域地名志》（1989）、《广东省海岛、礁、沙洲名录表》（1993）均记为双抱石。岸线长 72 米，面积 190 平方米，高约 4 米。基岩岛。建有灯塔 1 座。

田仔下岛 (Tiánzǎixià Dǎo)

北纬 23°33.5′，东经 116°58.8′。位于潮州市饶平县柘林湾西南部，东洋港南部，海山岛北 44 米，西距大陆 1.55 千米。因处田仔下，第二次全国海域地名普查时命今名。岸线长 62 米，面积 275 平方米。基岩岛。岛上长草丛和灌木。有小木棚，已废弃。

田仔下北岛 (Tiánzǎixiàběi Dǎo)

北纬 23°33.6′，东经 116°58.8′。位于潮州市饶平县柘林湾西南部，东洋港南部，海山岛北 34 米，田仔下岛东北 60 米，西距大陆 1.55 千米。在田仔下岛北面，第二次全国海域地名普查时命今名。面积约 8 平方米。基岩岛。

上屿 (Shàng Yǔ)

北纬 23°32.9′，东经 117°01.7′。位于潮州市饶平县海山岛东 1.12 千米，西距大陆 4.79 千米。又名上礁。南面有下屿，两礁相望，以北为上南为下，故名上礁。当地群众称为上屿。1974 年版海图原有名记为上礁。《中国海洋岛屿简况》（1980）、1984 年登记的《广东省饶平县海域海岛地名卡片》记为上礁。《广东省海域地名志》（1989）、《广东省海岛、礁、沙洲名录表》（1993）、《广东省志·海洋与海岛志》（2000）、《全国海岛名称与代码》（2008）均记为上屿。岸线长 49 米，面积 136 平方米，高 3.2 米。基岩岛。

下屿 (Xià Yǔ)

北纬 23°32.5′，东经 117°01.5′。位于潮州市饶平县海山岛东 1.47 千米，西距大陆 5.22 千米。北面有上屿，两礁相望，以北为上屿，南为下屿。也称下礁。1974 年版海图原有名称为下礁。《中国海洋岛屿简况》（1980）记为下礁。1984 年登记的《广东省饶平县海域海岛地名卡片》、《广东省海域地名志》（1989）、《广东省海岛、礁、沙洲名录表》（1993）、《广东省志·海洋与海岛志》（2000）、《全国海岛名称与代码》（2008）均记为下屿。面积约 47 平方米，高 3.4 米。基岩岛。

大礁屿 (Dàjiāo Yǔ)

北纬 23°32.8′，东经 117°05.4′。位于潮州市饶平县海山岛西 1 千米，北距大陆 210 米。岛上有 1 块大石形似章鱼，俗称大章礁。章与礁是当地谐音，又名大礁屿，简称大礁。《中国海洋岛屿简况》（1980）、1984 年登记的《广东省饶平县海域海岛地名卡片》记为大礁。《广东省海域地名志》（1989）、《广东省海岛、礁、沙洲名录表》（1993）、《广东省志·海洋与海岛志》（2000）、《全国海岛名称与代码》（2008）均记为大礁屿。岸线长 219 米，面积 3 048 平方米，高 6.6 米。基岩岛，岛体由花岗岩构成。西北高东南低，巨砾岸滩，西北淤涨，东南侵蚀。该岛是国家公布的第一批开发利用无居民海岛，主要用途为交通与工业用岛。

饶平赤屿 (Ráopíng Chìyǔ)

北纬 23°32.5′，东经 116°55.3′。位于潮州市饶平县盐鸿镇东南，海山岛西 1.3 千米，东北距大陆 20 米。当地群众惯称赤屿。《中国海洋岛屿简况》（1980）记为赤屿。因省内重名，以其位于饶平县，第二次全国海域地名普查时更为今名。岸线长 102 米，面积 685 平方米。基岩岛。岛上长有草丛和灌木。

海山岛 (Hǎishān Dǎo)

北纬 23°32.4′，东经 116°58.5′。位于潮州市饶平县西南，为柘林湾西部屏障，西北距大陆 170 米。该岛属丘陵山地，四周是海，故名。《中国海洋岛屿简况》（1980）、1984 年登记的《广东省饶平县海域海岛地名卡片》、《广东省海域地名志》（1989）、《广东省海岛、礁、沙洲名录表》（1993）、《广东省志·海洋与海岛志》（2000）、《全国海岛名称与代码》（2008）均记为海山岛。岸线长 33.28 千米，面积 27.711 平方千米，海拔 146.5 米。基岩岛。由燕山三期花岗岩构成，底平处覆盖第四系淤泥、中细砂层。有赤红壤、水稻土、滨海沙土、滨海盐土、石质土。适宜种植水稻、甘薯、花生等。海岛岸线较平直，沿岸有沙、泥滩。部分已开辟盐田、养殖场，有防护林。地处南亚热带季风区，气候温湿，四季分明，阳光和雨量充足。

明代（1477 年）海山岛属饶平县信守都洪洲堡。现隶属潮州市饶平县，为海山镇人民政府所在地。2011 年有户籍人口 76 583 人，常住人口 63 345 人。主要经济收入来自海洋捕捞与海水养殖，已形成网箱养殖、贝类养殖、鱼虾养殖和高位池养虾等五大海水养殖基地。岛上无公害生产基地的紫菜产品销往泰国、新加坡等地。岛上有距今 5000 年的海滩岩，2001 年被列为广东省地质遗迹自然保护区。人文遗迹有鲤鱼寨、隆福寺、宋氏宗祠、黄隆刘厝祠、南宋丞相郑清之墓等。岛上交通便利，1971 年建成三百门拦海大堤，海山岛与大陆黄冈连接，后又建成高沙大堤连接汕头澄海区。1977 年建成笠港桥，解决了海山岛与大陆交通问题。

海山北岛 (Hǎishān Běidǎo)

北纬 23°33.9′，东经 117°00.9′。位于潮州市饶平县柘林湾西南部，海山岛东北 70 米，西距大陆 5 千米。原与海山岛统称为海山岛，因处海山岛北面，第二次全国海域地名普查时命今名。面积约 50 平方米。基岩岛。

马鞍屿 (Mǎ'ān Yǔ)

北纬 23°32.2′，东经 116°55.1′。位于潮州市饶平县海山岛西 1.32 千米，北距大陆 530 米。该岛形似马鞍，故名。又名牛屿。《中国海洋岛屿简况》（1980）记为牛屿。1984 年登记的《广东省饶平县海域海岛地名卡片》记为马鞍屿，图上原有名称为牛屿。《广东省海域地名志》（1989）、《广东省海岛、礁、沙洲名录表》（1993）、《广东省志·海洋与海岛志》（2000）、《全国海岛名称与代码》（2008）均记为马鞍屿。岸线长 434 米，面积 7 464 平方米，高 22 米。

基岩岛。岛上长有草丛和灌木，有废旧简易房屋。

礁柱 (Jiāozhù)

北纬 23°32.1′，东经 116°55.3′。位于潮州市饶平县海山岛西 970 米，北距大陆 480 米。该岛形似大柱，故名。又名安头礁，是当地群众惯称。1984 年登记的《广东省饶平县海域海岛地名卡片》、《广东省海域地名志》（1989）、《广东省海岛、礁、沙洲名录表》（1993）均记为礁柱。面积约 30 平方米，高 2.1 米。基岩岛。建有航标灯和台阶。

大屿礁 (Dàyǔ Jiāo)

北纬 23°32.1′，东经 116°55.5′。位于潮州市饶平县海山岛西 650 米，北距大陆 540 米。礁体比北面屿仔大，故名。《广东省海域地名志》（1989）、《广东省海岛、礁、沙洲名录表》（1993）均记为大屿礁。岸线长 42 米，面积 130 平方米。基岩岛。

大屿礁南岛 (Dàyǔjiāo Nándǎo)

北纬 23°32.0′，东经 116°55.5′。位于潮州市饶平县海山岛西 630 米，大屿礁南 20 米，北距大陆 580 米。原与大屿礁统称为大屿礁，因处大屿礁南边，第二次全国海域地名普查时命今名。面积约 56 平方米。基岩岛。建有航标灯和台阶。

狮屿 (Shī Yǔ)

北纬 23°30.9′，东经 116°54.4′。位于潮州市饶平县海山岛西南 2.86 千米，北距大陆 2.52 千米。该岛形似头部朝南的伏狮，故名狮屿。又名哈蛄，是当地群众惯称。《中国海洋岛屿简况》（1980）记为哈蛄。1984 年登记的《广东省汕头市海域海岛地名卡片》、《广东省海域地名志》（1989）、《广东省海岛、礁、沙洲名录表》（1993）、《广东省志·海洋与海岛志》（2000）、《全国海岛名称与代码》（2008）均记为狮屿。岸线长 356 米，面积 7 352 平方米，高 23.9 米。基岩岛，岛体由花岗岩构成。中间高，四周低，岩石岸滩。岛上有草丛和灌木。

狮屿仔 (Shīyǔzǎi)

北纬 23°30.9′，东经 116°54.6′。位于潮州市饶平县海山岛西南 2.69 千米，狮屿东 160 米，北距大陆 2.77 千米。该岛在狮屿东面，与狮屿相邻，面积比狮屿小，故名。《中国海洋岛屿简况》（1980）记为 4773。1984 年登记的《广东省饶平县海域海岛地名卡片》、《广东省海域地名志》（1989）、《广东省海岛、礁、沙洲名录表》（1993）、《广东省志·海洋与海岛志》（2000）、《全国海岛名称与代码》（2008）均记为狮屿仔。岸线长 202 米，面积 2 886 平方米，高 16 米。基岩岛，岛体由花岗岩构成。南部较高，岩石岸滩。岛上长有草丛和灌木。

鸟公礁 (Niǎogōng Jiāo)

北纬 23°30.9′，东经 116°54.5′。位于潮州市饶平县海山岛西南 2.93 千米，狮屿南 44 米，北距大陆 2.64 千米。该岛常有鸟公（当地俗称老鹰为鸟公）停留，故名。1984 年登记的《广东省饶平县海域海岛地名卡片》、《广东省海域地名志》（1989）、《广东省海岛、礁、沙洲名录表》（1993）均记为鸟公礁。面积约 20 平方米，高 3.4 米。基岩岛。

五屿 (Wǔ Yǔ)

北纬 23°30.6′，东经 116°54.7′。位于潮州市饶平县海山岛西南，北距大陆 3.13 千米。该岛由五座相连小山头组成，故名。又名牛屿，是当地群众惯称。1984 年登记的《广东省饶平县海域海岛地名卡片》记为五屿，图上原有名称为牛屿。《中国海洋岛屿简况》（1980）、《广东省海域地名志》（1989）、《广东省海岛、礁、沙洲名录表》（1993）、《广东省志·海洋与海岛志》（2000）、《全国海岛名称与代码》（2008）均记为五屿。岸线长 628 米，面积 0.016 4 平方千米，高 29 米。基岩岛。岛上长有草丛和灌木。东南面建有航标灯和废旧房屋。

五屿北岛 (Wǔyǔ Běidǎo)

北纬 23°30.7′，东经 116°54.6′。位于潮州市饶平县海山岛西南 2.92 千米，五屿西北 85 米，北距大陆 3.04 千米。原与五屿、五屿仔岛统称为五屿。因地处五屿北面，第二次全国海域地名普查时命今名。面积约 24 平方米。基岩岛。

五屿仔岛 （Wǔyǔzǎi Dǎo）

北纬 23°30.5′，东经 116°54.8′。位于潮州市饶平县海山岛西南 2.74 千米，五屿东南 23 米，北距大陆 3.39 千米。原与五屿、五屿北岛统称为五屿，因比五屿小，第二次全国海域地名普查时命今名。岸线长 474 米，面积 0.010 1 平方千米。基岩岛。岛上有草丛和灌木。建有简易码头、航标灯和台阶。

黄礁 （Huáng Jiāo）

北纬 23°30.6′，东经 116°58.7′。位于潮州市饶平县海山岛南 190 米，西北距大陆 4.13 千米。黄礁是当地群众惯称。面积约 65 平方米。基岩岛。

黄礁西岛 （Huángjiāo Xīdǎo）

北纬 23°30.6′，东经 116°58.7′。位于潮州市饶平县海山岛南 230 米，西北距大陆 4.13 千米。该岛原与黄礁、黄礁南岛统称为"黄礁"，因地处黄礁西面，第二次全国海域地名普查时命今名。面积约 19 平方米。基岩岛。

黄礁南岛 （Huángjiāo Nándǎo）

北纬 23°30.6′，东经 116°58.7′。位于潮州市饶平县海山岛南 230 米，西北距大陆 4.16 千米。该岛原与黄礁、黄礁西岛统称为"黄礁"，因地处黄礁南面，第二次全国海域地名普查时命今名。面积约 15 平方米。基岩岛。

南三礁一岛 （Nánsānjiāo Yīdǎo）

北纬 23°30.3′，东经 116°58.2′。位于潮州市饶平县海山岛南 780 米，西北距大陆 4.28 千米。该岛同周围海岛自北向南逆时针顺序排第一，第二次全国海域地名普查时命今名。面积约 18 平方米。基岩岛。

南三礁二岛 （Nánsānjiāo Èrdǎo）

北纬 23°30.3′，东经 116°58.4′。位于潮州市饶平县海山岛南 860 米，西北距大陆 4.45 千米。该岛同周围海岛自北向南逆时针顺序排第二，第二次全国海域地名普查时命今名。面积约 13 平方米。基岩岛。

南三礁三岛 （Nánsānjiāo Sāndǎo）

北纬 23°30.3′，东经 116°58.4′。位于潮州市饶平县海山岛南 870 米，西北距大陆 4.48 千米。该岛同周围海岛自北向南逆时针顺序排第三，第二次全国海域地名普查时命今名。基岩岛。面积约 33 平方米。

虎屿 (Hǔ Yǔ)

北纬 23°30.3′，东经 116°59.0′。位于潮州市饶平县海山岛南 430 米，西北距大陆 4.78 千米。该岛呈褐色，间有乱石，形似虎皮斑纹，东面有垒大石形似虎头，故名。《中国海洋岛屿简况》（1980）、1984 年登记的《广东省饶平县海域海岛地名卡片》、《广东省海域地名志》（1989）、《广东省海岛、礁、沙洲名录表》（1993）、《广东省志·海洋与海岛志》（2000）、《全国海岛名称与代码》（2008）均记为虎屿。岸线长 636 米，面积 0.018 7 平方千米，高 29.4 米。基岩岛。

虎屿西礁 (Hǔyǔ Xījiāo)

北纬 23°30.3′，东经 116°59.0′。位于潮州市饶平县海山岛南 540 米，虎屿西 39 米，西北距大陆 4.82 千米。原与虎屿、虎屿南岛统称为虎屿，因地处虎屿西侧，当地群众惯称虎屿西礁。岸线长 429 米，面积 6 989 平方米。基岩岛。岛上长有草丛和灌木。

虎屿南岛 (Hǔyǔ Nándǎo)

北纬 23°30.2′，东经 116°59.1′。位于潮州市饶平县海山岛南 600 米，虎屿东南 74 米，西北距大陆 5.09 千米。原与虎屿、虎屿西礁统称为虎屿，因地处虎屿南面，第二次全国海域地名普查时命今名。岸线长 41 米，面积 106 平方米。基岩岛。

白鸽南屿 (Báigē Nányǔ)

北纬 23°30.2′，东经 116°58.5′。位于潮州市饶平县海山岛南 1.01 千米，西北距大陆 4.67 千米。白鸽南屿为当地群众惯称。又名白岭。《中国海洋岛屿简况》（1980）记为白岭。1984 年登记的《广东省饶平县海域海岛地名卡片》、《广东省海域地名志》（1989）、《广东省海岛、礁、沙洲名录表》（1993）、《广东省志·海洋与海岛志》（2000）、《全国海岛名称与代码》（2008）均记为白鸽南屿。岸线长 252 米，面积 2 223 平方米，高 15 米。基岩岛。岛上长有草丛。

白鸽南岛 （Báigē Nándǎo）

北纬 23°30.1′，东经 116°58.5′。位于潮州市饶平县海山岛南 1.09 千米，白鸽南屿南 29 米，西北距大陆 4.74 千米。原与白鸽南屿统称为白鸽南屿，因处白鸽南屿南面，第二次全国海域地名普查时命今名。面积约 63 平方米。基岩岛。

挨砻礁 （Āilóng Jiāo）

北纬 23°30.2′，东经 116°58.6′。位于潮州市饶平县海山岛南 1 千米，白鸽南屿东 180 米，西北距大陆 4.79 千米。因该岛形似古式碾米（挨米）用的砻（一种去掉稻谷外壳的工具），故名。1984 年登记的《广东省饶平县海域海岛地名卡片》、《广东省海域地名志》（1989）、《广东省海岛、礁、沙洲名录表》（1993）均记为挨砻礁。岸线长 44 米，面积 137 平方米，高 3.5 米。基岩岛。

圆屿 （Yuán Yǔ）

北纬 23°30.0′，东经 116°59.0′。位于潮州市饶平县海山岛南 890 米，西北距大陆 5.26 千米。该岛略呈圆形，故名。又名园屿。《中国海洋岛屿简况》（1980）记为园屿。1984 年登记的《广东省饶平县海域海岛地名卡片》、《广东省海域地名志》（1989）、《广东省海岛、礁、沙洲名录表》（1993）、《广东省志·海洋与海岛志》（2000）、《全国海岛名称与代码》（2008）均记为圆屿。岸线长 639 米，面积 0.015 2 平方千米，高 21.7 米。基岩岛。岛呈南北走向，由花岗岩构成，顶部较平坦。岛上长有草丛和灌木。

圆屿内岛 （Yuányǔ Nèidǎo）

北纬 23°30.0′，东经 116°59.1′。位于潮州市饶平县海山岛南 1.05 千米，圆屿南 36 米，西北距大陆 5.44 千米。圆屿附近有两个海岛，该岛距圆屿较近，故名。《广东省海岛、礁、沙洲名录表》（1993）记为 R1。《全国海岛名称与代码》（2008）记为 RPG1。岸线长 169 米，面积 1 152 平方米，高 2.1 米。基岩岛。

圆屿外岛 （Yuányǔ Wàidǎo）

北纬 23°29.9′，东经 116°59.0′。位于潮州市饶平县海山岛南 1.11 千米，圆屿南 79 米，西北距大陆 5.46 千米。圆屿附近有两个海岛，该岛距圆屿较远，第二次全国海域地名普查时命今名。面积约 30 平方米。基岩岛。

香炉屿 (Xiānglú Yǔ)

北纬 23°29.9′，东经 116°58.7′。位于潮州市饶平县海山岛南 1.40 千米，西北距大陆 5.35 千米。又名香炉礁。因礁上有一岩石形似香炉，故名。《中国海洋岛屿简况》（1980）记为 4762。1984 年登记的《广东省饶平县海域海岛地名卡片》、《广东省海域地名志》（1989）、《广东省海岛、礁、沙洲名录表》（1993）、《广东省志·海洋与海岛志》（2000）、《全国海岛名称与代码》（2008）均记为香炉屿。岸线长 199 米，面积 883 平方米，高 6 米。基岩岛。

香炉屿西岛 (Xiānglúyǔ Xīdǎo)

北纬 23°29.9′，东经 116°58.7′。位于潮州市饶平县海山岛南 1.45 千米，香炉屿西 53 米，西北距大陆 5.36 千米。原与香炉屿统称为香炉屿，因地处香炉屿西面，第二次全国海域地名普查时命今名。面积约 52 平方米。基岩岛。

浮屿 (Fú Yǔ)

北纬 23°29.7′，东经 116°59.2′。位于潮州市饶平县海山岛南 1.45 千米，西北距大陆 5.97 千米。该岛好像浮在海面上，故名。曾名鸟屿，是当地群众惯称。《中国海洋岛屿简况》（1980）、1984 年登记的《广东省饶平县海域海岛地名卡片》、《广东省海域地名志》（1989）、《广东省海岛、礁、沙洲名录表》（1993）、《广东省志·海洋与海岛志》（2000）、《全国海岛名称与代码》（2008）均记为浮屿。岸线长 697 米，面积 0.024 5 平方千米，海拔 43.5 米。基岩岛，岛体由花岗岩构成。中间高，四周低，表层为黄沙土。间有露岩，岩石岸滩。岛上长有草丛和灌木。建有航标灯，并有台阶通往灯塔。

浮屿南岛 (Fúyǔ Nándǎo)

北纬 23°29.6′，东经 116°59.2′。位于潮州市饶平县海山岛南 1.65 千米，浮屿西南 29 米，西北距大陆 6.13 千米。《广东省海岛、礁、沙洲名录表》（1993）将该岛与浮屿外岛统一记为 R2。《全国海岛名称与代码》（2008）记为 RPG2。因地处浮屿南面，第二次全国海域地名普查时更为今名。岸线长 133 米，面积 977 平方米，高 2.6 米。基岩岛。岛上长有草丛。

浮屿内岛 (Fúyǔ Nèidǎo)

北纬 23°29.6′，东经 116°59.1′。位于潮州市饶平县海山岛南 1.59 千米，浮屿西南 9 米，西北距大陆 6.05 千米。原与浮屿统称为浮屿，因距浮屿较近，第二次全国海域地名普查时命今名。岸线长 51 米，面积 167 平方米。基岩岛。

浮屿外岛 (Fúyǔ Wàidǎo)

北纬 23°29.6′，东经 116°59.2′。位于潮州市饶平县海山岛南 1.7 千米，浮屿西南 74 米，西北距大陆 6.16 千米。《广东省海岛、礁、沙洲名录表》（1993）将该岛与浮屿南岛统一记为 R2。因处浮屿南面，距浮屿较远，第二次全国海域地名普查时命今名。岸线长 80 米，面积 225 平方米，高 1.3 米。基岩岛。

浮屿仔 (Fúyǔzǎi)

北纬 23°29.7′，东经 116°59.3′。位于潮州市饶平县海山岛南 1.33 千米，浮屿东北 49 米，西北距大陆 5.94 千米。该岛在浮屿东面，面积小，故名。1984 年登记的《广东省饶平县海域海岛地名卡片》、《广东省海域地名志》（1989）、《广东省海岛、礁、沙洲名录表》（1993）、《广东省志·海洋与海岛志》（2000）、《全国海岛名称与代码》（2008）均记为浮屿仔。岸线长 467 米，面积 0.010 9 平方千米，高 19.7 米。基岩岛。由花岗岩构成，沿岸多石滩。岛上长有草丛和灌木。

浮屿仔北岛 (Fúyǔzǎi Běidǎo)

北纬 23°29.8′，东经 116°59.2′。位于潮州市饶平县海山岛南 1.23 千米，浮屿仔北 110 米，西北距大陆 5.83 千米。原与浮屿仔统称为浮屿仔，因处浮屿仔北面，第二次全国海域地名普查时命今名。基岩岛。面积约 26 平方米。

礁排屿 (Jiāopái Yǔ)

北纬 23°29.6′，东经 116°58.9′。位于潮州市饶平县海山岛南 1.63 千米，浮屿西南 290 米，西北距大陆 5.8 千米。该岛由一排岩石构成，当地群众惯称礁排屿。《中国海洋岛屿简况》（1980）记为 4761。《广东省海域地名志》（1989）、《广东省海岛、礁、沙洲名录表》（1993）、《广东省志·海洋与海岛志》（2000）、《全国海岛名称与代码》（2008）均记为礁排屿。岸线长 1.1 千米，面积 0.009 1

平方千米，海拔 12.9 米。基岩岛。建有房屋及国家大地控制点。

礁排屿西岛 (Jiāopáiyǔ Xīdǎo)

北纬 23°29.6′，东经 116°58.8′。位于潮州市饶平县海山岛南 1.81 千米，礁排屿西 92 米，西北距大陆 5.86 千米。原与礁排屿统称为礁排屿，因处礁排屿西面，第二次全国海域地名普查时命今名。面积约 83 平方米。基岩岛。

红礁 (Hóng Jiāo)

北纬 23°06.3′，东经 116°32.8′。隶属于揭阳市惠来县。红礁是当地群众惯称。1984 年登记的《广东省惠来县海域海岛地名卡片》、《广东省海域地名志》（1989）、《广东省海岛、礁、沙洲名录表》（1993）均记为红礁。岸线长 39 米，面积 112 平方米。基岩岛。

屿池礁 (Yǔchí Jiāo)

北纬 23°06.2′，东经 116°32.9′。位于揭阳市惠来县。屿池礁是当地群众惯称。1984 年登记的《广东省惠来县海域海岛地名卡片》、《广东省海域地名志》（1989）、《广东省海岛、礁、沙洲名录表》（1993）均记为屿池礁。基岩岛。面积约 80 平方米，海拔约 2.5 米。

惠来石屿 (Huìlái Shíyǔ)

北纬 23°06.2′，东经 116°32.8′。位于揭阳市惠来县。当地群众惯称石屿。因省内重名，以其位于惠来县，第二次全国海域地名普查时更为今名。岸线长 47 米，面积 152 平方米。基岩岛。

尖石屿南岛 (Jiānshíyǔ Nándǎo)

北纬 23°06.1′，东经 116°32.6′。位于揭阳市惠来县惠来尖石屿南面，距惠来尖石屿 100 米。原与惠来尖石屿统称为尖石屿，因处惠来尖石屿南面，第二次全国海域地名普查时命名为尖石屿南岛。岸线长 44 米，面积 128 平方米。基岩岛。

骑马礁 (Qímǎ Jiāo)

北纬 23°06.2′，东经 116°32.8′。位于揭阳市惠来县。因该岛中部凹陷成马鞍形，故名骑马礁。1984 年登记的《广东省惠来县海域海岛地名卡片》、《广东省海域地名志》（1989）、《广东省海岛、礁、沙洲名录表》（1993）均记为骑马礁。岸线长59米，面积230平方米。基岩岛。

中屿南岛 (Zhōngyǔ Nándǎo)

北纬23°06.1′，东经116°32.8′。位于揭阳市惠来县。第二次全国海域地名普查时命名为中屿南岛。岸线长47米，面积152平方米。基岩岛。

运礁 (Yùn Jiāo)

北纬23°06.1′，东经116°33.1′。位于揭阳市惠来县排角港东南侧海域，距大陆最近点390米。因该岛位于船只来往通道，故名。1984年登记的《广东省惠来县海域海岛地名卡片》、《广东省海域地名志》（1989）、《广东省海岛、礁、沙洲名录表》（1993）均记为运礁。岸线长56米，面积233平方米，海拔1.6米。基岩岛。

散石 (Sǎn Shí)

北纬23°06.1′，东经116°32.9′。位于揭阳市惠来县运礁排角港东南侧海域，距大陆最近点80米。该岛由零散花岗石组成，故名。1984年登记的《广东省惠来县海域海岛地名卡片》、《广东省海域地名志》（1989）、《广东省海岛、礁、沙洲名录表》（1993）均记为散石。岸线长82米，面积484平方米，海拔约2米。基岩岛。

望前一岛 (Wàngqián Yīdǎo)

北纬23°06.1′，东经116°32.6′。位于揭阳市惠来县仙庵镇望前村东侧海域，距大陆最近点40米。该岛在望前村附近，按顺时针方向排第一，第二次全国海域地名普查时命今名。面积约42平方米。基岩岛。

望前二岛 (Wàngqián Èrdǎo)

北纬23°06.0′，东经116°32.7′。位于揭阳市惠来县仙庵镇望前村东侧海域，距大陆最近点10米。该岛在望前村附近，按顺时针方向排第二，第二次全国海域地名普查时命今名。岸线长91米，面积463平方米。基岩岛。

望前三岛 (Wàngqián Sāndǎo)

北纬23°06.0′，东经116°32.9′。位于揭阳市惠来县仙庵镇望前村东侧海域，距大陆最近点 30 米。该岛在望前村附近，按顺时针方向排第三，第二次全国海域地名普查时命今名。岸线长 46 米，面积 150 平方米。基岩岛。

望前四岛 (Wàngqián Sìdǎo)

北纬 23°05.9′，东经 116°32.8′。位于揭阳市惠来县仙庵镇望前村东侧海域，距大陆最近点 70 米。该岛在望前村附近，按顺时针方向排第四，第二次全国海域地名普查时命今名。岸线长 61 米，面积 268 平方米。基岩岛。

惠来乌屿 (Huìlái Wūyǔ)

北纬 23°05.7′，东经 116°33.2′。位于揭阳市惠来县贝筶山东侧海域，距大陆最近点 170 米。该岛由黑色和褐色花岗岩构成，故名乌屿。《中国海洋岛屿简况》（1980）、1984 年登记的《广东省惠来县海域海岛地名卡片》、《广东省海域地名志》（1989）、《广东省海岛、礁、沙洲名录表》（1993）、《广东省志·海洋与海岛志》（2000）、《全国海岛名称与代码》（2008）均记为乌屿。因省内重名，以其位于惠来县，第二次全国海域地名普查时更为今名。岸线长 863 米，面积 0.026 9 平方千米，海拔 12.2 米。基岩岛，岛体由花岗岩构成。岩石岸滩，有草丛。

乌屿西岛 (Wūyǔ Xīdǎo)

北纬 23°05.7′，东经 116°33.1′。位于揭阳市惠来县，距惠来乌屿 20 米。《中国海洋岛屿简况》（1980）记为 4812。原与乌屿、乌屿南岛统称为乌屿，因处惠来乌屿西侧，第二次全国海域地名普查时命今名。岸线长 101 米，面积 675 平方米。基岩岛。

乌屿南岛 (Wūyǔ Nándǎo)

北纬 23°05.7′，东经 116°33.1′。位于揭阳市惠来县，距惠来乌屿 10 米。原与乌屿、乌屿西岛统称为乌屿，因处惠来乌屿南面，第二次全国海域地名普查时命今名。岸线长 56 米，面积 224 平方米。基岩岛。

啊弥礁 (Āmí Jiāo)

北纬 23°05.1′，东经 116°33.5′。位于揭阳市惠来县仙庵镇四石村东侧海域，距大陆最近点 50 米。该岛形似和尚诵经敲打的木鱼，故名。1984 年登记的《广东省惠来县海域海岛地名卡片》、《广东省海域地名志》（1989）、《广东省海岛、礁、沙洲名录表》（1993）均记为啊弥礁。岸线长 82 米，面积 494 平方米，海拔 2 米。基岩岛。

三察礁 (Sānchá Jiāo)

北纬 23°05.1′，东经 116°33.2′。位于揭阳市惠来县仙庵镇四石村东侧海域，距大陆最近点 10 米。该岛同一礁盘有 3 个礁体呈"三"字形，故名。《广东省海域地名志》（1989）、《广东省海岛、礁、沙洲名录表》（1993）均记为三察礁。岸线长 52 米，面积 203 平方米，海拔 2 米。基岩岛。

虎仔礁 (Hǔzǎi Jiāo)

北纬 23°04.8′，东经 116°33.2′。位于揭阳市惠来县庵镇四石村东侧海域，距大陆最近点 100 米。虎仔礁是当地群众惯称。广东省海域地名图（1973）、《广东省志·海洋与海岛志》（2000）均记为虎仔礁。岸线长 198 米，面积 2 395 平方米，海拔 2.1 米。基岩岛。

乙礁 (Yǐ Jiāo)

北纬 23°03.1′，东经 116°33.0′。位于揭阳市惠来县惠来二屿西北海域，距惠来二屿 860 米，距大陆最近点 80 米。该岛以西侧海岸乙屿头得名，故名。1984 年登记的《广东省惠来县海域海岛地名卡片》、《广东省海域地名志》（1989）、《广东省海岛、礁、沙洲名录表》（1993）均记为乙礁。岸线长 245 米，面积 4 307 平方米，海拔 5 米。基岩岛。

二礁 (Èr Jiāo)

北纬 23°02.9′，东经 116°33.1′。位于揭阳市惠来县惠来二屿西北海域，距惠来二屿 660 米，距大陆最近点 100 米。因礁盘有两个相距 30 米的突出部，故名。1984 年登记的《广东省惠来县海域海岛地名卡片》、《广东省海域地名志》（1989）、《广东省海岛、礁、沙洲名录表》（1993）均记为二礁。岸线长 78 米，面积 436 平方米，海拔 2 米。基岩岛。

大狮礁 (Dàshī Jiāo)

北纬 23°02.9′，东经 116°33.2′。位于揭阳市惠来县惠来二屿西北海域，距惠来二屿 530 米，距大陆最近点 220 米。该岛由三块花岗岩礁石组成，中间形似狮头，两侧紧贴两块小礁石如同狮耳，故名。1984 年登记的《广东省惠来县海域海岛地名卡片》、《广东省海域地名志》（1989）、《广东省海岛、礁、沙洲名录表》（1993）均记为大狮礁。岸线长 82 米，面积 477 平方米，海拔 2 米。基岩岛。

姐妹礁 (Jiěmèi Jiāo)

北纬 23°02.8′，东经 116°33.2′。位于揭阳市惠来县惠来二屿西北海域，距惠来二屿 460 米，距大陆最近点 90 米。该岛由高低大小相似的两块花岗岩组成，故名。1984 年登记的《广东省惠来县海域海岛地名卡片》、《广东省海域地名志》（1989）、《广东省海岛、礁、沙洲名录表》（1993）均记为姐妹礁。岸线长 44 米，面积 140 平方米，海拔 2.3 米。基岩岛。

惠来二屿 (Huìlái Èryǔ)

北纬 23°02.7′，东经 116°33.5′。位于揭阳市惠来县靖海镇后王村东侧海域，大屿西北面 20 米，距大陆最近点 260 米。原名二屿、大屿（二）。该岛是里湖湾内第二大屿，故称二屿。1984 年登记的《广东省惠来县海域海岛地名卡片》记为二屿。《广东省海岛、礁、沙洲名录表》（1993）、《全国海岛名称与代码》（2008）均记为大屿（二）。因省内重名，以其位于惠来县，第二次全国海域地名普查时更为今名。岸线长 600 米，面积 0.012 8 平方千米，高 2 米。基岩岛。有草丛。

玉母石 (Yùmǔ Shí)

北纬 23°02.7′，东经 116°33.4′。位于揭阳市惠来县惠来二屿西侧，距惠来二屿 170 米，距大陆最近点 100 米。玉母石是当地群众惯称。1984 年登记的《广东省惠来县海域海岛地名卡片》、《广东省海域地名志》（1989）、《广东省海岛、礁、沙洲名录表》（1993）均记为玉母石。岸线长 47 米，面积 162 平方米，海拔 1.9 米。基岩岛。

大屿 (Dà Yǔ)

北纬 23°02.6′，东经 116°33.6′。位于揭阳市惠来县靖海镇后王村东侧海域，在惠来二屿东南面 20 米，距大陆最近点 360 米。该岛是里湖湾最大的礁体，故称。又名大屿（一）。1984 年登记的《广东省惠来县海域海岛地名卡片》、《广东省海域地名志》（1989）、《广东省志·海洋与海岛志》（2000）均记为大屿。《中国海洋岛屿简况》（1980）、《广东省海岛、礁、沙洲名录表》（1993）、《全国海岛名称与代码》（2008）称为大屿（一）。岸线长830米，面积0.0175平方千米，海拔11.9米。基岩岛。有草丛。

大屿内岛 (Dàyǔ Nèidǎo)

北纬23°02.5′，东经116°33.7′。位于揭阳市惠来县大屿东南侧，距大屿30米。原与大屿、大屿外岛统称为大屿。因处大屿东面，距大屿较近，第二次全国海域地名普查时命今名。岸线长73米，面积372平方米。基岩岛。

大屿外岛 (Dàyǔ Wàidǎo)

北纬23°02.6′，东经116°33.7′。位于揭阳市惠来县大屿东南侧，距大屿30米。原与大屿、大屿内岛统称为大屿。因处大屿东面，距大屿较远，第二次全国海域地名普查时命今名。岸线长43米，面积132平方米。基岩岛。

栳礁 (Lǎo Jiāo)

北纬23°02.2′，东经116°33.4′。位于揭阳市惠来县大屿西南侧海域，距大屿680米，距大陆最近点60米。栳礁是当地群众惯称。1984年登记的《广东省惠来县海域海岛地名卡片》、《广东省海域地名志》（1989）、《广东省海岛、礁、沙洲名录表》（1993）、《广东省志·海洋与海岛志》（2000）、《全国海岛名称与代码》（2008）均记为栳礁。岸线长617米，面积0.0122平方千米，海拔5米。基岩岛。

乌礁仔 (Wūjiāozǎi)

北纬23°01.8′，东经116°33.5′。位于揭阳市惠来县靖海镇旧厝村东侧海域，距大陆最近点30米。因该岛靠近乌礁，与其相似且较小，故名。《广东省海域地名图》（1973）、1984年登记的《广东省惠来县海域海岛地名卡片》、《广东省志·海洋与海岛志》（2000）均记为乌礁仔。岸线长76米，面积417平方米，海拔2米。基岩岛。

平盘仔 (Píngpánzǎi)

北纬23°01.6′，东经116°33.6′。位于揭阳市惠来县靖海镇旧厝村东侧海域，距大陆最近点 100 米。平盘仔是当地群众惯称。1984 年登记的《广东省惠来县海域海岛地名卡片》、《广东省海域地名志》（1989）、《广东省海岛、礁、沙洲名录表》（1993）均记为平盘仔。岸线长 50 米，面积 177 平方米。基岩岛。

蚝楫盘 (Háojípán)

北纬 23°01.4′，东经 116°33.8′。位于揭阳市惠来县靖海镇旧厝村东侧海域，距大陆最近点 220 米。蚝楫盘是当地群众惯称。1984 年登记的《广东省惠来县海域海岛地名卡片》、《广东省海域地名志》（1989）、《广东省海岛、礁、沙洲名录表》（1993）均记为蚝楫盘。面积约 81 平方米。基岩岛。

龙头礁 (Lóngtóu Jiāo)

北纬 23°01.4′，东经 116°33.7′。位于揭阳市惠来县靖海镇旧厝村东侧海域，距大陆最近点 110 米。该岛因在金公过山与龙头山直线上而得名。1984 年登记的《广东省惠来县海域海岛地名卡片》、《广东省海域地名志》（1989）、《广东省海岛、礁、沙洲名录表》（1993）均记为龙头礁。岸线长 44 米，面积 127 平方米，海拔 3.5 米。基岩岛。

龙头礁西岛 (Lóngtóujiāo Xīdǎo)

北纬 23°01.4′，东经 116°33.8′。位于揭阳市惠来县龙头礁西侧，距龙头礁 120 米，距大陆最近点 220 米。因处龙头礁西面，第二次全国海域地名普查时命今名。面积约 33 平方米。基岩岛。

龙头礁东岛 (Lóngtóujiāo Dōngdǎo)

北纬 23°01.4′，东经 116°33.9′。位于揭阳市惠来县龙头礁东侧，距龙头礁 290 米，距大陆最近点 400 米。因处龙头礁东面，第二次全国海域地名普查时命今名。面积约 48 平方米。基岩岛。

青朗礁 (Qīnglǎng Jiāo)

北纬 23°01.3′，东经 116°33.9′。位于揭阳市惠来县靖海镇旧厝山东北侧海域，距大陆最近点 200 米。青朗礁是当地群众惯称。1984 年登记的《广东省惠来县海域海岛地名卡片》、《广东省海域地名志》（1989）、《广东省海岛、礁、沙洲名录表》（1993）均记为青朗礁。岸线长 68 米，面积 343 平方米，海拔 0.8

米。基岩岛。

下大屿 (Xiàdà Yǔ)

北纬 23°01.3′，东经 116°34.1′。位于揭阳市惠来县靖海镇旧厝山东北侧海域，距大陆最近点 150 米。该岛在大屿南面，历史上一直沿称为"大屿"。因与里湖湾大屿岛重名，后改名为"下大屿"。1984 年登记的《广东省惠来县海域海岛地名卡片》、《广东省海域地名志》（1989）均记为下大屿。岸线长 339 米，面积 7 848 平方米，海拔约 10 米。基岩岛。岛上有草丛和水准点。

口门乌礁 (Kǒumén Wūjiāo)

北纬 23°01.2′，东经 116°34.2′。位于揭阳市惠来县下大屿东南侧，距下大屿 140 米，距大陆最近点 100 米。在揭阳市神泉渔业自然保护区内。礁呈黑色，在大屿与海湾石之间航道中，故称。广东省海域地名图（1973）、《中国海洋岛屿简况》（1980）、1984 年登记的《广东省惠来县海域海岛地名卡片》、《广东省海域地名志》（1989）、《广东省海岛、礁、沙洲名录表》（1993）、《广东省志·海洋与海岛志》（2000）、《全国海岛名称与代码》（2008）均记为口门乌礁。面积约 14 平方米，海拔 3.5 米。基岩岛。

瓶塞礁 (Píngsāi Jiāo)

北纬 23°01.2′，东经 116°34.0′。位于揭阳市惠来县下大屿西南侧，距下大屿 60 米，距大陆最近点 160 米。因该岛形似瓶塞子，故名。又名油瓶塞。广东省海域地名图（1973）、1984 年登记的《广东省惠来县海域海岛地名卡片》称为油瓶塞。《广东省海域地名志》（1989）、《广东省海岛、礁、沙洲名录表》（1993）记为瓶塞礁。岸线长 100 米，面积 381 平方米，海拔 2 米。基岩岛。

汆礁 (Tǔn Jiāo)

北纬 23°01.2′，东经 116°33.9′。位于揭阳市惠来县下大屿西南侧。距下大屿 220 米，距大陆最近点 80 米。汆礁是当地群众惯称。1984 年登记的《广东省惠来县海域海岛地名卡片》、《广东省海域地名志》（1989）、《广东省海岛、礁、沙洲名录表》（1993）均记为汆礁。岸线长 62 米，面积 262 平方米，海拔

2.5 米。基岩岛。

海湾石岛 (Hǎiwānshí Dǎo)

北纬 23°01.0′，东经 116°34.0′。位于揭阳市惠来县靖海镇旧厝山东侧海域，距大陆最近点 50 米。在揭阳市神泉渔业自然保护区内。因在海湾石湾里，第二次全国海域地名普查时命今名。面积约 52 平方米。基岩岛。

海湾石南岛 (Hǎiwānshí Nándǎo)

北纬 23°01.0′，东经 116°34.1′。位于揭阳市惠来县海湾石岛南侧，距海湾石岛 70 米，距大陆最近点 30 米。在揭阳市神泉渔业自然保护区内。因地处海湾石南面，第二次全国海域地名普查时命今名。面积约 24 平方米。基岩岛。

芒家前礁 (Mángjiāqián Jiāo)

北纬 23°01.0′，东经 116°34.1′。位于揭阳市惠来县靖海镇旧厝山东侧海域，距大陆最近点 100 米。在揭阳市神泉渔业自然保护区内。芒家前礁是当地群众惯称。1984 年登记的《广东省惠来县海域海岛地名卡片》、《广东省海域地名志》（1989）均记为芒家前礁。面积约 18 平方米。基岩岛。

西乌礁岛 (Xīwūjiāo Dǎo)

北纬 23°00.9′，东经 116°33.7′。位于揭阳市惠来县海域，距大陆最近点 100 米。在揭阳市神泉渔业自然保护区内。第二次全国海域地名普查时命名为西乌礁岛。岸线长 67 米，面积 311 平方米。基岩岛。

辞人礁 (Círén Jiāo)

北纬 23°00.8′，东经 116°34.0′。位于揭阳市惠来县靖海镇旧厝山东侧海域，距大陆最近点 490 米。该岛在航道处，历史上曾多次发生触礁事故，当地群众称为辞人礁。又名死人礁。《广东省海域地名图》（1973）记为辞人礁。1984 年登记的《广东省惠来县海域海岛地名卡片》称为死人礁。基岩岛。岸线长 90 米，面积 545 平方米。

雷州尾礁 (Léizhōuwěi Jiāo)

北纬 23°00.7′，东经 116°33.6′。位于揭阳市惠来县靖海镇旧厝山东侧海域，距大陆最近点 210 米。在揭阳市神泉渔业自然保护区内。该岛以金公过山、胶雷山尾山顶为标志而得名。《广东省海域地名志》（1989）、《广东省海岛、礁、沙洲名录表》（1993）、《广东省志·海洋与海岛志》（2000）、《全国海岛名称与代码》（2008）均记为雷州尾礁。岸线长36米，面积92平方米，海拔约3.5米。基岩岛。

鸡角尾礁 (Jījiǎowěi Jiāo)

北纬22°60.0′，东经116°32.9′。位于揭阳市惠来县北炮台东南侧海域，距大陆最近点160米。在揭阳市神泉渔业自然保护区内。该礁形似鸡尾，当地群众惯称鸡角尾礁。1984年登记的《广东省惠来县海域海岛地名卡片》、《广东省海域地名志》（1989）、《广东省海岛、礁、沙洲名录表》（1993）、《广东省志·海洋与海岛志》（2000）、《全国海岛名称与代码》（2008）均记为鸡角尾礁。岸线长66米，面积308平方米，海拔约4.5米。基岩岛。

金狮礁 (Jīnshī Jiāo)

北纬22°58.6′，东经116°30.8′。位于揭阳市惠来县靖海镇资深村东侧海域，距大陆最近点70米。在揭阳市神泉渔业自然保护区内。金狮礁是当地群众惯称。1984年登记的《广东省惠来县海域海岛地名卡片》、《广东省海域地名志》（1989）、《广东省海岛、礁、沙洲名录表》（1993）均记为金狮礁。岸线长384米，面积3 413平方米，海拔约8米。基岩岛。

下牛母石 (Xiàniúmǔ Shí)

北纬22°58.6′，东经116°30.9′。位于揭阳市惠来县金狮礁东侧，距金狮礁90米，距大陆最近点190米。在揭阳市神泉渔业自然保护区内。下牛母石是当地群众惯称。又名下牛母礁。1984年登记的《广东省惠来县海域海岛地名卡片》、《广东省海域地名志》（1989）、《广东省海岛礁沙洲名录表》（1993）记为下牛母石。《全国海岛名称与代码》（2008）记为下牛母礁。面积约33平方米，海拔约0.4米。基岩岛。沿岸礁石，发育侵蚀、剥蚀残丘。该岛是国家公布的第一批开发利用无居民海岛，主要用途为交通与工业用岛。

斗脚礁 (Dǒujiǎo Jiāo)

北纬22°58.5′，东经116°30.8′。位于揭阳市惠来县金狮礁南侧，距金狮礁30米，距大陆最近点80米。在揭阳市神泉渔业自然保护区内。斗脚礁是当地群众惯称。《广东省海域地名志》（1989）、《广东省海岛、礁、沙洲名录表》（1993）均记为斗脚礁。面积约 25 平方米，海拔约 4 米。基岩岛。

松鱼礁 (Sōngyú Jiāo)

北纬 22°58.5′，东经 116°31.0′。位于揭阳市惠来县靖海镇资深村东侧海域，距大陆最近点 100 米。在揭阳市神泉渔业自然保护区内。松鱼礁是当地群众惯称。《广东省海域地名图》（1973）、1984 年登记的《广东省惠来县海域海岛地名卡片》、《广东省志·海洋与海岛志》（2000）均记为松鱼礁。面积约 32 平方米，海拔约 0.3 米。基岩岛。

超头石 (Chāotóu Shí)

北纬 22°58.0′，东经 116°31.1′。位于揭阳市惠来县靖海镇资深村东南侧海域，距大陆最近点 70 米。在揭阳市神泉渔业自然保护区内。超头石是当地群众惯称。1984 年登记的《广东省惠来县海域海岛地名卡片》、《广东省海域地名志》（1989）、《广东省海岛、礁、沙洲名录表》（1993）、《广东省志·海洋与海岛志》（2000）、《全国海岛名称与代码》（2008）均记为超头石。岸线长 40 米，面积 110 平方米，海拔 3 米。基岩岛。

龙舌礁 (Lóngshé Jiāo)

北纬 22°57.8′，东经 116°30.8′。位于揭阳市惠来县资深港东南侧海域，距大陆最近点 170 米。在揭阳市神泉渔业自然保护区内。礁形似龙舌鱼，故名。又名雷头礁、龙舌礁（一）。《中国海洋岛屿简况》（1980）称为雷头礁。1984 年登记的《广东省惠来县海域海岛地名卡片》、《广东省海域地名志》（1989）、《广东省海岛、礁、沙洲名录表》（1993）、《广东省志·海洋与海岛志》（2000）均记为龙舌礁。《全国海岛名称与代码》（2008）称为龙舌礁（一）。岸线长 336 米，面积 5 556 平方米，海拔 6.1 米。基岩岛。花岗岩岸线，发育侵蚀地貌。岛上植被稀疏。北面有人工混凝土海堤与连陆。该岛是国家公布的第一批开发利用无居民海岛，主要用途为交通与工业用岛。

龙舌南岛 (Lóngshé Nándǎo)

北纬 22°57.8′，东经 116°30.8′。位于揭阳市惠来县龙舌礁南侧，距龙舌礁 10 米，距大陆最近点 240 米。在揭阳市神泉渔业自然保护区内。原名龙舌礁（二）。《广东省海岛、礁、沙洲名录表》（1993）、《全国海岛名称与代码》（2008）均记为龙舌礁（二）。因在龙舌礁南侧，第二次全国海域地名普查时更为今名。岸线长 288 米，面积 3 504 平方米。基岩岛。

屿仔头礁 (Yǔzǎitóu Jiāo)

北纬 22°57.8′，东经 116°31.3′。位于揭阳市惠来县资深港东南侧海域，距大陆最近点 470 米。在揭阳市神泉渔业自然保护区内。屿仔头礁是当地群众惯称。《中国海洋岛屿简况》（1980）记为 4816。1984 年登记的《广东省惠来县海域海岛地名卡片》、《广东省海域地名志》（1989）、《广东省海岛、礁、沙洲名录表》（1993）、《广东省志·海洋与海岛志》（2000）、《全国海岛名称与代码》（2008）均记为屿仔头礁。岸线长 141 米，面积 1 421 平方米，海拔 11.8 米。基岩岛。顶部建有灯塔 1 座。

圆礁 (Yuán Jiāo)

北纬 22°57.7′，东经 116°31.2′。位于揭阳市惠来县资深港东南侧海域，距大陆最近点 490 米。在揭阳市神泉渔业自然保护区内。因岛形圆，当地群众惯称圆礁。岸线长 176 米，面积 1 306 平方米。基岩岛。

圆礁东岛 (Yuánjiāo Dōngdǎo)

北纬 22°57.7′，东经 116°31.3′。位于揭阳市惠来县圆礁东面，距圆礁 20 米，距大陆最近点 530 米。在揭阳市神泉渔业自然保护区内。因地处圆礁东面，第二次全国海域地名普查时命今名。面积约 52 平方米。基岩岛。

红坐椅 (Hóngzuòyǐ)

北纬 22°57.7′，东经 116°30.7′。位于揭阳市惠来县资深港南侧海域，距大陆最近点 50 米。在揭阳市神泉渔业自然保护区内。红坐椅是当地群众惯称。《中国海洋岛屿简况》（1980）记为红坐椅。岸线长 79 米，面积 459 平方米。基岩岛。

红坐椅北岛 (Hóngzuòyǐ Běidǎo)

北纬 22°57.7′，东经 116°30.6′。位于揭阳市惠来县红坐椅西北面，距红坐椅 180 米，距大陆最近点 30 米。在揭阳市神泉渔业自然保护区内。因地处红坐椅北面，第二次全国海域地名普查时命今名。岸线长 42 米，面积 117 平方米。基岩岛。

虎尾礁 (Hǔwěi Jiāo)

北纬 22°57.6′，东经 116°30.9′。位于揭阳市惠来县东侧海域，距胶雷礁 140 米，距大陆最近点 310 米。在揭阳市神泉渔业自然保护区内。因礁石分布形似虎尾，故名。1984 年登记的《广东省惠来县海域海岛地名卡片》、《广东省海域地名志》（1989）、《广东省海岛、礁、沙洲名录表》（1993）、《广东省志·海洋与海岛志》（2000）、《全国海岛名称与代码》（2008）均记为虎尾礁。面积约 74 平方米，海拔约 2.5 米。基岩岛。

胶雷礁 (Jiāoléi Jiāo)

北纬 22°57.6′，东经 116°30.8′。位于揭阳市惠来县资深港南侧海域，距大陆最近点 90 米。在揭阳市神泉渔业自然保护区内。胶雷礁是当地群众惯称。1984 年登记的《广东省惠来县海域海岛地名卡片》、《广东省海域地名志》（1989）、《广东省海岛、礁、沙洲名录表》（1993）、《广东省志·海洋与海岛志》（2000）、《全国海岛名称与代码》（2008）均记为胶雷礁。岸线长 241 米，面积 3 931 平方米，海拔约 3 米。基岩岛。

胶雷礁东岛 (Jiāoléijiāo Dōngdǎo)

北纬 22°57.6′，东经 116°30.8′。位于揭阳市惠来县胶雷礁东侧，距胶雷礁 40 米，距大陆最近点 230 米。在揭阳市神泉渔业自然保护区内。原与胶雷礁、胶雷礁南岛统称为胶雷礁，因处胶雷礁东面，第二次全国海域地名普查时命今名。岸线长 67 米，面积 282 平方米。基岩岛。

胶雷礁南岛 (Jiāoléijiāo Nándǎo)

北纬 22°57.6′，东经 116°30.8′。位于揭阳市惠来县胶雷礁南侧，距胶雷礁 70 米，距大陆最近点 150 米。在揭阳市神泉渔业自然保护区内。原与胶雷礁、胶雷礁东岛统称为胶雷礁，因处胶雷礁南面，第二次全国海域地名普查时命今名。岸线长 66 米，面积 302 平方米。基岩岛。

棋盘礁 (Qípán Jiāo)

北纬 22°57.6′，东经 116°30.9′。位于揭阳市惠来县胶雷礁东南侧海域，距胶雷礁 110 米，距大陆最近点 280 米。在揭阳市神泉渔业自然保护区内。棋盘礁是当地群众惯称。《中国海洋岛屿简况》（1980）记为棋盘礁。面积约 48 平方米。基岩岛。

潭口礁 (Tánkǒu Jiāo)

北纬 22°57.5′，东经 116°30.6′。位于揭阳市惠来县靖海镇坂美村东侧海域，距大陆最近点 110 米。在揭阳市神泉渔业自然保护区内。该岛在潭仔口山南面，故名。1984 年登记的《广东省惠来县海域海岛地名卡片》、《广东省海域地名志》（1989）、《广东省海岛、礁、沙洲名录表》（1993）均记为潭口礁。面积约 83 平方米，海拔 6 米。基岩岛。

潭口礁南岛 (Tánkǒujiāo Nándǎo)

北纬 22°57.4′，东经 116°30.6′。位于揭阳市惠来县潭口礁南侧，距潭口礁 50 米，距大陆最近点 170 米。在揭阳市神泉渔业自然保护区内。原与潭口礁统称为潭口礁，因处潭口礁南面，第二次全国海域地名普查时命今名。岸线长 260 米，面积 4 580 平方米。基岩岛。

东西湖礁 (Dōngxīhú Jiāo)

北纬 22°57.4′，东经 116°19.4′。位于揭阳市惠来县神泉港东侧，距大陆最近点 80 米。在揭阳市神泉渔业自然保护区内。东西湖礁是当地群众惯称。《广东省海域地名志》（1989）、《广东省海岛、礁、沙洲名录表》（1993）均记为东西湖礁。岸线长 66 米，面积 291 平方米。基岩岛。

香黄石 (Xiānghuáng Shí)

北纬 22°57.2′，东经 116°19.5′。位于揭阳市惠来县神泉港东侧，距大陆最近点 100 米。在揭阳市神泉渔业自然保护区内。因澳角古称香黄，前方海域称为香黄澳，故名。1984 年登记的《广东省惠来县海域海岛地名卡片》、《广东省海域地名志》（1989）、《广东省海岛、礁、沙洲名录表》（1993）、《广东省志·海洋与海岛志》（2000）、《全国海岛名称与代码》（2008）均记为香黄石。岸线长 44 米，面积 139 平方米，海拔 2 米。基岩岛。

香黄石北岛 (Xiānghuángshí Běidǎo)

北纬 22°57.3′，东经 116°19.4′。位于揭阳市惠来县香黄石北面，距香黄石 270 米，距大陆最近点 130 米。在揭阳市神泉渔业自然保护区内。因处香黄石北面，第二次全国海域地名普查时命今名。面积约 19 平方米。基岩岛。

中梗西岛 (Zhōnggěng Xīdǎo)

北纬 22°57.2′，东经 116°30.3′。位于揭阳市惠来县海域，距大陆最近点 70 米。在揭阳市神泉渔业自然保护区内。第二次全国海域地名普查时命今名。岸线长 78 米，面积 429 平方米。基岩岛。

中梗北岛 (Zhōnggěng Běidǎo)

北纬 22°57.2′，东经 116°30.3′。位于揭阳市惠来县海域，距大陆最近点 40 米。在揭阳市神泉渔业自然保护区内。第二次全国海域地名普查时命今名。岸线长 57 米，面积 221 平方米。基岩岛。

外梗北岛 (Wàigěng Běidǎo)

北纬 22°57.1′，东经 116°30.4′。位于揭阳市惠来县海域，距大陆最近点 240 米。在揭阳市神泉渔业自然保护区内。第二次全国海域地名普查时命今名。面积约 29 平方米。基岩岛。

腰龟石 (Yāoguī Shí)

北纬 22°57.0′，东经 116°19.6′。位于揭阳市惠来县神泉港东南侧，距大陆最近点 130 米。在揭阳市神泉渔业自然保护区内。该岛因形似驼背（潮汕方言称腰龟）人而得名。1984 年登记的《广东省惠来县海域海岛地名卡片》、《广东省海域地名志》（1989）、《广东省海岛、礁、沙洲名录表》（1993）均记为腰龟石。岸线长 47 米，面积 160 平方米，海拔 1.6 米。基岩岛。

大石尾 (Dàshíwěi)

北纬 22°57.0′，东经 116°30.4′。位于揭阳市惠来县靖海镇坂美村东南侧海域，距大陆最近点 150 米。在揭阳市神泉渔业自然保护区内。因岛岸上有一座山叫大石尾而得名。1984 年登记的《广东省惠来县海域海岛地名卡片》、《广东省海域地名志》（1989）、《广东省海岛、礁、沙洲名录表》（1993）均记为大石尾。面积约 24 平方米，海拔 4 米。基岩岛。

大石尾西岛 (Dàshíwěi Xīdǎo)

北纬 22°57.0′，东经 116°30.4′。位于揭阳市惠来县大石尾西侧，距大石尾 110 米，距大陆最近点 50 米。在揭阳市神泉渔业自然保护区内。原与大石尾、大石尾北岛、大石尾南岛统称为大石尾。因处大石尾西面，第二次全国海域地名普查时命今名。岸线长 62 米，面积 132 平方米。基岩岛。

大石尾北岛 (Dàshíwěi Běidǎo)

北纬 22°57.0′，东经 116°30.4′。位于揭阳市惠来县大石尾北侧，距大石尾 50 米，距大陆最近点 120 米。在揭阳市神泉渔业自然保护区内。原与大石尾、大石尾西岛、大石尾南岛统称为大石尾。因处大石尾北面，第二次全国海域地名普查时命今名。岸线长 79 米，面积 452 平方米。基岩岛。

大石尾南岛 (Dàshíwěi Nándǎo)

北纬 22°56.9′，东经 116°30.5′。位于揭阳市惠来县大石尾南侧，距大石尾 230 米，距大陆最近点 300 米。在揭阳市海龟、鲨自然保护区内。原与大石尾、大石尾北岛、大石尾西岛统称为大石尾。因处大石尾南面，第二次全国海域地名普查时命今名。岸线长 32 米，面积 67 平方米。基岩岛。

三脚桌礁 (Sānjiǎozhuō Jiāo)

北纬 22°56.8′，东经 116°30.5′。位于揭阳市惠来县靖海镇坂美村东南侧海域，距大陆最近点 240 米。在揭阳市海龟、鲨自然保护区内。该岛由三块呈三角形礁石组成而得名。1984 年登记的《广东省惠来县海域海岛地名卡片》、《广东省海域地名志》（1989）、《广东省海岛、礁、沙洲名录表》（1993）均记为三脚桌礁。岸线长 49 米，面积 164 平方米。基岩岛。

伯公后礁 (Bógōnghòu Jiāo)

北纬 22°56.7′，东经 116°30.3′。位于揭阳市惠来县靖海镇坂美村东南侧海域，距大陆最近点 60 米。在揭阳市海龟、鲨自然保护区内。因近岸山上有伯公屋（即土地庙），故名。1984 年登记的《广东省惠来县海域海岛地名卡片》、《广东省海域地名志》（1989）、《广东省海岛、礁、沙洲名录表》

（1993）均记为伯公后礁。岸线长 155 米，面积 590 平方米，海拔约 7 米。基岩岛。

伯公后一岛 (Bógōnghòu Yīdǎo)

北纬 22°56.8′，东经 116°30.3′。位于揭阳市惠来县靖海镇坂美村东南侧海域，距伯公后礁 40 米，距大陆最近点 170 米。在揭阳市海龟、鲨自然保护区内。因处伯公后礁周围，按自北向南顺时针排第一，第二次全国海域地名普查时命今名。岸线长 76 米，面积 402 平方米。基岩岛。

伯公后二岛 (Bógōnghòu Èrdǎo)

北纬 22°56.8′，东经 116°30.2′。位于揭阳市惠来县靖海镇坂美村东南侧海域，距伯公后礁 120 米，距大陆最近点 90 米。在揭阳市海龟、鲨自然保护区内。因处伯公后礁周围，按自北向南顺时针排第二，第二次全国海域地名普查时命今名。面积约 75 平方米。基岩岛。

伯公后三岛 (Bógōnghòu Sāndǎo)

北纬 22°56.8′，东经 116°30.3′。位于揭阳市惠来县靖海镇坂美村东南侧海域，距伯公后礁 160 米，距大陆最近点 110 米。在揭阳市海龟、鲨自然保护区内。因处伯公后礁周围，按自北向南顺时针排第三，第二次全国海域地名普查时命今名。岸线长 63 米，面积 294 平方米。基岩岛。

东圆礁 (Dōngyuán Jiāo)

北纬 22°56.5′，东经 116°28.6′。位于揭阳市惠来县港寮湾东侧海域，距大陆最近点 310 米。在揭阳市海龟、鲨自然保护区内。原名圆礁，因重名，根据位置取名东圆礁。1984 年登记的《广东省惠来县海域海岛地名卡片》、《广东省海域地名志》（1989）、《广东省海岛、礁、沙洲名录表》（1993）均记为东圆礁。面积约 57 平方米，海拔约 2.5 米。基岩岛。

双过礁 (Shuāngguò Jiāo)

北纬 22°56.5′，东经 116°28.0′。位于揭阳市惠来县港寮湾东侧海域，距大陆最近点 570 米。在揭阳市海龟、鲨自然保护区内。该岛中间沉在水下，两端露出水面，形似惠来县河林樟乡的双过年山而得名。1984 年登记的《广东省惠来县海域海岛地名卡片》、《广东省海域地名志》（1989）、《广东省海岛、礁、沙洲名录表》（1993）、《广东省志·海洋与海岛志》（2000）、《全国海岛名称与代码》（2008）均记为双过礁。面积约 42 平方米，海拔约 1.6 米。基岩岛。

双过礁东岛 (Shuāngguòjiāo Dōngdǎo)

北纬 22°56.5′，东经 116°28.1′。位于揭阳市惠来县港寮湾东侧海域，双过礁东面。距双过礁 60 米，距大陆最近点 610 米。在揭阳市海龟、鲨自然保护区内。原与双过礁统称为双过礁，因处双过礁东面，第二次全国海域地名普查时命今名。岸线长 50 米，面积 187 平方米。基岩岛。

后墩鞍礁 (Hòudūn'ān Jiāo)

北纬 22°56.4′，东经 116°26.5′。位于揭阳市惠来县港寮湾西侧海域，距大陆最近点 240 米。在揭阳市海龟、鲨自然保护区内。后墩鞍礁是当地群众惯称。1984 年登记的《广东省惠来县海域海岛地名卡片》、《广东省海域地名志》（1989）、《广东省海岛、礁、沙洲名录表》（1993）均记为后墩鞍礁。岸线长 57 米，面积 212 平方米，高 1.5 米。基岩岛。

卢园岛 (Lúyuán Dǎo)

北纬 22°56.4′，东经 116°20.8′。位于揭阳市惠来县神泉镇妈仔山西侧海域，距大陆最近点 90 米。在揭阳市神泉渔业自然保护区内。该岛近卢园村，第二次全国海域地名普查时命今名。面积约 81 平方米。基岩岛。

流门脚 (Liúménjiǎo)

北纬 22°56.3′，东经 116°26.7′。位于揭阳市惠来县港寮湾西侧海域，距大陆最近点 510 米。在揭阳市海龟、鲨自然保护区内。该岛在潮流湍急处附近，故名。《广东省海域地名志》（1989）、《广东省海岛、礁、沙洲名录表》（1993）均记为流门脚。岸线长 58 米，面积 244 平方米，海拔 1.4 米。基岩岛。

流门礁 (Liúmén Jiāo)

北纬 22°56.3′，东经 116°26.6′。位于揭阳市惠来县港寮湾西侧海域，距大陆最近点 550 米。在揭阳市海龟、鲨自然保护区内。该岛在潮流湍急处附近，故称流门礁。1984 年登记的《广东省惠来县海域海岛地名卡片》、《广东省海域地名志》（1989）均记为流门礁。面积约 59 平方米。基岩岛。

牛仔礁 (Niúzǎi Jiāo)

北纬 22°56.3′，东经 116°21.1′。位于揭阳市惠来县神泉镇妈仔山东南侧海域，距大陆最近点 110 米。位于揭阳市神泉渔业自然保护区。牛仔礁是当地群众惯称。面积约 68 平方米。基岩岛。

舰船礁 (Jiànchuán Jiāo)

北纬 22°56.3′，东经 116°20.9′。位于揭阳市惠来县神泉镇妈仔山东南侧海域，距大陆最近点 220 米。位于揭阳市神泉渔业自然保护区。礁呈长形，两端一高一低，形似舰船，故名。1984 年登记的《广东省惠来县海域海岛地名卡片》、《广东省海域地名志》（1989）、《广东省海岛、礁、沙洲名录表》（1993）均记为舰船礁。岸线长 58 米，面积 247 平方米，海拔 3.9 米。基岩岛。

舰船礁东岛 (Jiànchuánjiāo Dōngdǎo)

北纬 22°56.2′，东经 116°20.9′。位于揭阳市惠来县神泉镇妈仔山东南侧海域，舰船礁东面，距舰船礁 30 米，距大陆最近点 240 米。在揭阳市神泉渔业自然保护区内。原与舰船礁统称为舰船礁，因处舰船礁东面，第二次全国海域地名普查时命今名。岸线长 70 米，面积 376 平方米。基岩岛。

双帆石 (Shuāngfān Shí)

北纬 22°56.2′，东经 116°24.6′。位于揭阳市惠来县前詹镇西南侧海域，距大陆最近点 190 米。在揭阳市神泉渔业自然保护区内。双帆石是当地群众惯称。1984 年登记的《广东省惠来县海域海岛地名卡片》、《广东省海域地名志》（1989）、《广东省海岛、礁、沙洲名录表》（1993）均记为双帆石。岸线长 64 米，面积 299 平方米，海拔 5.8 米。基岩岛。

东西礁 (Dōngxī Jiāo)

北纬 22°56.2′，东经 116°29.5′。位于揭阳市惠来县靖海镇坂美村南面海域，距坂美村 2.53 千米，距大陆最近点 70 米。在揭阳市海龟、鲨自然保护区内。东西礁是当地群众惯称。1984 年登记的《广东省惠来县海域海岛地名卡片》、《广东省海域地名志》（1989）、《广东省海岛、礁、沙洲名录表》（1993）

均记为东西礁。岸线长 75 米，面积 392 平方米，海拔 2.3 米。基岩岛。

望前礁 (Wàngqián Jiāo)

北纬 22°56.2′，东经 116°29.0′。位于揭阳市惠来县靖海镇坂美村南部海域，距坂美村 2.75 千米，距大陆最近点 130 米。在揭阳市海龟、鲨自然保护区内。望前礁是当地群众惯称。又称铁砧石。1984 年登记的《广东省惠来县海域海岛地名卡片》、《广东省海域地名志》（1989）、《广东省海岛、礁、沙洲名录表》（1993）、《广东省志·海洋与海岛志》（2000）、《全国海岛名称与代码》（2008）均记为望前礁。岸线长 123 米，面积 761 平方米，海拔 9.2 米。基岩岛。有草丛。

望前礁西岛 (Wàngqiánjiāo Xīdǎo)

北纬 22°56.2′，东经 116°28.9′。位于揭阳市惠来县靖海镇坂美村南部海域，望前礁西面 130 米，距大陆最近点 280 米。在揭阳市海龟、鲨自然保护区内。原与望前礁、望前礁东岛统称为望前礁。因处望前礁西面，第二次全国海域地名普查时命今名。岸线长 71 米，面积 365 平方米。基岩岛。

望前礁东岛 (Wàngqiánjiāo Dōngdǎo)

北纬 22°56.2′，东经 116°29.1′。位于揭阳市惠来县靖海镇坂美村南部海域，望前礁东面 250 米，距大陆最近点 40 米。在揭阳市海龟、鲨自然保护区内。原与望前礁、望前礁西岛统称为望前礁。因处望前礁东面，第二次全国海域地名普查时命今名。岸线长 81 米，面积 465 平方米。基岩岛。

神泉乌礁 (Shénquán Wūjiāo)

北纬 22°56.2′，东经 116°21.2′。位于揭阳市惠来县神泉镇料坷石山西侧海域，距大陆最近点 230 米。在揭阳市神泉渔业自然保护区内。当地群众惯称乌礁。《广东省海岛、礁、沙洲名录表》（1993）、《全国海岛名称与代码》（2008）均记为乌礁。因省内重名，以其位于神泉镇，第二次全国海域地名普查时更为今名。面积约 29 平方米，海拔 3 米。基岩岛。

婆礁 (Pó Jiāo)

北纬 22°56.2′，东经 116°21.2′。位于揭阳市惠来县神泉镇料坷石山西侧海域，神泉乌礁西北面 80 米，距大陆最近点 230 米。在揭阳市神泉渔业自然保护区内。婆礁是当地群众惯称。1984 年登记的《广东省惠来县海域海岛地名卡片》、《广东省海域地名志》（1989）、《广东省海岛、礁、沙洲名录表》（1993）均记为婆礁。岸线长 196 米，面积 2 509 平方米，海拔 3 米。基岩岛。

港仔岛 (Gǎngzǎi Dǎo)

北纬 22°56.1′，东经 116°25.4′。位于揭阳市惠来县前詹镇南面海域，距大陆最近点 120 米。在揭阳市神泉渔业自然保护区内。因地处港仔附近，第二次全国海域地名普查时命今名。岸线长 159 米，面积 1 920 平方米。基岩岛。

港仔西岛 (Gǎngzǎi Xīdǎo)

北纬 22°56.1′，东经 116°25.3′。位于揭阳市惠来县前詹镇南面海域，港仔岛西面，距港仔岛 220 米，距大陆最近点 180 米。在揭阳市神泉渔业自然保护区内。因处港仔岛西面，第二次全国海域地名普查时命今名。岸线长 124 米，面积 396 平方米。基岩岛。

鸡椒礁 (Jījiāo Jiāo)

北纬 22°56.1′，东经 116°29.7′。位于揭阳市惠来县靖海镇坂美村南面海域，距大陆最近点 270 米。在揭阳市海龟、鲨自然保护区内。鸡椒礁是当地群众惯称。广东省海域地名图（1973）、《广东省志·海洋与海岛志》（2000）均记为鸡椒礁。岸线长 223 米，面积 2 594 平方米，海拔 6.2 米。基岩岛。

青菜礁西岛 (Qīngcàijiāo Xīdǎo)

北纬 22°56.1′，东经 116°25.0′。位于揭阳市惠来县前詹镇南面海域，距大陆最近点 110 米。在揭阳市神泉渔业自然保护区内。第二次全国海域地名普查时命今名。面积约 21 平方米。基岩岛。

尖礁 (Jiān Jiāo)

北纬 22°56.1′，东经 116°21.2′。位于揭阳市惠来县神泉镇料坽石山西侧海域，距大陆最近点 330 米。在揭阳市神泉渔业自然保护区内。尖礁是当地群众惯称。岸线长 137 米，面积 1 322 平方米。基岩岛。

龟岛 (Guī Dǎo)

北纬 22°56.1′，东经 116°26.7′。位于揭阳市惠来县港寮湾西南面海域，北距流门礁 360 米，距大陆最近点 870 米。在揭阳市海龟、鲨自然保护区内。因该岛形状似龟，故称龟岛。又称磨屿、草屿。《中国海洋岛屿简况》（1980）、1984 年登记的《广东省惠来县海域海岛地名卡片》、《广东省海域地名志》（1989）、《广东省海岛、礁、沙洲名录表》（1993）、《广东省志·海洋与海岛志》（2000）、《全国海岛名称与代码》（2008）均记为龟岛。岸线长 900 米，面积 0.032 6 平方千米，海拔 20.9 米。基岩岛。有草丛。

泼礁 (Pō Jiāo)

北纬 22°56.1′，东经 116°21.3′。位于揭阳市惠来县神泉镇料坼石山西侧海域，距大陆最近点 300 米。在揭阳市神泉渔业自然保护区内。泼礁是当地群众惯称。面积约 83 平方米。基岩岛。

西南泼礁岛 (Xī'nánpōjiāo Dǎo)

北纬 22°56.0′，东经 116°21.2′。位于揭阳市惠来县神泉镇料坼石山西侧海域，东北距泼礁 40 米，距大陆最近点 350 米。在揭阳市神泉渔业自然保护区内。因在泼礁西南面，第二次全国海域地名普查时命今名。岸线长 48 米，面积 170 平方米。基岩岛。

大象岛 (Dàxiàng Dǎo)

北纬 22°56.0′，东经 116°22.0′。位于揭阳市惠来县神泉镇料坼石山东侧海域，距大陆最近点 60 米。在揭阳市神泉渔业自然保护区内。该岛形似大象，第二次全国海域地名普查时命今名。面积约 72 平方米。基岩岛。

大象南岛 (Dàxiàng Nándǎo)

北纬 22°56.0′，东经 116°22.0′。位于揭阳市惠来县神泉镇料坼石山东侧海域，北距大象岛 60 米，距大陆最近点 130 米。在揭阳市神泉渔业自然保护区内。因处大象岛南面，第二次全国海域地名普查时命今名。面积约 80 平方米。基岩岛。

大象西南岛 (Dàxiàng Xī'nán Dǎo)

北纬 22°56.0′，东经 116°22.0′。位于揭阳市惠来县神泉镇料坷石山东侧海域，东北距大象岛 70 米，距大陆最近点 130 米。在揭阳市神泉渔业自然保护区内。因处大象岛西南面，第二次全国海域地名普查时命今名。面积约 51 平方米。基岩岛。

粗礁 (Cū Jiāo)

北纬 22°56.0′，东经 116°25.2′。位于揭阳市惠来县前詹镇南面海域，距大陆最近点 270 米。在揭阳市神泉渔业自然保护区内。粗礁是当地群众惯称。1984 年登记的《广东省惠来县海域海岛地名卡片》、《广东省海域地名志》（1989）、《广东省海岛、礁、沙洲名录表》（1993）、《广东省志·海洋与海岛志》（2000）、《全国海岛名称与代码》（2008）均记为粗礁。岸线长 525 米，面积 6 879 平方米，海拔 4 米。基岩岛。

粗礁南岛 (Cūjiāo Nándǎo)

北纬 22°55.9′，东经 116°25.3′。位于揭阳市惠来县前詹镇南面海域，北距粗礁 150 米，距大陆最近点 490 米。在揭阳市神泉渔业自然保护区内。因处粗礁南面，第二次全国海域地名普查时命今名。岸线长 57 米，面积 209 平方米。基岩岛。

角屿 (Jiǎo Yǔ)

北纬 22°56.0′，东经 116°29.2′。位于揭阳市惠来县靖海镇石碑山角南面海域，距大陆最近点 360 米。在揭阳市海龟、鲨自然保护区内。角屿是当地群众惯称。又名东礁、东苋。《中国海洋岛屿简况》（1980）记为东礁。1984 年登记的《广东省惠来县海域海岛地名卡片》、《广东省海域地名志》（1989）记为东苋、东礁、角屿三种名称。《广东省海岛、礁、沙洲名录表》（1993）、《广东省志·海洋与海岛志》（2000）、《全国海岛名称与代码》（2008）均记为角屿。岸线长 45 米，面积 144 平方米，海拔 9.3 米。基岩岛。

角屿西岛 (Jiǎoyǔ Xīdǎo)

北纬 22°56.0′，东经 116°29.1′。位于揭阳市惠来县靖海镇石碑山角南面海域，东距角屿 100 米，距大陆最近点 360 米。在揭阳市海龟、鲨自然保护区内。原与角屿统称为角屿，因处角屿西面，第二次全国海域地名普查时命今名。岸线长 196 米，面积 2 922 平方米。基岩岛。

高漆礁 (Gāoqī Jiāo)

北纬 22°56.0′，东经 116°21.2′。位于揭阳市惠来县神泉镇料坩石山西侧海域，北距尖礁 150 米，距大陆最近点 510 米。在揭阳市神泉渔业自然保护区内。高漆礁是当地群众惯称。《广东省海域地名志》（1989）记为高漆礁。岸线长 146 米，面积 1 325 平方米。基岩岛。

高漆礁一岛 (Gāoqījiāo Yīdǎo)

北纬 22°56.0′，东经 116°21.3′。位于揭阳市惠来县神泉镇料坩石山西侧海域，高漆礁东面 100 米，距大陆最近点 440 米。在揭阳市神泉渔业自然保护区内。原与高漆礁、高漆礁二岛统称为高漆礁。因处高漆礁周围，按自北向南顺时针排第一，第二次全国海域地名普查时命今名。岸线长 72 米，面积 362 平方米。基岩岛。

高漆礁二岛 (Gāoqījiāo Èrdǎo)

北纬 22°56.0′，东经 116°21.2′。位于揭阳市惠来县神泉镇料坩石山西侧海域，高漆礁东北面 90 米，距大陆最近点 400 米。在揭阳市神泉渔业自然保护区内。原与高漆礁、高漆礁一岛统称为高漆礁。因处高漆礁周围，按自北向南顺时针排第二，第二次全国海域地名普查时命今名。岸线长 36 米，面积 96 平方米。基岩岛。

山礁 (Shān Jiāo)

北纬 22°56.0′，东经 116°24.3′。位于揭阳市惠来县前詹镇西南面海域，距大陆最近点 370 米。在揭阳市神泉渔业自然保护区内。山礁是当地群众惯称。《广东省海域地名图》（1973）、1984 年登记的《广东省惠来县海域海岛地名卡片》、《广东省志·海洋与海岛志》（2000）均记为山礁。岸线长 53 米，面积 179 平方米，海拔 4.3 米。基岩岛。

山礁内岛 (Shānjiāo Nèidǎo)

北纬 22°56.0′，东经 116°24.2′。位于揭阳市惠来县前詹镇西南面海域，南距山礁 50 米，距大陆最近点 320 米。在揭阳市神泉渔业自然保护区内。原与山礁、山礁外岛统称为山礁，因该岛距山礁相对较近，第二次全国海域地名普查时命今名。面积约 34 平方米。基岩岛。

山礁外岛 (Shānjiāo Wàidǎo)

北纬 22°56.1′，东经 116°24.2′。位于揭阳市惠来县前詹镇西南面海域，南距山礁 150 米，距大陆最近点 240 米。在揭阳市神泉渔业自然保护区内。原与山礁、山礁内岛统称为山礁，因该岛距山礁相对较远，第二次全国海域地名普查时命今名。面积约 51 平方米。基岩岛。

鸟屎仔岛 (Niǎoshǐzǎi Dǎo)

北纬 22°56.0′，东经 116°21.4′。位于揭阳市惠来县神泉镇料坷石山西侧海域，距大陆最近点 260 米。在揭阳市神泉渔业自然保护区内。因该岛常有海鸟栖息，第二次全国海域地名普查时命今名。岸线长 60 米，面积 261 平方米。基岩岛。

鸟屎仔北岛 (Niǎoshǐzǎi Běidǎo)

北纬 22°56.0′，东经 116°21.4′。位于揭阳市惠来县神泉镇料坷石山西侧海域，南距鸟屎仔岛 300 米，距大陆最近点 230 米。在揭阳市神泉渔业自然保护区内。因处鸟屎仔岛北面，第二次全国海域地名普查时命今名。面积约 42 平方米。基岩岛。

鸟屎粪 (Niǎoshǐfèn)

北纬 22°56.0′，东经 116°21.4′。位于揭阳市惠来县神泉镇料坷石山西侧海域，距大陆最近点 260 米。在揭阳市神泉渔业自然保护区内。鸟屎粪是当地群众惯称。岸线长 88 米，面积 350 平方米。基岩岛。

鸟屎粪内岛 (Niǎoshǐfèn Nèidǎo)

北纬 22°55.9′，东经 116°21.5′。位于揭阳市惠来县神泉镇料坷石山西侧海域，距大陆最近点 250 米。在揭阳市神泉渔业自然保护区内。鸟屎粪东面有两个海岛，该岛距鸟屎粪较近，第二次全国海域地名普查时命今名。岸线长 193 米，面积 617 平方米。基岩岛。

鸟屎粪外岛 (Niǎoshǐfèn Wàidǎo)

北纬 22°56.0′，东经 116°21.5′。位于揭阳市惠来县神泉镇料坷石山西侧海域，距大陆最近点 170 米。在揭阳市神泉渔业自然保护区内。鸟屎粪东面有两个海岛，该岛距鸟屎粪较远，第二次全国海域地名普查时命今名。面积约 74 平方米。基岩岛。

西鸟屎石 (Xīniǎoshǐ Shí)

北纬 22°56.0′，东经 116°21.7′。位于揭阳市惠来县神泉镇料坷石山南面海域，距大陆最近点 190 米。在揭阳市神泉渔业自然保护区内。原名鸟屎石。因常年有海鸟在岛上停宿，表有鸟屎层，故称鸟屎石。后因重名，改名为西鸟屎石。1984 年登记的《广东省惠来县海域海岛地名卡片》、《广东省海域地名志》（1989）、《广东省海岛、礁、沙洲名录表》（1993）均记为西鸟屎石。岸线长 50 米，面积 97 平方米，海拔 7.5 米。基岩岛。

东鸟屎石岛 (Dōngniǎoshǐshí Dǎo)

北纬 22°55.9′，东经 116°21.7′。位于揭阳市惠来县神泉镇料坷石山南面海域，距大陆最近点 240 米。在揭阳市神泉渔业自然保护区内。因处西鸟屎石东面，第二次全国海域地名普查时命名为东鸟屎石岛。面积约 63 平方米。基岩岛。

南心仔 (Nánxīnzǎi)

北纬 22°55.9′，东经 116°23.3′。位于揭阳市惠来县前詹镇赤沃村西南面海域，东距大堆尾 10 米，距大陆最近点 190 米。在揭阳市神泉渔业自然保护区内。南心仔是当地群众惯称。1984 年登记的《广东省惠来县海域海岛地名卡片》、《广东省海域地名志》（1989）、《广东省海岛、礁、沙洲名录表》（1993）均记为南心仔。岸线长 49 米，面积 152 平方米，海拔 3.8 米。基岩岛。

鸟屎堆 (Niǎoshǐ Duī)

北纬 22°55.9′，东经 116°22.1′。位于揭阳市惠来县神泉镇料坷石山东南面海域，距大陆最近点 170 米。在揭阳市神泉渔业自然保护区内。鸟屎堆是当地群众惯称。基岩岛。岸线长 50 米，面积 181 平方米。

鸟屎堆北岛 (Niǎoshǐduī Běidǎo)

北纬 22°55.9′，东经 116°22.0′。位于揭阳市惠来县神泉镇料坷石山东南面海域，南距鸟屎堆 20 米，距大陆最近点 210 米。在揭阳市神泉渔业自然保护区内。因处鸟屎堆北面，第二次全国海域地名普查时命今名。岸线长 67 米，面积 287 平方米。基岩岛。

鸟屎堆南岛 (Niǎoshǐduī Nándǎo)

北纬 22°55.9′，东经 116°22.1′。位于揭阳市惠来县神泉镇料坷石山东南面海域，北距鸟屎堆 50 米，距大陆最近点 230 米。在揭阳市神泉渔业自然保护区内。因处鸟屎堆南面，第二次全国海域地名普查时命今名。岸线长 78 米，面积 427 平方米。基岩岛。

大堆尾 (Dàduīwěi)

北纬 22°55.9′，东经 116°23.8′。位于揭阳市惠来县前詹镇赤沃村西南面海域，距大陆最近点 180 米。在揭阳市神泉渔业自然保护区内。大堆尾为当地群众惯称。《广东省海域地名志》(1989)、《广东省海岛、礁、沙洲名录表》(1993)均记为大堆尾。岸线长 217 米，面积 3 458 平方米，海拔 11 米。基岩岛。海蚀平台、海蚀穴发育，周边海域多暗礁。岛上植被稀疏。该岛是国家公布的第一批开发利用无居民海岛，主要用途为交通与工业用岛。

东坑仔岛 (Dōngkēngzǎi Dǎo)

北纬 22°55.8′，东经 116°21.5′。位于揭阳市惠来县神泉镇料坷石山南面海域，距大陆最近点 420 米。在揭阳市神泉渔业自然保护区内。因处东坑村南部，第二次全国海域地名普查时命今名。面积约 82 平方米。基岩岛。

东坑仔北岛 (Dōngkēngzǎi Běidǎo)

北纬 22°55.9′，东经 116°21.5′。位于揭阳市惠来县神泉镇料坷石山南面海域，南距东坑仔岛 80 米，距大陆最近点 330 米。在揭阳市神泉渔业自然保护区内。因处东坑仔岛北面，第二次全国海域地名普查时命今名。面积约 90 平方米。基岩岛。

鸟站仔 (Niǎozhànzǎi)

北纬 22°55.8′，东经 116°22.0′。位于揭阳市惠来县神泉镇料坷石山东南面海域，距大陆最近点 410 米。在揭阳市神泉渔业自然保护区内。该岛常有海鸟停息，故名。1984 年登记的《广东省惠来县海域海岛地名卡片》、《广东省海域地名志》（1989）、《广东省海岛、礁、沙洲名录表》（1993）均记为鸟站仔。面积约 36 平方米，海拔 3 米。基岩岛。

尖担仔 (Jiāndànzǎi)

北纬 22°55.8′，东经 116°22.2′。位于揭阳市惠来县神泉镇料坷石山东南面海域，距大陆最近点 250 米。在揭阳市神泉渔业自然保护区内。尖担仔是当地群众惯称。1984 年登记的《广东省惠来县海域海岛地名卡片》、《广东省海域地名志》（1989）、《广东省海岛、礁、沙洲名录表》（1993）均记为尖担仔。岸线长 65 米，面积 296 平方米，海拔 2.1 米。基岩岛。

砻齿礁 (Lóngchǐ Jiāo)

北纬 22°55.7′，东经 116°22.7′。位于揭阳市惠来县前詹镇沟疏村南面海域，距大陆最近点 130 米。在揭阳市神泉渔业自然保护区内。砻齿礁是当地群众惯称。1984 年登记的《广东省惠来县海域海岛地名卡片》、《广东省海域地名志》（1989）、《广东省海岛、礁、沙洲名录表》（1993）均记为砻齿礁。岸线长 78 米，面积 252 平方米。基岩岛。

沟疏岛 (Gōushū Dǎo)

北纬 22°55.7′，东经 116°22.7′。位于揭阳市惠来县前詹镇沟疏村南面海域，距大陆最近点 190 米。在揭阳市神泉渔业自然保护区内。因地处沟疏村南部近海中，第二次全国海域地名普查时命今名。基岩岛。岸线长 61 米，面积 273 平方米。

沟疏角岛 (Gōushūjiǎo Dǎo)

北纬 22°55.7′，东经 116°22.5′。位于揭阳市惠来县前詹镇沟疏村南面海域，距大陆最近点 40 米。在揭阳市神泉渔业自然保护区内。因地处沟疏村南部近海尖角处，第二次全国海域地名普查时命今名。岸线长 42 米，面积 121 平方米。基岩岛。

车礁 (Chē Jiāo)

北纬 22°55.7′，东经 116°22.3′。位于揭阳市惠来县前詹镇沟疏村南面海域，距大陆最近点 260 米。在揭阳市神泉渔业自然保护区内。车礁是当地群众惯称。1984 年登记的《广东省惠来县海域海岛地名卡片》、《广东省海域地名志》（1989）、《广东省海岛、礁、沙洲名录表》（1993）均记为车礁。岸线长 53 米，面积 213 平方米，海拔 5.7 米。基岩岛。

西青礁 (Xīqīng Jiāo)

北纬 22°55.6′，东经 116°27.4′。位于揭阳市惠来县港寮湾南面海域，距大陆最近点 2.28 千米。在揭阳市海龟、鲨自然保护区内。原名青屿。该岛因地处青屿岛西，故称西青礁。又名西青屿。1984 年登记的《广东省惠来县海域海岛地名卡片》记为西青屿。《广东省海域地名志》（1989）、《广东省海岛、礁、沙洲名录表》（1993）记为西青礁。岸线长 74 米，面积 404 平方米，海拔约 3 米。基岩岛。

白屿北岛 (Báiyǔ Běidǎo)

北纬 22°55.6′，东经 116°27.6′。位于揭阳市惠来县港寮湾南面海域，距大陆最近点 2.18 千米。在揭阳市海龟、鲨自然保护区内。第二次全国海域地名普查时命今名。岸线长 62 米，面积 194 平方米。基岩岛。

附录一

《中国海域海岛地名志·广东卷》未入志海域名录 ①

一、海湾

标准名称	汉语拼音	行政区	地理位置	
			北纬	东经
蛇口湾	Shékǒu Wān	广东省深圳市南山区	22°28.4′	113°54.7′
赤湾	Chì Wān	广东省深圳市南山区	22°27.8′	113°53.0′
东湾	Dōng Wān	广东省深圳市南山区	22°25.3′	113°48.1′
北湾	Běi Wān	广东省深圳市南山区	22°25.3′	113°47.5′
南湾	Nán Wān	广东省深圳市南山区	22°24.7′	113°47.5′
蕉坑湾	Jiāokēng Wān	广东省深圳市南山区	22°24.7′	113°48.9′
白芒湾	Báimáng Wān	广东省深圳市龙岗区	22°39.4′	114°35.3′
沙湾	Shā Wān	广东省深圳市龙岗区	22°38.3′	114°35.0′
薯苗塘	Shǔmiáo táng	广东省深圳市龙岗区	22°37.8′	114°34.7′
土洋湾	Tǔyáng Wān	广东省深圳市龙岗区	22°36.7′	114°23.9′
东厄湾	Dōng'è Wān	广东省深圳市龙岗区	22°36.6′	114°24.7′
溪涌湾	Xīchōng Wān	广东省深圳市龙岗区	22°36.5′	114°21.6′
乌泥湾	Wūní Wān	广东省深圳市龙岗区	22°36.1′	114°25.5′
涌浪湾	Chōnglàng Wān	广东省深圳市龙岗区	22°36.0′	114°20.8′
叠福湾	Diéfú Wān	广东省深圳市龙岗区	22°35.2′	114°26.1′
螺仔湾	LuóZǎi Wān	广东省深圳市龙岗区	22°34.4′	114°26.2′
盆仔湾	Pén Zǎi Wān	广东省深圳市龙岗区	22°32.8′	114°28.5′
南澳湾	Nán'ào Wān	广东省深圳市龙岗区	22°32.1′	114°29.1′
大水坑湾	Dàshuǐkēng Wān	广东省深圳市龙岗区	22°32.0′	114°36.4′
輋下湾	Shēxià Wān	广东省深圳市龙岗区	22°31.5′	114°29.1′
横仔塘	Héngzǎitáng	广东省深圳市龙岗区	22°31.0′	114°28.8′
公湾	Gōng Wān	广东省深圳市龙岗区	22°30.2′	114°28.6′

① 根据2018年6月8日民政部、国家海洋局发布的《中国部分海域海岛标准名称》整理。

标准名称	汉语拼音	行政区	地理位置	
			北纬	东经
鹅公湾	Égōng Wān	广东省深圳市龙岗区	22°29.4′	114°29.0′
西涌湾	Xīchōng Wān	广东省深圳市龙岗区	22°28.5′	114°32.4′
大鹿湾	Dàlù Wān	广东省深圳市龙岗区	22°27.8′	114°29.5′
小梅沙湾	Xiǎoméishā Wān	广东省深圳市盐田区	22°36.0′	114°19.7′
大梅沙湾	Dàméishā Wān	广东省深圳市盐田区	22°35.4′	114°18.5′
盐田湾	Yántián Wān	广东省深圳市盐田区	22°34.7′	114°16.9′
西山下湾	Xīshānxià Wān	广东省深圳市盐田区	22°34.2′	114°15.9′
二斜湾	Èrxié Wān	广东省珠海市香洲区	22°26.3′	113°38.6′
大澳湾	Dà'ào Wān	广东省珠海市香洲区	22°26.1′	113°39.3′
大围湾	DàWéi Wān	广东省珠海市香洲区	22°25.8′	113°37.6′
牛婆湾	Niúpó Wān	广东省珠海市香洲区	22°25.6′	113°39.5′
后沙湾	Hòushā Wān	广东省珠海市香洲区	22°25.2′	113°39.6′
石井湾	Shíjǐng Wān	广东省珠海市香洲区	22°24.9′	113°36.7′
小沙澳	Xiǎoshā Ào	广东省珠海市香洲区	22°24.9′	113°39.2′
关帝湾	Guāndì Wān	广东省珠海市香洲区	22°24.5′	113°38.9′
金星湾	Jīnxīng Wān	广东省珠海市香洲区	22°24.0′	113°36.7′
牛仔湾	Niúzǎi Wān	广东省珠海市香洲区	22°24.0′	113°38.7′
南芒湾	Nánmáng Wān	广东省珠海市香洲区	22°23.6′	113°38.0′
后湾	Hòu Wān	广东省珠海市香洲区	22°22.6′	113°36.7′
大坞湾	DàWù Wān	广东省珠海市香洲区	22°21.8′	113°37.2′
九洲港	Jiǔzhōu Gǎng	广东省珠海市香洲区	22°14.4′	113°35.1′
深湾	Shēn Wān	广东省珠海市香洲区	22°10.4′	113°48.3′
崎沙湾	Qíshā Wān	广东省珠海市香洲区	22°10.1′	113°48.1′
银苞湾	Yínbāo Wān	广东省珠海市香洲区	22°09.9′	113°48.6′
石冲湾	Shíchōng Wān	广东省珠海市香洲区	22°09.5′	113°49.3′
北边湾	Běibiān Wān	广东省珠海市香洲区	22°08.7′	113°42.8′
三角湾	Sānjiǎo Wān	广东省珠海市香洲区	22°08.6′	113°42.3′
一湾	Yī Wān	广东省珠海市香洲区	22°08.2′	113°49.1′

标准名称	汉语拼音	行政区	地理位置	
			北纬	东经
二湾	Èr Wān	广东省珠海市香洲区	22°07.9′	113°48.9′
蜘洲湾	Zhīzhōu Wān	广东省珠海市香洲区	22°07.1′	113°53.1′
细洲湾	Xìzhōu Wān	广东省珠海市香洲区	22°07.0′	113°52.2′
铜锣湾	Tóngluó Wān	广东省珠海市香洲区	22°06.7′	114°02.3′
大东湾	Dàdōng Wān	广东省珠海市香洲区	22°06.4′	114°02.7′
石涌湾	Shíchōng Wān	广东省珠海市香洲区	22°06.4′	114°01.8′
横琴湾	Héngqín Wān	广东省珠海市香洲区	22°06.2′	113°32.8′
伶仃湾	Língdīng Wān	广东省珠海市香洲区	22°06.2′	114°01.5′
东屯湾	Dōngtún Wān	广东省珠海市香洲区	22°06.0′	113°42.3′
小东湾	Xiǎodōng Wān	广东省珠海市香洲区	22°05.9′	114°03.0′
塔湾	Tǎ Wān	广东省珠海市香洲区	22°05.6′	114°02.3′
深井湾	Shēnjǐng Wān	广东省珠海市香洲区	22°05.6′	113°28.6′
二横琴湾	Èrhéngqín Wān	广东省珠海市香洲区	22°05.6′	113°32.6′
大角塘湾	Dàjiǎotáng Wān	广东省珠海市香洲区	22°05.5′	114°02.6′
泥凼湾	Nídàng Wān	广东省珠海市香洲区	22°05.2′	113°33.2′
长栏湾	Chánglán Wān	广东省珠海市香洲区	22°04.8′	113°31.0′
路兜湾	Lùdōu Wān	广东省珠海市香洲区	22°04.5′	113°24.6′
黑洲湾	Hēizhōu Wān	广东省珠海市香洲区	22°03.7′	113°58.8′
担杆头湾	Dàngǎntóu Wān	广东省珠海市香洲区	22°03.5′	114°18.2′
马背坑湾	Mǎbèikēng Wān	广东省珠海市香洲区	22°03.5′	114°18.8′
仙人凼湾	Xiānréndàng Wān	广东省珠海市香洲区	22°03.2′	114°17.9′
石涌口湾	Shíchōngkǒu Wān	广东省珠海市香洲区	22°03.1′	114°17.1′
火船湾	Huǒchuán Wān	广东省珠海市香洲区	22°03.0′	114°18.4′
东湾	Dōng Wān	广东省珠海市香洲区	22°02.9′	113°53.5′
旺角湾	Wàngjiǎo Wān	广东省珠海市香洲区	22°02.8′	114°18.3′
铺头湾	Pūtóu Wān	广东省珠海市香洲区	22°02.7′	113°55.1′
三门湾	Sānmén Wān	广东省珠海市香洲区	22°02.7′	113°59.6′
沙湾	Shā Wān	广东省珠海市香洲区	22°02.7′	114°00.9′

标准名称	汉语拼音	行政区	地理位置	
			北纬	东经
担杆中湾	Dàngǎnzhōng Wān	广东省珠海市香洲区	22°02.6′	114°15.8′
西湾	Xī Wān	广东省珠海市香洲区	22°02.6′	114°00.9′
白石湾	Báishí Wān	广东省珠海市香洲区	22°02.4′	114°14.9′
黄茅东湾	Huángmáo Dōng Wān	广东省珠海市香洲区	22°02.3′	113°40.2′
南湾	Nán Wān	广东省珠海市香洲区	22°02.3′	113°55.6′
石斑湾	Shíbān Wān	广东省珠海市香洲区	22°02.0′	114°13.9′
前湾	Qián Wān	广东省珠海市香洲区	22°02.0′	113°39.8′
一门湾	Yīmén Wān	广东省珠海市香洲区	22°01.7′	114°13.3′
东澳湾	Dōng'ào Wān	广东省珠海市香洲区	22°01.5′	113°43.0′
南洋湾	Nányáng Wān	广东省珠海市香洲区	22°01.4′	114°14.1′
缸瓦湾	Gāng Wǎ Wān	广东省珠海市香洲区	22°01.4′	114°13.2′
南沙湾	Nánshā Wān	广东省珠海市香洲区	22°01.1′	113°41.9′
油柑湾	Yóugān Wān	广东省珠海市香洲区	22°00.4′	114°10.7′
北湾	Běi Wān	广东省珠海市香洲区	22°00.3′	113°48.6′
竹洲湾	Zhúzhōu Wān	广东省珠海市香洲区	22°00.2′	113°49.8′
横洲湾	Héngzhōu Wān	广东省珠海市香洲区	22°00.1′	113°48.4′
北槽湾	Běicáo Wān	广东省珠海市香洲区	22°00.1′	114°13.2′
二门湾	Èrmén Wān	广东省珠海市香洲区	21°60.0′	114°10.7′
马鞍湾	Mǎ'ān Wān	广东省珠海市香洲区	21°60.0′	114°09.4′
白沥湾	Báilì Wān	广东省珠海市香洲区	21°59.8′	113°45.6′
狮澳湾	Shī'ào Wān	广东省珠海市香洲区	21°59.7′	113°44.9′
拉湾	Lā Wān	广东省珠海市香洲区	21°59.7′	113°44.5′
直湾	Zhí Wān	广东省珠海市香洲区	21°59.7′	114°08.9′
冷风湾	Lěngfēng Wān	广东省珠海市香洲区	21°59.4′	114°09.8′
大沙塘湾	Dàshātáng Wān	广东省珠海市香洲区	21°59.4′	114°08.3′
大担尾湾	Dàdàn Wěi Wān	广东省珠海市香洲区	21°59.2′	114°07.5′
布袋湾	Bùdài Wān	广东省珠海市香洲区	21°59.2′	113°46.4′
塘背湾	TángBèi Wān	广东省珠海市香洲区	21°59.1′	114°08.3′

标准名称	汉语拼音	行政区	地理位置	
			北纬	东经
石排湾	Shípái Wān	广东省珠海市香洲区	21°59.1′	113°44.7′
擎罾背湾	Qíngzēng Bèi Wān	广东省珠海市香洲区	21°59.0′	114°09.4′
擎罾湾	Qíngzēng Wān	广东省珠海市香洲区	21°59.0′	114°08.8′
风云湾	Fēngyún Wān	广东省珠海市香洲区	21°58.4′	113°45.2′
清水池湾	Qīngshuǐchí Wān	广东省珠海市香洲区	21°58.4′	113°45.9′
铲湾	Chǎn Wān	广东省珠海市香洲区	21°57.3′	113°42.2′
小后湾	Xiǎohòu Wān	广东省珠海市香洲区	21°57.3′	113°43.0′
门颈湾	Ménjǐng Wān	广东省珠海市香洲区	21°57.0′	113°42.2′
沉船湾	Chénchuán Wān	广东省珠海市香洲区	21°56.9′	113°40.7′
推船湾	Tuīchuán Wān	广东省珠海市香洲区	21°56.9′	113°44.6′
过塘湾	Guòtáng Wān	广东省珠海市香洲区	21°56.8′	113°42.8′
锅底湾	Guōdǐ Wān	广东省珠海市香洲区	21°56.7′	113°41.3′
万山港	Wànshān Gǎng	广东省珠海市香洲区	21°56.1′	113°43.1′
望洋湾	Wàngyáng Wān	广东省珠海市香洲区	21°55.8′	113°43.0′
浮石湾	Fúshí Wān	广东省珠海市香洲区	21°55.7′	113°43.7′
海鳅湾	Hǎiqiū Wān	广东省珠海市香洲区	21°54.3′	114°03.8′
蟹旁湾	Xièpáng Wān	广东省珠海市香洲区	21°54.2′	114°03.1′
二凼湾	Èrdàng Wān	广东省珠海市香洲区	21°53.1′	114°02.4′
下风湾	Xiàfēng Wān	广东省珠海市香洲区	21°52.3′	114°01.0′
水坑湾	Shuǐkēng Wān	广东省珠海市香洲区	21°51.6′	114°00.4′
钳虫尾湾	Qiánchóng Wěi Wān	广东省珠海市香洲区	21°51.0′	114°00.4′
草堂湾	Cǎotáng Wān	广东省珠海市金湾区	22°02.9′	113°24.2′
大箕湾	Dàjī Wān	广东省珠海市金湾区	22°01.7′	113°15.1′
莲塘湾	Liántáng Wān	广东省珠海市金湾区	22°01.5′	113°23.9′
大浪湾	Dàlàng Wān	广东省珠海市金湾区	22°00.5′	113°08.8′
壁青湾	Bìqīng Wān	广东省珠海市金湾区	22°00.3′	113°19.4′
冲口沙湾	Chōngkǒushā Wān	广东省珠海市金湾区	22°00.2′	113°20.5′
长沙湾	Chángshā Wān	广东省珠海市金湾区	22°00.1′	113°23.2′

标准名称	汉语拼音	行政区	地理位置	
			北纬	东经
旻湾	Mín Wān	广东省珠海市金湾区	22°00.1′	113°13.9′
黑沙湾	Hēishā Wān	广东省珠海市金湾区	21°59.7′	113°21.3′
滩口湾	Tānkǒu Wān	广东省珠海市金湾区	21°57.7′	113°15.2′
大飞沙湾	Dàfēishā Wān	广东省珠海市金湾区	21°56.3′	113°16.6′
东涌湾	Dōngchōng Wān	广东省珠海市金湾区	21°56.0′	113°08.9′
西沙湾	Xīshā Wān	广东省珠海市金湾区	21°55.7′	113°17.2′
挂榜湾	Guàbǎng Wān	广东省珠海市金湾区	21°55.3′	113°08.0′
飞沙湾	Fēishā Wān	广东省珠海市金湾区	21°55.0′	113°17.1′
三浪湾	Sānlàng Wān	广东省珠海市金湾区	21°54.5′	113°16.9′
南径湾	Nánjìng Wān	广东省珠海市金湾区	21°54.1′	113°13.9′
西枕湾	Xīzhěn Wān	广东省珠海市金湾区	21°53.7′	113°16.5′
铁炉湾	Tiělú Wān	广东省珠海市金湾区	21°53.0′	113°15.1′
荷包湾	Hébāo Wān	广东省珠海市金湾区	21°52.4′	113°09.5′
笼桶湾	Lǒngtǒng Wān	广东省珠海市金湾区	21°52.2′	113°10.5′
东挖湾	Dōng Wā Wān	广东省珠海市金湾区	21°51.4′	113°11.0′
大南湾	DàNán Wān	广东省珠海市金湾区	21°51.0′	113°09.5′
田口湾	Tiánkǒu Wān	广东省汕头市濠江区	23°13.4′	116°47.9′
东屿湾	Dōngyǔ Wān	广东省汕头市澄海区	23°25.8′	116°51.7′
深澳湾	Shēn'ào Wān	广东省汕头市南澳县	23°28.2′	117°05.4′
白沙湾	Báishā Wān	广东省汕头市南澳县	23°27.8′	117°04.9′
竹栖肚湾	Zhúqīdù Wān	广东省汕头市南澳县	23°27.8′	117°07.7′
青澳湾	Qīng'ào Wān	广东省汕头市南澳县	23°26.4′	117°08.1′
长山湾	Chángshān Wān	广东省汕头市南澳县	23°26.3′	116°56.5′
九溪澳湾	Jiǔxī'ào Wān	广东省汕头市南澳县	23°25.5′	117°08.0′
前江湾	Qiánjiāng Wān	广东省汕头市南澳县	23°24.9′	117°01.3′
云澳港	Yún'ào Gǎng	广东省汕头市南澳县	23°24.2′	117°06.1′
烟墩湾	Yāndūn Wān	广东省汕头市南澳县	23°23.9′	117°06.6′
赤溪湾	Chìxī Wān	广东省江门市台山市	22°00.4′	113°00.7′

标准名称	汉语拼音	行政区	地理位置	
			北纬	东经
牛牯湾	Niúgǔ Wān	广东省江门市台山市	21°58.2′	113°01.2′
长沙湾	Chángshā Wān	广东省江门市台山市	21°55.7′	112°52.0′
大马湾	Dàmǎ Wān	广东省江门市台山市	21°55.2′	112°52.4′
大郎湾	Dàláng Wān	广东省江门市台山市	21°54.8′	112°44.8′
甫草湾	Fǔcǎo Wān	广东省江门市台山市	21°53.2′	112°42.5′
钦头湾	Qīntóu Wān	广东省江门市台山市	21°53.0′	112°58.0′
北湾	Běi Wān	广东省江门市台山市	21°53.0′	113°02.1′
鱼塘湾	Yútáng Wān	广东省江门市台山市	21°52.9′	112°52.9′
长角湾	Chángjiǎo Wān	广东省江门市台山市	21°52.7′	113°00.9′
狮头湾	Shītóu Wān	广东省江门市台山市	21°52.1′	113°00.4′
大海湾	Dàhǎi Wān	广东省江门市台山市	21°52.0′	112°41.6′
铜鼓湾	Tónggǔ Wān	广东省江门市台山市	21°51.9′	112°56.0′
南湾	Nán Wān	广东省江门市台山市	21°51.3′	113°01.5′
大石龙湾	Dàshílóng Wān	广东省江门市台山市	21°51.2′	113°00.9′
山咀湾	Shānzuǐ Wān	广东省江门市台山市	21°51.0′	112°40.6′
深水湾	Shēnshuǐ Wān	广东省江门市台山市	21°50.0′	112°39.5′
塘角湾	Tángjiǎo Wān	广东省江门市台山市	21°49.4′	112°39.2′
北沙湾	Běishā Wān	广东省江门市台山市	21°49.0′	112°24.5′
风湾	Fēng Wān	广东省江门市台山市	21°48.3′	112°24.4′
水沙湾	Shuǐshā Wān	广东省江门市台山市	21°47.8′	112°38.8′
冲口湾	Chōngkǒu Wān	广东省江门市台山市	21°47.1′	112°24.8′
扑手湾	Pūshǒu Wān	广东省江门市台山市	21°47.0′	112°37.8′
东风湾	Dōngfēng Wān	广东省江门市台山市	21°46.4′	112°50.7′
神头上湾	Shéntóu Shàng Wān	广东省江门市台山市	21°46.3′	112°36.9′
沙螺湾	Shāluó Wān	广东省江门市台山市	21°46.3′	112°51.5′
石壁湾	Shíbì Wān	广东省江门市台山市	21°46.1′	112°52.2′
大刚头湾	Dàgāngtóu Wān	广东省江门市台山市	21°46.1′	112°24.7′
大浪湾	Dàláng Wān	广东省江门市台山市	21°45.9′	112°47.4′

标准名称	汉语拼音	行政区	地理位置	
			北纬	东经
木大湾	Mùdà Wān	广东省江门市台山市	21°45.4′	112°46.5′
中间湾	Zhōngjiān Wān	广东省江门市台山市	21°45.4′	112°24.5′
蚺蛇湾	Ránshé Wān	广东省江门市台山市	21°45.2′	112°52.0′
龟仔湾	Guīzǎi Wān	广东省江门市台山市	21°44.9′	112°24.4′
盐灶湾	Yánzào Wān	广东省江门市台山市	21°44.6′	112°51.0′
大洲湾	Dàzhōu Wān	广东省江门市台山市	21°44.5′	112°46.6′
寿湾	Shòu Wān	广东省江门市台山市	21°44.5′	112°49.6′
三洲湾	Sānzhōu Wān	广东省江门市台山市	21°44.1′	112°42.0′
茶湾	Chá Wān	广东省江门市台山市	21°43.9′	112°49.6′
黑沙湾	Hēishā Wān	广东省江门市台山市	21°43.8′	112°23.1′
德湾	Dé Wān	广东省江门市台山市	21°43.7′	112°44.7′
那腰湾	Nàyāo Wān	广东省江门市台山市	21°43.4′	112°21.7′
下塘湾	Xiàtáng Wān	广东省江门市台山市	21°43.0′	112°19.7′
草塘湾	Cǎotáng Wān	广东省江门市台山市	21°43.0′	112°20.4′
野柑湾	Yěgān Wān	广东省江门市台山市	21°42.8′	112°43.2′
北风湾	Běifēng Wān	广东省江门市台山市	21°42.8′	112°39.1′
下东风湾	Xiàdōngfēng Wān	广东省江门市台山市	21°42.7′	112°41.0′
西湾	Xī Wān	广东省江门市台山市	21°42.6′	112°40.6′
琴蛇湾	Qínshé Wān	广东省江门市台山市	21°42.6′	112°19.1′
黄花湾	Huánghuā Wān	广东省江门市台山市	21°42.3′	112°18.2′
荔枝湾	Lìzhī Wān	广东省江门市台山市	21°42.3′	112°37.4′
大澳	Dà Ào	广东省江门市台山市	21°41.9′	112°42.7′
飞沙滩	Fēishā Tān	广东省江门市台山市	21°41.7′	112°48.4′
小澳	Xiǎo Ào	广东省江门市台山市	21°41.6′	112°42.8′
那仔湾	Nàzǎi Wān	广东省江门市台山市	21°41.4′	112°27.4′
橘子湾	Júzi Wān	广东省江门市台山市	21°41.1′	112°45.6′
世独湾	Shìdú Wān	广东省江门市台山市	21°41.1′	112°39.2′
漭头湾	Mǎngtóu Wān	广东省江门市台山市	21°41.1′	112°27.0′

标准名称	汉语拼音	行政区	地理位置	
			北纬	东经
漭螺湾	Mǎngluó Wān	广东省江门市台山市	21°41.0′	112°27.5′
浐湾	Chǎn Wān	广东省江门市台山市	21°40.9′	112°35.1′
缸瓦湾	Gāng Wǎ Wān	广东省江门市台山市	21°40.8′	112°42.5′
贯草湾	Guàncǎo Wān	广东省江门市台山市	21°40.6′	112°43.2′
深湾	Shēn Wān	广东省江门市台山市	21°40.5′	112°26.6′
大伯湾	Dàbó Wān	广东省江门市台山市	21°40.5′	112°27.6′
独湾	Dú Wān	广东省江门市台山市	21°40.5′	112°38.3′
门颈湾	Ménjǐng Wān	广东省江门市台山市	21°40.2′	112°33.8′
高冠湾	Gāoguàn Wān	广东省江门市台山市	21°40.2′	112°48.5′
散石湾	Sànshí Wān	广东省江门市台山市	21°40.1′	112°26.2′
三伯湾	Sānbó Wān	广东省江门市台山市	21°39.9′	112°27.4′
山猪湾	Shānzhū Wān	广东省江门市台山市	21°39.8′	112°26.0′
沙泵湾	Shābèng Wān	广东省江门市台山市	21°39.4′	112°26.2′
竹湾	Zhú Wān	广东省江门市台山市	21°39.4′	112°38.0′
柿模挖湾	Shìmó Wā Wān	广东省江门市台山市	21°39.3′	112°27.2′
上大湾	Shàng Dà Wān	广东省江门市台山市	21°39.2′	112°46.5′
干坑湾	Gānkēng Wān	广东省江门市台山市	21°39.2′	112°26.8′
南船湾	Nánchuán Wān	广东省江门市台山市	21°38.9′	112°38.6′
叠石湾	Diéshí Wān	广东省江门市台山市	21°38.8′	112°44.8′
沙鼓湾	Shāgǔ Wān	广东省江门市台山市	21°38.7′	112°39.1′
家寮湾	Jiāliáo Wān	广东省江门市台山市	21°38.2′	112°32.6′
红路湾	Hónglù Wān	广东省江门市台山市	21°38.1′	112°44.5′
大湾	Dà Wān	广东省江门市台山市	21°38.0′	112°37.9′
竹旗湾	Zhúqí Wān	广东省江门市台山市	21°37.8′	112°47.6′
米筒湾	Mǐtǒng Wān	广东省江门市台山市	21°37.6′	112°44.1′
大岗湾	Dàgǎng Wān	广东省江门市台山市	21°37.3′	112°47.4′
南澳湾	Nán'ào Wān	广东省江门市台山市	21°37.3′	112°34.1′
招头湾	Zhāotóu Wān	广东省江门市台山市	21°37.0′	112°40.0′

标准名称	汉语拼音	行政区	地理位置	
			北纬	东经
挂榜湾	Guàbǎng Wān	广东省江门市台山市	21°37.0′	112°35.3′
细湾	Xì Wān	广东省江门市台山市	21°36.8′	112°36.3′
宁澳湾	Níng'ào Wān	广东省江门市台山市	21°36.8′	112°31.7′
东湾	Dōng Wān	广东省江门市台山市	21°36.3′	112°32.9′
猪坑湾	Zhūkēng Wān	广东省江门市台山市	21°36.3′	112°51.7′
沙堤湾	Shādī Wān	广东省江门市台山市	21°36.3′	112°44.8′
磴口湾	Dèngkǒu Wān	广东省江门市台山市	21°36.3′	112°39.5′
下磴湾	Xiàdèng Wān	广东省江门市台山市	21°36.2′	112°53.6′
细澳湾	Xì'ào Wān	广东省江门市台山市	21°36.1′	112°31.6′
踏沙湾	Tàshā Wān	广东省江门市台山市	21°36.0′	112°52.4′
打铁湾	Dátiě Wān	广东省江门市台山市	21°35.9′	112°45.1′
椰子湾	Yēzi Wān	广东省江门市台山市	21°35.7′	112°48.5′
下黄花湾	Xiàhuánghuā Wān	广东省江门市台山市	21°35.5′	112°32.1′
公湾	Gōng Wān	广东省江门市台山市	21°35.2′	112°45.7′
螃蟹湾	Pángxiè Wān	广东省江门市台山市	21°34.2′	112°48.2′
赤坎港	Chìkǎn Gǎng	广东省湛江市赤坎区	21°16.0′	110°23.8′
柴埠江	Cháibùjiāng	广东省湛江市坡头区	21°18.0′	110°29.5′
龙王湾	Lóng Wáng Wān	广东省湛江市坡头区	21°17.5′	110°27.8′
龟头港	Guītóu Gǎng	广东省湛江市麻章区	20°59.7′	110°25.6′
北港	Běi Gǎng	广东省湛江市麻章区	20°56.2′	110°35.2′
那洞湾	Nàdòng Wān	广东省湛江市麻章区	20°54.4′	110°37.6′
南港	Nán Gǎng	广东省湛江市麻章区	20°53.0′	110°33.6′
亮港	Liàng Gǎng	广东省湛江市麻章区	20°52.9′	110°36.6′
存亮白坪	Cúnliàngbáipíng	广东省湛江市麻章区	20°52.1′	110°35.9′
英明坪	Yīngmíngpíng	广东省湛江市麻章区	20°52.1′	110°34.8′
乐民港	Lèmín Gǎng	广东省湛江市遂溪县	21°11.0′	109°44.5′
江洪港	Jiānghóng Gǎng	广东省湛江市遂溪县	21°01.1′	109°41.8′
后海下港	Hòuhǎi Xiàgǎng	广东省湛江市徐闻县	20°39.5′	110°26.9′

标准名称	汉语拼音	行政区	地理位置	
			北纬	东经
金鸡港	Jīnjī Gǎng	广东省湛江市徐闻县	20°38.8′	110°22.2′
中间港	Zhōngjiān Gǎng	广东省湛江市徐闻县	20°35.2′	110°28.0′
北门港	Běimén Gǎng	广东省湛江市徐闻县	20°35.1′	110°24.7′
大村港	Dàcūn Gǎng	广东省湛江市徐闻县	20°34.1′	110°26.4′
下洋港	Xiàyáng Gǎng	广东省湛江市徐闻县	20°33.8′	110°27.0′
陈公港	Chéngōng Gǎng	广东省湛江市徐闻县	20°31.9′	110°30.1′
庵下港	Ānxià Gǎng	广东省湛江市徐闻县	20°31.0′	110°30.8′
下港	Xià Gǎng	广东省湛江市徐闻县	20°30.1′	110°31.1′
后海湾	Hòuhǎi Wān	广东省湛江市徐闻县	20°27.2′	110°31.5′
山狗吼湾	Shāngǒuhǒu Wān	广东省湛江市徐闻县	20°25.3′	110°30.5′
北栋湾	Běidòng Wān	广东省湛江市徐闻县	20°24.8′	109°53.2′
丰隆湾	Fēnglóng Wān	广东省湛江市徐闻县	20°24.6′	109°56.9′
南上湾	Nánshàng Wān	广东省湛江市徐闻县	20°23.6′	110°28.8′
许家港	Xǔjiā Gǎng	广东省湛江市徐闻县	20°23.6′	109°52.4′
滚井湾	Gǔnjǐng Wān	广东省湛江市徐闻县	20°23.5′	109°58.2′
迈陈港	Màichén Gǎng	广东省湛江市徐闻县	20°23.2′	109°58.3′
柯家湾	Kējiā Wān	广东省湛江市徐闻县	20°22.9′	110°28.3′
割园湾	Gēyuán Wān	广东省湛江市徐闻县	20°22.5′	109°59.0′
盐井港	Yánjǐng Gǎng	广东省湛江市徐闻县	20°21.6′	110°27.6′
肖家港	Xiāojiā Gǎng	广东省湛江市徐闻县	20°21.4′	109°54.0′
东场港	Dōngchǎng Gǎng	广东省湛江市徐闻县	20°20.7′	109°55.0′
北腊港	Běilà Gǎng	广东省湛江市徐闻县	20°20.5′	110°26.6′
赤草湾	Chìcǎo Wān	广东省湛江市徐闻县	20°18.9′	110°25.0′
大麻湾	Dàmá Wān	广东省湛江市徐闻县	20°18.5′	109°56.0′
红坎湾	Hóngkǎn Wān	广东省湛江市徐闻县	20°18.3′	110°22.9′
博赊港	Bóshē Gǎng	广东省湛江市徐闻县	20°17.7′	110°21.5′
白宫港	Báigōng Gǎng	广东省湛江市徐闻县	20°17.4′	109°56.0′
华丰港	Huáfēng Gǎng	广东省湛江市徐闻县	20°16.9′	110°03.3′

标准名称	汉语拼音	行政区	地理位置	
			北纬	东经
北海湾	Běihǎi Wān	广东省湛江市徐闻县	20°16.7′	109°59.3′
新地港	Xīndì Gǎng	广东省湛江市徐闻县	20°16.7′	110°01.0′
三座港	Sānzuò Gǎng	广东省湛江市徐闻县	20°16.4′	110°14.8′
海珠港	Hǎizhū Gǎng	广东省湛江市徐闻县	20°16.2′	110°04.3′
杏磊港	Xìnglěi Gǎng	广东省湛江市徐闻县	20°16.2′	110°12.4′
鲤鱼港	Lǐyú Gǎng	广东省湛江市徐闻县	20°16.2′	110°05.1′
苞西港	Bāoxī Gǎng	广东省湛江市徐闻县	20°16.1′	109°55.6′
白沙港	Báishā Gǎng	广东省湛江市徐闻县	20°15.6′	110°16.1′
海安湾	Hǎi'ān Wān	广东省湛江市徐闻县	20°15.4′	110°13.8′
南岭港	Nánlǐng Gǎng	广东省湛江市徐闻县	20°15.3′	109°57.0′
放坡港	Fàngpō Gǎng	广东省湛江市徐闻县	20°15.2′	109°55.1′
二塘港	Èrtáng Gǎng	广东省湛江市徐闻县	20°15.1′	110°11.3′
三塘港	Sāntáng Gǎng	广东省湛江市徐闻县	20°14.4′	110°10.3′
四塘港	Sìtáng Gǎng	广东省湛江市徐闻县	20°14.4′	110°08.6′
青安湾	Qīng'ān Wān	广东省湛江市徐闻县	20°14.4′	110°17.4′
苞萝湾	Bāoluó Wān	广东省湛江市徐闻县	20°14.4′	109°56.3′
公园湾	Gōngyuán Wān	广东省湛江市徐闻县	20°14.3′	110°07.9′
三墩港	Sāndūn Gǎng	广东省湛江市徐闻县	20°14.2′	110°06.7′
蛋场港	Dànchǎng Gǎng	广东省湛江市雷州市	20°57.4′	109°40.7′
豪郎港	Háoláng Gǎng	广东省湛江市雷州市	20°53.5′	109°40.2′
赤目塘港	Chìmùtáng Gǎng	广东省湛江市雷州市	20°50.8′	110°12.1′
黑土港	Hēitǔ Gǎng	广东省湛江市雷州市	20°48.1′	109°43.8′
企水港	Qǐshuǐ Gǎng	广东省湛江市雷州市	20°45.3′	109°45.2′
山尾港	Shān Wěi Gǎng	广东省湛江市雷州市	20°44.6′	110°18.5′
海康港	Hǎikāng Gǎng	广东省湛江市雷州市	20°42.1′	109°46.2′
港仔	Gǎng zǎi	广东省湛江市雷州市	20°41.0′	109°45.4′
龙斗湾	Lóngdǒu Wān	广东省湛江市雷州市	20°38.0′	109°46.6′
那胆港	Nàdǎn Gǎng	广东省湛江市雷州市	20°37.7′	109°47.7′

标准名称	汉语拼音	行政区	地理位置	
			北纬	东经
乌石港	Wūshí Gǎng	广东省湛江市雷州市	20°33.2′	109°49.9′
那澳湾	Nà'ào Wān	广东省湛江市雷州市	20°29.9′	109°51.8′
沙田港	Shātián Gǎng	广东省湛江市吴川市	21°23.3′	110°50.8′
水东湾	Shuǐdōng Wān	广东省茂名市	21°29.8′	111°02.7′
童子湾	Tóngzǐ Wān	广东省茂名市茂港区	21°25.3′	110°58.6′
吉达湾	Jídá Wān	广东省茂名市电白县	21°32.2′	111°22.8′
小径湾	Xiǎojìng Wān	广东省惠州市	22°47.3′	114°41.7′
霞涌港	Xiáchōng Gǎng	广东省惠州市惠阳区	22°46.1′	114°38.8′
猴仔湾	Hóuzǎi Wān	广东省惠州市惠阳区	22°42.7′	114°32.1′
澳头港	Àotóu Gǎng	广东省惠州市惠阳区	22°42.2′	114°32.5′
小桂湾	Xiǎoguì Wān	广东省惠州市惠阳区	22°40.9′	114°31.0′
南湾	Nán Wān	广东省惠州市惠阳区	22°34.6′	114°48.6′
北扣港	Běikòu Gǎng	广东省惠州市惠阳区	22°28.0′	114°38.3′
妈湾	Mā Wān	广东省惠州市惠阳区	22°27.9′	114°37.1′
翠文港	Cuì Wén Gǎng	广东省惠州市惠东县	22°49.7′	114°47.3′
上湾	Shàng Wān	广东省惠州市惠东县	22°47.5′	114°43.0′
考洲洋	Kǎozhōu Yáng	广东省惠州市惠东县	22°44.3′	114°54.6′
大湾	Dà Wān	广东省惠州市惠东县	22°44.2′	114°44.5′
盐洲港	Yánzhōu Gǎng	广东省惠州市惠东县	22°41.7′	114°57.8′
巽寮港	Xùnliáo Gǎng	广东省惠州市惠东县	22°41.4′	114°44.6′
长沙湾	Chángshā Wān	广东省惠州市惠东县	22°38.9′	114°44.3′
小湖	Xiǎohú	广东省惠州市惠东县	22°38.3′	114°44.7′
白沙湖	Báishāhú	广东省惠州市惠东县	22°37.0′	114°44.7′
葵坑港	Kuíkēng Gǎng	广东省惠州市惠东县	22°36.0′	114°49.6′
咸台港	Xiántái Gǎng	广东省惠州市惠东县	22°35.9′	114°47.8′
港口港	Gǎngkǒu Gǎng	广东省惠州市惠东县	22°35.9′	114°53.0′
烟囱湾	Yāncōng Wān	广东省惠州市惠东县	22°35.8′	114°44.8′
大澳塘	Dà'àotáng	广东省惠州市惠东县	22°33.7′	114°53.2′

标准名称	汉语拼音	行政区	地理位置	
			北纬	东经
海龟湾	Hǎiguī Wān	广东省惠州市惠东县	22°33.1′	114°53.5′
马宫港	Mǎgōng Gǎng	广东省汕尾市城区	22°47.6′	115°14.0′
品清湖	Pǐnqīnghú	广东省汕尾市城区	22°46.0′	115°23.7′
遮浪港	Zhēlàng Gǎng	广东省汕尾市城区	22°40.0′	115°33.0′
小漠港	Xiǎomò Gǎng	广东省汕尾市海丰县	22°47.4′	115°02.5′
乌坎港	Wūkǎn Gǎng	广东省汕尾市陆丰市	22°53.2′	115°40.3′
湖东港	Húdōng Gǎng	广东省汕尾市陆丰市	22°49.4′	115°57.6′
碣石港	Jiéshí Gǎng	广东省汕尾市陆丰市	22°49.1′	115°48.3′
乌泥港	Wūní Gǎng	广东省汕尾市陆丰市	22°48.8′	115°47.6′
浅澳港	Qiǎn'ào Gǎng	广东省汕尾市陆丰市	22°46.1′	115°47.9′
大湾	Dà Wān	广东省阳江市江城区	21°39.3′	111°53.0′
赤坎环	Chìkǎn Huán	广东省阳江市江城区	21°37.6′	111°50.9′
渡头环	Dùtóu Huán	广东省阳江市江城区	21°36.2′	111°50.6′
闸坡港	Zhápō Gǎng	广东省阳江市江城区	21°34.8′	111°49.3′
大角环	Dàjiǎo Huán	广东省阳江市江城区	21°34.0′	111°50.5′
北洛环	Běiluò Huán	广东省阳江市江城区	21°33.7′	111°49.2′
溪头港	Xītóu Gǎng	广东省阳江市阳西县	21°38.2′	111°46.3′
后海港	Hòuhǎi Gǎng	广东省阳江市阳西县	21°32.3′	111°37.4′
福湖港	Fúhú Gǎng	广东省阳江市阳西县	21°31.4′	111°32.7′
沙咀环	Shāzuǐ Huán	广东省阳江市阳东县	21°44.5′	112°12.4′
大港环	Dàgǎng Huán	广东省阳江市阳东县	21°43.9′	112°13.9′
小湾	Xiǎo Wān	广东省阳江市阳东县	21°42.3′	112°17.0′
南鹏湾	Nánpéng Wān	广东省阳江市阳东县	21°33.3′	112°11.4′
新湾	Xīn Wān	广东省东莞市	22°48.1′	113°39.5′
英港	Yīng Gǎng	广东省潮州市饶平县	23°33.9′	117°07.7′
长溪湾	Chángxī Wān	广东省潮州市饶平县	23°31.9′	116°59.9′
神泉港	Shénquán Gǎng	广东省揭阳市惠来县	22°58.1′	116°16.6′
资深港	Zīshēn Gǎng	广东省揭阳市惠来县	22°57.8′	116°30.7′

标准名称	汉语拼音	行政区	地理位置	
			北纬	东经
溪东港	Xīdōng Gǎng	广东省揭阳市惠来县	22°56.7′	116°20.3′
港寮湾	Gǎngliáo Wān	广东省揭阳市惠来县	22°56.6′	116°27.8′

二、水道

标准名称	汉语拼音	行政区	地理位置	
			北纬	东经
伶仃水道	Língdīng Shuǐdào	广东省	22°36.7′	113°42.3′
崖门水道	Yámén Shuǐdào	广东省	22°01.9′	113°05.1′
公沙水道	Gōngshā Shuǐdào	广东省深圳市宝安区	22°37.7′	113°47.2′
金星港	Jīnxīng Gǎng	广东省珠海市香洲区	22°23.0′	113°37.0′
内港	Nèi Gǎng	广东省珠海市香洲区	22°11.9′	113°32.2′
马骝洲水道	Mǎliúzhōu Shuǐdào	广东省珠海市香洲区	22°09.2′	113°28.8′
牛头门	Niútóu Mén	广东省珠海市香洲区	22°09.0′	113°48.0′
三角门	Sānjiǎo Mén	广东省珠海市香洲区	22°08.1′	113°42.4′
下门颈	Xiàménjǐng	广东省珠海市香洲区	22°08.0′	113°49.0′
细碌门	Xìlù Mén	广东省珠海市香洲区	22°07.7′	113°42.2′
蜘洲水道	Zhīzhōu Shuǐdào	广东省珠海市香洲区	22°06.9′	113°52.8′
隘洲门	Àizhōu Mén	广东省珠海市香洲区	22°02.4′	113°54.9′
一门水道	Yīmén Shuǐdào	广东省珠海市香洲区	22°01.1′	114°12.9′
二门水道	Èrmén Shuǐdào	广东省珠海市香洲区	22°00.1′	114°10.3′
南屏门	Nánpíng Mén	广东省珠海市香洲区	21°56.9′	113°42.5′
南水沥	Nánshuǐ Lì	广东省珠海市金湾区	22°02.6′	113°14.8′
三角山门	Sānjiǎoshān Mén	广东省珠海市金湾区	21°57.4′	113°10.4′
德洲水道	Dézhōu Shuǐdào	广东省汕头市濠江区	23°19.6′	116°45.1′
濠江水道	Háojiāng Shuǐdào	广东省汕头市濠江区	23°19.0′	116°38.7′
镇海港	Zhènhǎi Gǎng	广东省江门市台山市	21°52.9′	112°24.7′
黄麖门	Huángjīng Mén	广东省江门市台山市	21°42.1′	112°40.1′
围夹门	Wéijiá Mén	广东省江门市台山市	21°34.9′	112°48.2′

标准名称	汉语拼音	行政区	地理位置	
			北纬	东经
麻斜海	Máxié Hǎi	广东省湛江市	21°16.5′	110°24.9′
湛江水道	Zhànjiāng Shuǐdào	广东省湛江市	21°05.5′	110°26.9′
北莉口	Běil Kǒu	广东省湛江市	20°43.2′	110°24.8′
特呈海	Tèchéng Hǎi	广东省湛江市	21°09.0′	110°26.0′
利剑门	Lìjiàn Mén	广东省湛江市坡头区	21°13.8′	110°38.6′
南三水道	Nánsān Shuǐdào	广东省湛江市坡头区	21°12.4′	110°28.8′
硇洲水道	Náozhōu Shuǐdào	广东省湛江市麻章区	20°54.2′	110°32.7′
后昌泽	Hòuchāngjiàng	广东省湛江市徐闻县	20°40.9′	110°27.1′
牛过水道	Niúguò Shuǐdào	广东省惠州市惠阳区	22°42.0′	114°33.8′
三洲水道	Sānzhōu Shuǐdào	广东省惠州市惠东县	22°43.2′	114°57.0′
盐洲水道	Yánzhōu Shuǐdào	广东省惠州市惠东县	22°42.5′	114°56.6′
表烂	Biǎolàn	广东省汕尾市城区	22°39.0′	115°34.0′
乌坎港	Wūkǎn Gǎng	广东省汕尾市陆丰市	22°52.7′	115°38.7′
北水道	Běi Shuǐdào	广东省汕尾市陆丰市	20°44.3′	116°43.8′
南水道	Nán Shuǐdào	广东省汕尾市陆丰市	20°40.0′	116°43.2′
海陵水道	Hǎilíng Shuǐdào	广东省阳江市	21°40.4′	111°49.1′
溪头港	Xītóu Gǎng	广东省阳江市阳西县	21°38.7′	111°45.9′
大门口	Dàmén Kǒu	广东省阳江市阳西县	21°30.8′	111°38.3′
灯笼水道	Dēnglóng Shuǐdào	广东省中山市	22°34.0′	113°37.5′
小金门水道	Xiǎojīnmén Shuǐdào	广东省潮州市饶平县	23°33.8′	117°01.4′
小门水道	Xiǎomén Shuǐdào	广东省潮州市饶平县	23°33.6′	117°04.6′
笠港水道	Lìgǎng Shuǐdào	广东省潮州市饶平县	23°32.5′	116°57.6′

三、滩

标准名称	汉语拼音	行政区	地理位置	
			北纬	东经
青湾大滩	Qīng Wān Dàtān	广东省珠海市金湾区	22°03.2′	113°18.6′
木乃滩	Mùnǎi Tān	广东省珠海市金湾区	22°02.2′	113°17.0′

标准名称	汉语拼音	行政区	地理位置	
			北纬	东经
龙头沙	Lóngtóu Shā	广东省汕头市潮阳区	23°11.1′	116°39.5′
红堀沙	Hóngkū Shā	广东省汕头市潮阳区	23°10.9′	116°36.7′
澳内沙	Àonèi Shā	广东省汕头市潮阳区	23°10.8′	116°37.9′
南角沙咀	Nánjiǎo Shāzuǐ	广东省湛江市	20°52.7′	110°33.4′
低散滩	Dī Sàntān	广东省湛江市坡头区	21°12.7′	110°32.6′
圈龙沙	Quānlóng Shā	广东省湛江市遂溪县	21°11.3′	109°43.6′
下寮沙	Xiàliáo Shā	广东省湛江市遂溪县	21°10.7′	109°43.2′
调神沙	Diàoshén Shā	广东省湛江市遂溪县	21°07.3′	109°40.4′
新地沙	Xīndì Shā	广东省湛江市徐闻县	20°15.9′	110°00.4′
南拳	Nánquán	广东省湛江市雷州市	20°32.7′	109°49.1′
高沙涌	Gāo Shāchōng	广东省湛江市吴川市	21°18.3′	110°37.8′
顶心沙	Dǐngxīn Shā	广东省茂名市电白县	21°31.8′	111°28.0′
博贺滩	Bóhè Tān	广东省茂名市电白县	21°28.5′	111°13.8′
正滩	Zhèng Tān	广东省惠州市惠阳区	22°43.7′	114°34.0′
忙荡散	Mángdàng Sàn	广东省惠州市惠阳区	22°41.7′	114°32.3′
小桂滩	Xiǎoguì Tān	广东省惠州市惠阳区	22°41.0′	114°30.6′
盐屿排	Yányǔpái	广东省汕尾市城区	22°48.8′	115°14.8′
沙排角	Shāpáijiǎo	广东省汕尾市城区	22°48.3′	115°14.1′
东海仔	Dōnghǎizǎi	广东省汕尾市城区	22°47.9′	115°33.1′
港仔咀	Gǎngzǎizuǐ	广东省汕尾市城区	22°47.6′	115°18.2′
高芦兜	Gāolúdōu	广东省汕尾市城区	22°47.5′	115°18.9′
茶亭	Chátíng	广东省汕尾市城区	22°47.4′	115°19.5′
广安滩	Guǎng'ān Tān	广东省汕尾市城区	22°47.3′	115°23.9′
妈坞滩	Mā Wù Tān	广东省汕尾市城区	22°47.3′	115°24.3′
下洋沙坝	Xiàyáng Shābà	广东省汕尾市城区	22°46.9′	115°20.4′
四清围滩	Sìqīng Wéi Tān	广东省汕尾市城区	22°46.9′	115°24.9′
后海沙	Hòuhǎi Shā	广东省汕尾市城区	22°46.8′	115°32.4′
石角滩	Shíjiǎo Tān	广东省汕尾市城区	22°46.7′	115°25.1′

标准名称	汉语拼音	行政区	地理位置	
			北纬	东经
妈町围滩	Mādīng Wéi Tān	广东省汕尾市城区	22°45.8′	115°25.4′
后湖澳	Hòuhú'ào	广东省汕尾市城区	22°45.8′	115°31.9′
钓鱼洲	Diàoyúzhōu	广东省汕尾市城区	22°45.6′	115°25.0′
小鬼石澳	Xiǎoguǐshí'ào	广东省汕尾市城区	22°45.2′	115°31.3′
新港前	Xīngǎngqián	广东省汕尾市城区	22°45.2′	115°20.8′
红娘线	Hóngniángxiàn	广东省汕尾市城区	22°45.2′	115°22.6′
五漏沙坝	Wǔlòu Shābà	广东省汕尾市城区	22°45.1′	115°23.5′
后澳仔	Hòu'àozǎi	广东省汕尾市城区	22°45.1′	115°24.3′
沙海前	Shāhǎiqián	广东省汕尾市城区	22°45.1′	115°23.1′
蟹脚地围	Xièjiǎodì Wéi	广东省汕尾市城区	22°45.0′	115°23.3′
后澳洲	Hòu'àozhōu	广东省汕尾市城区	22°45.0′	115°24.1′
银牌澳	Yínpái'ào	广东省汕尾市城区	22°44.4′	115°20.8′
田仔澳	Tiánzǎi'ào	广东省汕尾市城区	22°43.4′	115°20.7′
石鼓门	Shígǔmén	广东省汕尾市城区	22°43.1′	115°32.4′
石鼓澳	Shígǔ'ào	广东省汕尾市城区	22°42.9′	115°32.9′
上坑澳	Shàngkēng'ào	广东省汕尾市城区	22°42.7′	115°21.5′
天毛围	Tiānmáo Wéi	广东省汕尾市城区	22°42.6′	115°33.5′
澳仔	Àozǎi	广东省汕尾市城区	22°41.2′	115°30.4′
大网澳	Dà Wǎng'ào	广东省汕尾市城区	22°41.2′	115°30.6′
盾沙澳	Dùnshā'ào	广东省汕尾市城区	22°41.2′	115°29.1′
桥仔头澳	Qiáozǎitóu'ào	广东省汕尾市城区	22°41.2′	115°30.8′
龙虾澳	Lóngxiā'ào	广东省汕尾市城区	22°41.2′	115°30.3′
新置村澳	Xīnzhìcūn'ào	广东省汕尾市海丰县	22°50.6′	115°35.1′
石牌寮澳	Shípáiliáo'ào	广东省汕尾市海丰县	22°50.1′	115°34.5′
虎头排	Hǔtóupái	广东省汕尾市海丰县	22°49.6′	115°15.7′
濂海张滩	Liánhǎizhāng Tān	广东省汕尾市陆丰市	22°52.6′	115°36.3′
鸽沙滩	Gē Shātān	广东省汕尾市陆丰市	22°51.3′	116°04.8′
海埕沙	Hǎitáng Shā	广东省汕尾市陆丰市	22°51.0′	115°43.9′

标准名称	汉语拼音	行政区	地理位置	
			北纬	东经
下龙礁沙	Xiàlóngjiāo Shā	广东省汕尾市陆丰市	22°50.7′	116°08.6′
茫田澳沙	Mángtián'ào Shā	广东省汕尾市陆丰市	22°50.5′	116°04.9′
白沙湾沙	Báishā Wān Shā	广东省汕尾市陆丰市	22°50.1′	116°07.0′
长湾沙	Cháng Wān Shā	广东省汕尾市陆丰市	22°49.5′	116°06.2′
狮仔澳沙	Shīzǎi'ào Shā	广东省汕尾市陆丰市	22°49.3′	116°05.6′
前海沙	Qiánhǎi Shā	广东省汕尾市陆丰市	22°48.4′	115°55.6′
大澳沙	Dà'ào Shā	广东省汕尾市陆丰市	22°47.4′	115°48.1′
后海沙	Hòuhǎi Shā	广东省汕尾市陆丰市	22°46.8′	115°51.3′
洲西沙	Zhōuxī Shā	广东省汕尾市陆丰市	22°44.9′	115°48.6′
大角海	Dàjiǎohǎi	广东省阳江市阳西县	21°38.7′	111°47.1′
大沙头	Dà Shātóu	广东省阳江市阳西县	21°31.5′	111°37.8′
园山仔沙	Yuánshānzǎi Shā	广东省阳江市阳东县	21°47.0′	112°03.4′
沙尾	Shā Wěi	广东省潮州市饶平县	23°34.8′	117°01.0′
涌尾	Chōng Wěi	广东省潮州市饶平县	23°34.5′	117°03.6′

四、岬角

标准名称	汉语拼音	行政区	地理位置	
			北纬	东经
龙舟角	Lóngzhōu Jiǎo	广东省深圳市南山区	22°30.8′	113°51.9′
了哥角	Liǎogē Jiǎo	广东省深圳市龙岗区	22°39.6′	114°34.5′
东边角	Dōngbiān Jiǎo	广东省深圳市龙岗区	22°39.5′	114°35.0′
深涌角	Shēnchōng Jiǎo	广东省深圳市龙岗区	22°39.4′	114°34.4′
红排角	Hóngpái Jiǎo	广东省深圳市龙岗区	22°39.3′	114°35.5′
横山角	Héngshān Jiǎo	广东省深圳市龙岗区	22°39.3′	114°31.5′
铜锣角	Tóngluó Jiǎo	广东省深圳市龙岗区	22°36.9′	114°23.4′
土洋角	Tǔyáng Jiǎo	广东省深圳市龙岗区	22°36.7′	114°24.2′
泥壁角	Níbì Jiǎo	广东省深圳市龙岗区	22°36.5′	114°21.9′
官湖角	Guānhú Jiǎo	广东省深圳市龙岗区	22°36.4′	114°24.9′

标准名称	汉语拼音	行政区	地理位置 北纬	地理位置 东经
圆礁角	Yuánjiāo Jiǎo	广东省深圳市龙岗区	22°35.8′	114°25.7′
秤头角	Chèngtóu Jiǎo	广东省深圳市龙岗区	22°34.3′	114°26.3′
罗汉角	Luóhàn Jiǎo	广东省深圳市龙岗区	22°34.2′	114°32.6′
水头角	Shuǐtóu Jiǎo	广东省深圳市龙岗区	22°33.1′	114°28.2′
高崖角	Gāoyá Jiǎo	广东省深圳市龙岗区	22°32.6′	114°36.3′
清水角	Qīngshuǐ Jiǎo	广东省深圳市龙岗区	22°32.5′	114°28.7′
望鱼角	Wàngyú Jiǎo	广东省深圳市龙岗区	22°31.3′	114°29.0′
海柴角	Hǎichái Jiǎo	广东省深圳市龙岗区	22°30.8′	114°37.3′
崩角	Bēng Jiǎo	广东省深圳市龙岗区	22°30.8′	114°28.6′
长角	Cháng Jiǎo	广东省深圳市龙岗区	22°29.9′	114°36.6′
残螺角	Cánluó Jiǎo	广东省深圳市龙岗区	22°29.7′	114°28.8′
岩仔角	Yánzǎi Jiǎo	广东省深圳市龙岗区	22°29.6′	114°35.1′
涌口岭	Chōngkǒulǐng	广东省深圳市龙岗区	22°29.2′	114°34.9′
贵仔角	Guìzǎi Jiǎo	广东省深圳市龙岗区	22°29.0′	114°34.1′
穿鼻岩	Chuānbíyán	广东省深圳市龙岗区	22°28.7′	114°33.5′
西长角	Xīcháng Jiǎo	广东省深圳市龙岗区	22°28.3′	114°29.0′
涌口头	Chōngkǒu Tóu	广东省深圳市龙岗区	22°28.0′	114°31.7′
黑岩角	Hēiyán Jiǎo	广东省深圳市龙岗区	22°27.1′	114°29.9′
上角	Shàng Jiǎo	广东省深圳市盐田区	22°35.9′	114°19.1′
背仔角	Bèizǎi Jiǎo	广东省深圳市盐田区	22°35.7′	114°20.2′
下角	Xià Jiǎo	广东省深圳市盐田区	22°35.1′	114°18.1′
正角咀	Zhèngjiǎo Zuǐ	广东省深圳市盐田区	22°34.5′	114°17.9′
吊石角	Diàoshí Jiǎo	广东省珠海市香洲区	22°26.3′	113°39.0′
青角头	Qīngjiǎo Tóu	广东省珠海市香洲区	22°24.0′	113°36.7′
南芒角	Nánmáng Jiǎo	广东省珠海市香洲区	22°23.4′	113°37.6′
留诗山角	Liúshīshān Jiǎo	广东省珠海市香洲区	22°23.1′	113°34.2′
银坑角	Yínkēng Jiǎo	广东省珠海市香洲区	22°19.2′	113°36.4′
菱角咀	Língjiao Zuǐ	广东省珠海市香洲区	22°15.9′	113°35.3′

标准名称	汉语拼音	行政区	地理位置	
			北纬	东经
龙须角	Lóngxū Jiǎo	广东省珠海市香洲区	22°10.6′	113°48.2′
石龙角	Shílóng Jiǎo	广东省珠海市香洲区	22°10.2′	113°47.8′
牛头角	Niútóu Jiǎo	广东省珠海市香洲区	22°09.7′	113°48.7′
深水角	Shēnshuǐ Jiǎo	广东省珠海市香洲区	22°09.5′	113°49.4′
北山咀	Běishān Zuǐ	广东省珠海市香洲区	22°09.5′	113°31.8′
西尾角	Xī Wěi Jiǎo	广东省珠海市香洲区	22°09.3′	113°49.0′
蛇头咀	Shétóu Zuǐ	广东省珠海市香洲区	22°08.9′	113°30.1′
挡扒咀	Dǎngbā Zuǐ	广东省珠海市香洲区	22°08.7′	113°49.7′
北边角	Běibiān Jiǎo	广东省珠海市香洲区	22°08.7′	113°42.7′
三角头	Sānjiǎo Tóu	广东省珠海市香洲区	22°08.6′	113°43.0′
三角尾	Sānjiǎo Wěi	广东省珠海市香洲区	22°08.3′	113°42.3′
三盘浪角	Sānpánlàng Jiǎo	广东省珠海市香洲区	22°07.9′	113°48.8′
蟹尾角	XièWěi Jiǎo	广东省珠海市香洲区	22°07.8′	113°27.9′
粗沙上角	Cūshā Shàngjiǎo	广东省珠海市香洲区	22°07.6′	113°32.2′
银角咀	Yínjiǎo Zuǐ	广东省珠海市香洲区	22°07.6′	113°53.5′
石流角	Shíliú Jiǎo	广东省珠海市香洲区	22°07.5′	113°49.1′
地龙角	Dìlóng Jiǎo	广东省珠海市香洲区	22°07.3′	113°49.5′
赤滩头	Chìtān Tóu	广东省珠海市香洲区	22°07.3′	113°45.7′
孖石咀	Māshí Zuǐ	广东省珠海市香洲区	22°07.2′	113°54.0′
北咀	Běi Zuǐ	广东省珠海市香洲区	22°07.1′	113°52.4′
赤滩尾	Chìtān Wěi	广东省珠海市香洲区	22°07.0′	113°45.6′
西咀	Xī Zuǐ	广东省珠海市香洲区	22°06.9′	113°52.1′
铜锣角	Tóngluó Jiǎo	广东省珠海市香洲区	22°06.7′	114°02.5′
石尾咀	ShíWěi Zuǐ	广东省珠海市香洲区	22°06.3′	114°01.5′
落钱角	Luòqián Jiǎo	广东省珠海市香洲区	22°05.9′	113°32.5′
南角	Nán Jiǎo	广东省珠海市香洲区	22°05.7′	113°42.4′
搭石角	Dāshí Jiǎo	广东省珠海市香洲区	22°05.6′	113°28.7′
塔湾角	TǎWān Jiǎo	广东省珠海市香洲区	22°05.6′	114°02.5′

标准名称	汉语拼音	行政区	地理位置	
			北纬	东经
大角	Dà Jiǎo	广东省珠海市香洲区	22°05.4′	114°02.8′
陡石咀	Dǒushí Zuǐ	广东省珠海市香洲区	22°04.9′	113°32.1′
墩仔咀	Dūnzǎi Zuǐ	广东省珠海市香洲区	22°04.9′	113°31.4′
望眉角	Wàngméi Jiǎo	广东省珠海市香洲区	22°04.8′	113°29.0′
黑角	Hēi Jiǎo	广东省珠海市香洲区	22°04.7′	113°32.7′
婆尾	Pó Wěi	广东省珠海市香洲区	22°04.6′	113°33.1′
赤沙下角	Chìshā Xiàjiǎo	广东省珠海市香洲区	22°04.4′	113°29.9′
三牙角	Sāny Jiǎo	广东省珠海市香洲区	22°03.9′	114°19.1′
北角	Běi Jiǎo	广东省珠海市香洲区	22°03.8′	113°58.5′
头东角	Tóudōng Jiǎo	广东省珠海市香洲区	22°03.6′	114°19.1′
东咀	Dōng Zuǐ	广东省珠海市香洲区	22°03.5′	113°58.9′
石鼓角	Shígǔ Jiǎo	广东省珠海市香洲区	22°03.3′	113°58.7′
北角咀	Běijiǎo Zuǐ	广东省珠海市香洲区	22°03.0′	113°55.2′
大烈头	Dàliè Tóu	广东省珠海市香洲区	22°02.8′	113°41.8′
东湾咀	Dōng Wān Zuǐ	广东省珠海市香洲区	22°02.8′	113°55.8′
樟木角	Zhāngmù Jiǎo	广东省珠海市香洲区	22°02.7′	114°16.0′
旺角咀	WàngJiǎo Zuǐ	广东省珠海市香洲区	22°02.7′	114°18.2′
竹湾咀	Zhú Wān Zuǐ	广东省珠海市香洲区	22°02.7′	114°01.3′
西湾头	Xī Wān Tóu	广东省珠海市香洲区	22°02.6′	113°41.5′
白石角	Báishí Jiǎo	广东省珠海市香洲区	22°02.5′	114°15.3′
细咀	Xì Zuǐ	广东省珠海市香洲区	22°02.5′	113°54.8′
西湾角	Xī Wān Jiǎo	广东省珠海市香洲区	22°02.3′	113°39.8′
望洋咀	Wàngyáng Zuǐ	广东省珠海市香洲区	22°02.2′	114°16.4′
石角咀	Shíjiǎo Zuǐ	广东省珠海市香洲区	22°02.1′	113°54.4′
后湾咀	Hòu Wān Zuǐ	广东省珠海市香洲区	22°02.0′	113°40.3′
东澳头	Dōng'ào Tóu	广东省珠海市香洲区	22°01.9′	113°43.0′
竹湾头	Zhú Wān Tóu	广东省珠海市香洲区	22°01.8′	113°41.9′
横岗尾	Hénggǎng Wěi	广东省珠海市香洲区	22°01.8′	114°00.3′

标准名称	汉语拼音	行政区	地理位置	
			北纬	东经
一门角	Yīmén Jiǎo	广东省珠海市香洲区	22°01.8′	114°13.5′
四坑角	Sìkēng Jiǎo	广东省珠海市香洲区	22°01.7′	114°14.7′
南洋咀	Nányáng Zuǐ	广东省珠海市香洲区	22°01.3′	114°13.6′
东澳角	Dōng'ào Jiǎo	广东省珠海市香洲区	22°01.2′	113°43.4′
东澳尾	Dōng'ào Wěi	广东省珠海市香洲区	22°00.9′	113°42.1′
长角咀	Chángjiǎo Zuǐ	广东省珠海市香洲区	22°00.7′	113°42.1′
东角头	Dōngjiǎo Tóu	广东省珠海市香洲区	22°00.4′	114°13.0′
横洲头	Héngzhōu Tóu	广东省珠海市香洲区	22°00.4′	113°48.3′
竹洲头	Zhúzhōu Tóu	广东省珠海市香洲区	22°00.3′	113°49.4′
横洲尾	Héngzhōu Wěi	广东省珠海市香洲区	22°00.2′	113°48.8′
竹洲尾	Zhúzhōu Wěi	广东省珠海市香洲区	22°00.1′	113°50.3′
直湾角	Zhí Wān Jiǎo	广东省珠海市香洲区	21°60.0′	114°09.0′
犁头咀	Lítóu Zuǐ	广东省珠海市香洲区	21°59.9′	114°13.3′
中心咀	Zhōngxīn Zuǐ	广东省珠海市香洲区	21°59.8′	113°44.7′
二门角	Èrmén Jiǎo	广东省珠海市香洲区	21°59.6′	114°11.1′
拉角	Lā Jiǎo	广东省珠海市香洲区	21°59.6′	113°44.4′
大担尾	Dàdàn Wěi	广东省珠海市香洲区	21°59.1′	114°07.3′
船湾咀	Chuán Wān Zuǐ	广东省珠海市香洲区	21°59.0′	113°46.4′
擎罾头	Qíngzēng Tóu	广东省珠海市香洲区	21°58.9′	114°09.0′
石脚咀	Shíjiǎo Zuǐ	广东省珠海市香洲区	21°58.8′	113°47.3′
龙虾井角	Lóngxiājǐng Jiǎo	广东省珠海市香洲区	21°58.6′	113°44.9′
细担头	Xìdàn Tóu	广东省珠海市香洲区	21°58.3′	114°08.4′
细担尾	Xìdàn Wěi	广东省珠海市香洲区	21°57.9′	114°07.5′
车流角	Chēliú Jiǎo	广东省珠海市香洲区	21°57.8′	113°41.5′
锁匙咀	Suǒshi Zuǐ	广东省珠海市香洲区	21°57.2′	113°40.8′
长咀角	Chángzuǐ Jiǎo	广东省珠海市香洲区	21°57.0′	113°44.5′
万山头	Wànshān Tóu	广东省珠海市香洲区	21°56.8′	113°44.8′
山尾角	Shān Wěi Jiǎo	广东省珠海市香洲区	21°56.6′	113°40.7′

标准名称	汉语拼音	行政区	地理位置	
			北纬	东经
万山尾	Wànshān Wěi	广东省珠海市香洲区	21°56.3′	113°42.9′
马咀角	Mǎzuǐ Jiǎo	广东省珠海市香洲区	21°55.6′	113°43.1′
企人角	Qǐrén Jiǎo	广东省珠海市香洲区	21°54.7′	114°03.6′
海鳅角	Hǎiqiū Jiǎo	广东省珠海市香洲区	21°54.2′	114°04.3′
大沙角	Dàshā Jiǎo	广东省珠海市香洲区	21°53.1′	114°02.7′
滃崖头	Wěngyá Tóu	广东省珠海市香洲区	21°52.5′	114°01.5′
泥凼角	Nídàng Jiǎo	广东省珠海市金湾区	22°05.0′	113°33.3′
大角咀	Dàjiǎo Zuǐ	广东省珠海市金湾区	22°04.6′	113°24.5′
剃刀咀	Tìdāo Zuǐ	广东省珠海市金湾区	22°04.1′	113°24.9′
正角	Zhèng Jiǎo	广东省珠海市金湾区	22°02.4′	113°23.9′
打银咀	Dǎyín Zuǐ	广东省珠海市金湾区	22°02.4′	113°15.2′
滑石咀	Huáshí Zuǐ	广东省珠海市金湾区	22°02.0′	113°15.2′
利咀沙	Lìzuǐshā	广东省珠海市金湾区	22°00.8′	113°17.7′
拔冲角	Báchōng Jiǎo	广东省珠海市金湾区	22°00.8′	113°24.2′
大角头	Dàjiǎo Tóu	广东省珠海市金湾区	22°00.5′	113°24.3′
阳光咀	Yángguāng Zuǐ	广东省珠海市金湾区	22°00.2′	113°18.5′
壁青角	Bìqīng Jiǎo	广东省珠海市金湾区	22°00.2′	113°20.0′
西边咀	Xībiān Zuǐ	广东省珠海市金湾区	22°00.2′	113°21.1′
大岩口咀	Dàyánkǒu Zuǐ	广东省珠海市金湾区	21°59.8′	113°13.4′
马咀	Mǎ Zuǐ	广东省珠海市金湾区	21°59.1′	113°21.4′
十八螺咀	Shíbāluó Zuǐ	广东省珠海市金湾区	21°57.8′	113°10.6′
石门咀	Shímén Zuǐ	广东省珠海市金湾区	21°57.5′	113°11.3′
马骝头	Mǎliú Tóu	广东省珠海市金湾区	21°57.4′	113°11.7′
赤鱼头	Chìyú Tóu	广东省珠海市金湾区	21°56.9′	113°15.6′
第一角	Dìyī Jiǎo	广东省珠海市金湾区	21°56.9′	113°14.5′
羊尾咀	Yáng Wěi Zuǐ	广东省珠海市金湾区	21°56.7′	113°10.0′
鸭咀	Yā Zuǐ	广东省珠海市金湾区	21°56.4′	113°08.7′
大咀	Dà Zuǐ	广东省珠海市金湾区	21°56.3′	113°08.4′

标准名称	汉语拼音	行政区	地理位置	
			北纬	东经
鸡公角	Jīgōng Jiǎo	广东省珠海市金湾区	21°56.1′	113°16.8′
石咀	Shí Zuǐ	广东省珠海市金湾区	21°55.9′	113°08.0′
黑石角	Hēishí Jiǎo	广东省珠海市金湾区	21°55.1′	113°17.5′
篾船咀	Mièchuán Zuǐ	广东省珠海市金湾区	21°55.0′	113°13.2′
猪头咀	Zhūtóu Zuǐ	广东省珠海市金湾区	21°54.6′	113°07.8′
长咀	Cháng Zuǐ	广东省珠海市金湾区	21°54.0′	113°17.1′
牛龙咀	Niúlóng Zuǐ	广东省珠海市金湾区	21°53.1′	113°15.8′
细裂角	Xìliè Jiǎo	广东省珠海市金湾区	21°52.5′	113°09.9′
浪挖咀	Làng Wā Zuǐ	广东省珠海市金湾区	21°52.3′	113°11.8′
锁匙头	Suǒshi Tóu	广东省珠海市金湾区	21°52.3′	113°11.3′
凤尾咀	Fèng Wěi Zuǐ	广东省珠海市金湾区	21°50.3′	113°08.3′
风安角	Fēng'ān Jiǎo	广东省汕头市濠江区	23°16.9′	116°46.4′
尖石角	Jiānshí Jiǎo	广东省汕头市濠江区	23°13.8′	116°48.0′
澳角	Ào Jiǎo	广东省汕头市濠江区	23°13.0′	116°46.7′
南牙角	Nányá Jiǎo	广东省汕头市濠江区	23°13.0′	116°47.8′
龙头角	Lóngtóu Jiǎo	广东省汕头市潮阳区	23°11.4′	116°39.8′
北角	Běi Jiǎo	广东省汕头市南澳县	23°29.1′	117°07.3′
猴鼻头角	Hóubítóu Jiǎo	广东省汕头市南澳县	23°27.8′	116°58.8′
东角	Dōng Jiǎo	广东省汕头市南澳县	23°26.8′	117°08.9′
长山角	Chángshān Jiǎo	广东省汕头市南澳县	23°25.6′	116°56.6′
南角	Nán Jiǎo	广东省汕头市南澳县	23°23.8′	117°05.9′
东墩角	Dōngdūn Jiǎo	广东省汕头市南澳县	23°23.6′	117°07.3′
屈头山角	Qūtóushān Jiǎo	广东省江门市台山市	22°01.8′	113°00.7′
堡垒咀	Bǎolěi Zuǐ	广东省江门市台山市	21°57.9′	113°01.6′
大洲咀	Dàzhōu Zuǐ	广东省江门市台山市	21°56.4′	113°01.0′
国山咀	Guóshān Zuǐ	广东省江门市台山市	21°55.2′	112°45.1′
腰鼓咀	Yāogǔ Zuǐ	广东省江门市台山市	21°54.3′	112°59.2′
公婆山咀	Gōngpóshān Zuǐ	广东省江门市台山市	21°53.6′	112°58.9′

标准名称	汉语拼音	行政区	地理位置 北纬	地理位置 东经
上鸡罩山角	Shàngjīzhàoshān Jiǎo	广东省江门市台山市	21°53.4′	112°44.3′
襟东咀	Jīndōng Zuǐ	广东省江门市台山市	21°52.9′	113°02.3′
狮子头	Shīzi Tóu	广东省江门市台山市	21°52.2′	113°00.2′
蕉湾咀	Jiāo Wān Zuǐ	广东省江门市台山市	21°51.4′	112°53.9′
烧鹅咀	Shāo'é Zuǐ	广东省江门市台山市	21°51.4′	112°55.4′
桌石咀	Zhuōshí Zuǐ	广东省江门市台山市	21°51.1′	112°54.7′
鸡尾咀	Jī Wěi Zuǐ	广东省江门市台山市	21°50.8′	113°01.0′
塘角正咀	Tángjiǎozhèng Zuǐ	广东省江门市台山市	21°49.7′	112°39.5′
水挖咀	Shuǐ Wā Zuǐ	广东省江门市台山市	21°48.6′	112°24.4′
大雪尾角	Dàxuě Wě Jiǎo	广东省江门市台山市	21°48.0′	112°38.8′
仙人咀	Xiānrén Zuǐ	广东省江门市台山市	21°47.6′	112°24.8′
英管顶角	Yīngguǎndǐng Jiǎo	广东省江门市台山市	21°47.2′	112°38.6′
斗米咀	Dǒumǐ Zuǐ	广东省江门市台山市	21°46.6′	112°24.9′
深水角	Shēnshuǐ Jiǎo	广东省江门市台山市	21°46.4′	112°37.5′
黄茅头	Huángmáo Tóu	广东省江门市台山市	21°46.2′	112°46.8′
羊崩咀	Yángbēng Zuǐ	广东省江门市台山市	21°46.1′	112°48.1′
神头角	Shéntóu Jiǎo	广东省江门市台山市	21°46.0′	112°36.6′
浪鸡角	Làngjī Jiǎo	广东省江门市台山市	21°45.7′	112°35.6′
龙鼻咀	Lóngbí Zuǐ	广东省江门市台山市	21°45.6′	112°24.5′
阿婆髻角	Āpójì Jiǎo	广东省江门市台山市	21°45.2′	112°52.2′
石基咀	Shíjī Zuǐ	广东省江门市台山市	21°44.7′	112°24.4′
拗缯咀	Niùzēng Zuǐ	广东省江门市台山市	21°44.2′	112°46.4′
芒光咀	Mángguāng Zuǐ	广东省江门市台山市	21°43.9′	112°45.2′
圆山仔角	Yuánshān Zǎijiǎo	广东省江门市台山市	21°43.7′	112°22.7′
打鼓山角	Dǎgǔshān Jiǎo	广东省江门市台山市	21°43.1′	112°20.1′
石塘径角	Shítángjìng Jiǎo	广东省江门市台山市	21°42.9′	112°48.8′
琴蛇头	Qínshé Tóu	广东省江门市台山市	21°42.7′	112°19.5′
下角咀	Xiàjiǎo Zuǐ	广东省江门市台山市	21°42.3′	112°37.1′

标准名称	汉语拼音	行政区	地理位置	
			北纬	东经
黄花环角	Huánghuāhuán Jiǎo	广东省江门市台山市	21°42.3′	112°18.6′
过河石角	Guòhéshí Jiǎo	广东省江门市台山市	21°42.0′	112°42.3′
鹭鸶咀	Lùsī Zuǐ	广东省江门市台山市	21°41.5′	112°35.1′
手臂咀	Shǒubì Zuǐ	广东省江门市台山市	21°41.4′	112°27.6′
大步咀	Dàbù Zuǐ	广东省江门市台山市	21°41.3′	112°39.6′
大浪角	Dàlàng Jiǎo	广东省江门市台山市	21°41.1′	112°42.1′
茂岭咀	Màolǐng Zuǐ	广东省江门市台山市	21°41.0′	112°38.9′
红花树咀	Hónghuāshù Zuǐ	广东省江门市台山市	21°40.6′	112°42.7′
大角头咀	Dàjiǎotóu Zuǐ	广东省江门市台山市	21°40.4′	112°34.1′
角咀	Jiǎo Zuǐ	广东省江门市台山市	21°40.1′	112°33.4′
马鞍仔角	Mǎ'ān Zǎijiǎo	广东省江门市台山市	21°39.8′	112°46.6′
横石角	Héngshí Jiǎo	广东省江门市台山市	21°39.8′	112°33.4′
高冠咀	Gāoguàn Zuǐ	广东省江门市台山市	21°39.5′	112°48.9′
毛骑咀	Máoqí Zuǐ	广东省江门市台山市	21°39.2′	112°46.7′
倒庄咀	Dǎozhuāng Zuǐ	广东省江门市台山市	21°39.1′	112°45.7′
崖包咀	Yábāo Zuǐ	广东省江门市台山市	21°39.1′	112°45.1′
牛过咀	Niúguò Zuǐ	广东省江门市台山市	21°39.0′	112°46.3′
镰咀	Lián Zuǐ	广东省江门市台山市	21°38.8′	112°39.0′
鹅头咀	Étóu Zuǐ	广东省江门市台山市	21°38.6′	112°39.6′
担杆咀	Dāngǎn Zuǐ	广东省江门市台山市	21°38.4′	112°32.4′
西挖角	Xī Wā Jiǎo	广东省江门市台山市	21°38.2′	112°38.4′
鸦洲咀	Yāzhōu Zuǐ	广东省江门市台山市	21°38.1′	112°33.0′
大咀	Dà Zuǐ	广东省江门市台山市	21°37.8′	112°32.0′
冲口咀	Chōngkǒu Zuǐ	广东省江门市台山市	21°37.6′	112°37.6′
大排咀	Dàpái Zuǐ	广东省江门市台山市	21°37.5′	112°47.6′
婆髻角	Pójì Jiǎo	广东省江门市台山市	21°37.2′	112°40.0′
牙鹰角	Yáyīng Jiǎo	广东省江门市台山市	21°37.0′	112°31.6′
白石咀	Báishí Zuǐ	广东省江门市台山市	21°37.0′	112°37.0′

标准名称	汉语拼音	行政区	地理位置	
			北纬	东经
狮腰角	Shīyāo Jiǎo	广东省江门市台山市	21°36.7′	112°47.6′
长咀头	Chángzuǐ Tóu	广东省江门市台山市	21°36.6′	112°36.9′
含口角	Hánkǒu Jiǎo	广东省江门市台山市	21°36.5′	112°39.0′
村龙头	Cūnlóng Tóu	广东省江门市台山市	21°36.4′	112°54.0′
鹤咀角	Hèzuǐ Jiǎo	广东省江门市台山市	21°36.4′	112°51.4′
狮口角	Shīkǒu Jiǎo	广东省江门市台山市	21°36.4′	112°31.5′
石咀	Shí Zuǐ	广东省江门市台山市	21°36.4′	112°39.9′
沙堤角	Shādī Jiǎo	广东省江门市台山市	21°36.4′	112°43.8′
桠洲咀	Yāzhōu Zuǐ	广东省江门市台山市	21°36.1′	112°34.6′
东咀	Dōng Zuǐ	广东省江门市台山市	21°36.0′	112°35.9′
公前咀	Gōngqián Zuǐ	广东省江门市台山市	21°36.0′	112°48.4′
南蛇皮咀	Nánshépí Zuǐ	广东省江门市台山市	21°35.7′	112°31.2′
南澳头	Nán'ào Tóu	广东省江门市台山市	21°35.7′	112°33.4′
椰子咀	Yēzi Zuǐ	广东省江门市台山市	21°35.5′	112°48.6′
犁头咀	Lítóu Zuǐ	广东省江门市台山市	21°35.5′	112°31.3′
石侧角	Shícè Jiǎo	广东省江门市台山市	21°35.4′	112°32.6′
川龙咀	Chuānlóng Zuǐ	广东省江门市台山市	21°35.4′	112°34.9′
正咀	Zhèng Zuǐ	广东省江门市台山市	21°35.3′	112°31.6′
公湾咀	Gōng Wān Zuǐ	广东省江门市台山市	21°35.3′	112°45.0′
上川角	Shàngchuān Jiǎo	广东省江门市台山市	21°34.2′	112°46.0′
车旗咀	Chēqí Zuǐ	广东省江门市台山市	21°51.1′	112°54.4′
崩塘角	Bēngtáng Jiǎo	广东省湛江市麻章区	21°03.5′	110°33.1′
烟楼角	Yānlóu Jiǎo	广东省湛江市麻章区	20°56.4′	110°37.8′
龟头	Guī Tóu	广东省湛江市麻章区	20°55.0′	110°38.1′
那晏角	Nàyàn Jiǎo	广东省湛江市麻章区	20°53.5′	110°37.2′
亮角	Liàng Jiǎo	广东省湛江市麻章区	20°53.3′	110°36.9′
山狗吼角	Shāngǒuhǒu Jiǎo	广东省湛江市徐闻县	20°25.6′	110°31.1′
大井角	Dàjǐng Jiǎo	广东省湛江市徐闻县	20°25.1′	109°55.9′

标准名称	汉语拼音	行政区	地理位置	
			北纬	东经
盐井角	Yánjǐng Jiǎo	广东省湛江市徐闻县	20°21.9′	110°28.1′
朋寮角	Péngliáo Jiǎo	广东省湛江市徐闻县	20°15.7′	110°18.1′
排尾角	Pái Wěi Jiǎo	广东省湛江市徐闻县	20°14.6′	110°17.0′
三塘角	Sāntáng Jiǎo	广东省湛江市徐闻县	20°14.4′	110°10.7′
曾家角	Zēngjiā Jiǎo	广东省湛江市雷州市	20°41.8′	109°47.2′
英楼角	Yīnglóu Jiǎo	广东省湛江市雷州市	20°41.2′	109°47.7′
井仔角	Jǐngzǎi Jiǎo	广东省湛江市雷州市	20°40.7′	110°19.5′
四尾角	Sì Wěi Jiǎo	广东省湛江市雷州市	20°30.3′	109°49.8′
沙鱼角	Shāyú Jiǎo	广东省湛江市吴川市	21°15.2′	110°39.0′
沙头	Shā Tóu	广东省茂名市电白县	21°31.2′	111°24.8′
曾棚角	Zēngpéng Jiǎo	广东省惠州市惠阳区	22°46.6′	114°40.9′
罗里角	Luólǐ Jiǎo	广东省惠州市惠阳区	22°45.7′	114°37.9′
罗网角	Luó Wǎng Jiǎo	广东省惠州市惠阳区	22°43.1′	114°34.1′
小鹰咀	Xiǎoyīng Zuǐ	广东省惠州市惠阳区	22°41.6′	114°32.5′
二鹰鼻	Èryīng Bí	广东省惠州市惠阳区	22°33.8′	114°39.2′
鹤咀	Hè Zuǐ	广东省惠州市惠东县	22°47.4′	114°42.6′
亚婆角	Yàpó Jiǎo	广东省惠州市惠东县	22°47.2′	114°43.3′
虎尾角	Hǔ Wěi Jiǎo	广东省惠州市惠东县	22°46.8′	114°44.7′
高澳角	Gāo'ào Jiǎo	广东省惠州市惠东县	22°46.5′	114°47.6′
老鼠牙	Lǎoshǔyá	广东省惠州市惠东县	22°45.3′	114°45.3′
水牛角	Shuǐniú Jiǎo	广东省惠州市惠东县	22°44.5′	114°44.7′
响浪角	Xiǎnglàng Jiǎo	广东省惠州市惠东县	22°43.2′	114°44.5′
牛鼻山	Niúbí Shān	广东省惠州市惠东县	22°42.9′	114°44.3′
大地岭角	Dàdìlǐng Jiǎo	广东省惠州市惠东县	22°42.1′	114°57.0′
土地角	Tǔdì Jiǎo	广东省惠州市惠东县	22°41.6′	114°57.9′
芒婆角	Mángp Jiǎo	广东省惠州市惠东县	22°40.8′	114°58.2′
云头角	Yúntóu Jiǎo	广东省惠州市惠东县	22°40.3′	114°44.4′
长咀角	Chángzuǐ Jiǎo	广东省惠州市惠东县	22°39.4′	114°44.0′

标准名称	汉语拼音	行政区	地理位置	
			北纬	东经
湖头角	Hútóu Jiǎo	广东省惠州市惠东县	22°36.4′	114°44.7′
老虎头	Lǎohǔ Tóu	广东省惠州市惠东县	22°35.8′	114°49.3′
浪石角	Làngshí Jiǎo	广东省惠州市惠东县	22°35.6′	114°48.7′
坪坦角	Píngtǎn Jiǎo	广东省惠州市惠东县	22°34.5′	114°54.5′
牛鼻孔	Niúbíkǒng	广东省惠州市惠东县	22°33.7′	114°55.0′
四狮角	Sìshī Jiǎo	广东省惠州市惠东县	22°33.2′	114°52.9′
畚箕角	Běnjī Jiǎo	广东省惠州市惠东县	22°32.9′	114°53.0′
门第石	Méndìshí	广东省惠州市惠东县	22°32.7′	114°53.0′
高排角	Gāopái Jiǎo	广东省惠州市惠东县	22°26.2′	114°39.0′
崩坎角	Bēngkǎn Jiǎo	广东省汕尾市城区	22°45.6′	115°21.2′
白沙角	Báishā Jiǎo	广东省汕尾市城区	22°45.2′	115°35.9′
龟头山	Guītóu Shān	广东省汕尾市城区	22°44.2′	115°20.5′
牵牛上石	Qiānniúshàngshí	广东省汕尾市城区	22°43.1′	115°20.8′
老鼠咀	Lǎoshǔ Zuǐ	广东省汕尾市城区	22°42.0′	115°26.6′
鹧鸪咀	Zhègū Zuǐ	广东省汕尾市城区	22°41.5′	115°22.9′
遮浪角	Zhēlàng Jiǎo	广东省汕尾市城区	22°39.4′	115°34.2′
东澳角	Dōng'ào Jiǎo	广东省汕尾市海丰县	22°49.3′	115°10.6′
百安角	Bǎi'ān Jiǎo	广东省汕尾市海丰县	22°47.1′	115°11.3′
小斩	Xiǎozhǎn	广东省汕尾市海丰县	22°46.8′	115°11.0′
港咀山	Gǎngzuǐshān	广东省汕尾市海丰县	22°46.4′	115°02.8′
龙虾头	Lóngxiā Tóu	广东省汕尾市海丰县	22°46.0′	115°02.6′
担头	Dàn Tóu	广东省汕尾市海丰县	22°45.6′	115°02.6′
长角头	Chángjiǎo Tóu	广东省汕尾市海丰县	22°45.2′	115°02.6′
海刺长	Hǎicìcháng	广东省汕尾市海丰县	22°45.0′	115°02.2′
金狮子	Jīnshīzi	广东省汕尾市海丰县	22°44.9′	115°02.0′
了哥咀	Liǎogē Zuǐ	广东省汕尾市海丰县	22°43.0′	115°01.9′
大角咀	Dàjiǎo Zuǐ	广东省阳江市江城区	21°33.9′	111°51.3′
扒埠咀	Bābù Zuǐ	广东省阳江市阳西县	21°40.5′	111°47.6′

标准名称	汉语拼音	行政区	地理位置	
			北纬	东经
福湖咀	Fúhú Zuǐ	广东省阳江市阳西县	21°30.5′	111°32.7′
长角咀	Chángjiǎo Zuǐ	广东省阳江市阳西县	21°30.4′	111°28.5′
大镬南咀	Dàhuò Nánzuǐ	广东省阳江市阳东县	21°38.4′	112°06.9′
鹅山角	Éshān Jiǎo	广东省东莞市	22°46.3′	113°39.3′
屿仔角	Yǔzǎi Jiǎo	广东省潮州市饶平县	23°35.8′	116°58.6′
海角石	Hǎijiǎoshí	广东省潮州市饶平县	23°34.1′	117°00.7′
鸡笼角	Jīlóng Jiǎo	广东省潮州市饶平县	23°34.0′	117°07.4′
北山角	Běishān Jiǎo	广东省潮州市饶平县	23°33.3′	117°01.0′
大旗角	Dàqí Jiǎo	广东省潮州市饶平县	23°32.8′	117°04.9′
崎礁头	Qíjiāo Tóu	广东省潮州市饶平县	23°30.7′	116°59.6′
白屿角	Báiyǔ Jiǎo	广东省揭阳市惠来县	23°06.1′	116°32.8′
贝告角	Bèigào Jiǎo	广东省揭阳市惠来县	23°05.2′	116°33.4′

五、河口

标准名称	汉语拼音	行政区	地理位置	
			北纬	东经
鉴江口	Jiànjiāng Kǒu	广东省湛江市	21°14.6′	110°38.4′
内湖港咀	Nèihú Gǎngzuǐ	广东省汕尾市	22°46.8′	115°32.0′
吉厂港咀	Jíchǎng Gǎngzuǐ	广东省汕尾市城区	22°45.8′	115°31.4′
田墘港咀	Tiánqián Gǎngzuǐ	广东省汕尾市城区	22°44.4′	115°31.3′
东港口	Dōnggǎng Kǒu	广东省阳江市	21°46.8′	112°03.8′
三丫河口	Sānyāhé Kǒu	广东省阳江市阳东县	21°47.4′	112°11.8′
黄冈河口	Huánggānghé Kǒu	广东省潮州市饶平县	23°37.3′	117°02.0′
新河口	Xīn Hékǒu	广东省揭阳市惠来县	22°56.2′	116°14.5′

附录二

《中国海域海岛地名志·广东卷第二册》索引